第2版

上田悦子 Etsuko Ueda | 小枝正直 Masanao Koeda | 中村恭之 Takayuki Nakamura

これからのロボットプログラミング入門

Pythonで動かすMINDSTORMS EV3

講談社

●ご注意

・本書の執筆にあたって，以下の計算機環境を利用しています．

Windows10, EV3 ソフトウェア 1.4.2，MicroPython for EV3 2.0.0, Visual Studio Code 1.35.1

本書に掲載されているサンプルプログラムやスクリプト，およびそれらの実行結果や出力などは，上記の環境で再現された一例です．本書の内容に関して適用した結果生じたこと，また，適用できなかった結果について，著者および出版社は一切の責任を負えませんので，あらかじめご了承ください．

・本書に記載されているウェブサイトなどは，予告なく変更されていることがあります．本書に記載されている情報は，2022年 2 月時点のものです．

・LEGO およびレゴまた Mindstorms およびマインドストームは，レゴグループのトレードマークです．

・本書籍は，レゴ社から推奨・許可されたものではありません．

・その会社名，ブランド名，製品名およびサービス名などは，それぞれ各社の商標または登録商標です．なお，本書では，™，®，©マークを省略しています．

まえがき

もうすぐ小・中・高等学校を通じてプログラミング教育がはじまるようです．小学校からプログラミング教育が始まるなんて，昭和の時代に小学生であった筆者にとっては，SF の映画の中に出てくる未来の世界のような感じがします．それもそのはず，今日ではスマートフォンや家電，自動車，ロボットをはじめ，身近なものの多くにコンピューターが内蔵されています．そしてこれらの機器が人々の生活を便利で豊かなものにしています．コンピューターは人が命令を与えることによって動作します．この命令が「プログラム」であり，命令を与えることが「プログラミング」です．

このプログラミングの良し悪しによって，コンピューター内蔵の機器の便利さや有用さが変わってきます．しかし，ここで重要なのは，「プログラム」を書くことではなく，便利・有用にするために考えること（思考力）や，今までになかったものを思いつくこと（創造力），考えたこと思いついたことを「プログラム」の形にすること（問題解決能力）です．つまり，コンピューター内蔵の機器をどんどん進化させて未来の社会を構築するためには，これらの思考力・創造力・問題解決能力を持った人々がいなければならないのです．さらに，筆者らの世代の人間が，このような人々を育てなければならないのです．

本書は，ロボットを作り，それを動作させるプログラムを書くことを通じて，思考力・創造力・問題解決能力を持った人々を育てるための本です．小・中・高等学校の皆さんが興味を持って取り組めるように，LEGO MINDSTORMS EV3 を使ってロボットを作りながら，思考力・創造力・問題解決能力が培われるように，またプログラミングの勉強もできるように，いろいろと工夫してあります．本書で扱うプログラミング言語は Python です．学校でのプログラミング教育でも使用されるようですし，最近進化の著しい人工知能は Python を使ってプログラミングされることが多いです．このプログラミング言語に早くから慣れておくことは非常に重要です．本書を通じて，思考力・創造力・問題解決能力が培われ，いろいろなことに挑戦できる子どもたちが増えることを期待しています．

2019 年 12 月

筆者一同

第2版によせて

第1版は2020年2月末に出版されました．そしてこの頃から新型コロナウイルスとの戦いが始まりました．当初は，本書を用いたロボットプログラミング講習会を我々自身で開催したり，本書に共感いただける方々にも企画・実施にご協力いただいたりすることで，新たなロボットプログラミングの風が全国で巻き起こることを期待しておりました．しかし，対面でのイベントの自粛や，授業のオンライン化によってモノを動かす系の実験・実習科目の実施が困難になったことで，我々の願いはまだ叶っておりません．さらに，EV3プログラミング環境の変更，そして最後にはEV3の販売終了とさまざまな変化も続きました．加えて，学会などでの広報活動も十分に行えず，巣ごもり需要にも応えることができなかったなどの理由で，我々が想定していたほど，第1版を皆様のもとに届けることができませんでした．

明るい兆しも少し見えかけています．大学での対面授業や講習会でのイベントなどが徐々に再開されてきたこともあり，microPython for EV3のバージョンアップに対応すべく加筆修正した第2版を出版させていただけることになりました．これもひとえに出版社のご理解・ご厚意によるものと，著者一同深く感謝しております．

EV3が販売終了となったことで，EV3をターゲットとしたロボットプログラミングに関する書籍の新たな出版は少なくなるとも考えます．しかし，EV3は各種センサやアクチュエータが豊富に用意されており，制御や機構を勉強するには最適です．最新のLEGO SPIKEプライムと比較しても，EV3はロボットプログラミングのプラットフォームとして十分に優れており，できればEV3を使い続けたいという現場からの声を多数聞いています．本書が教育機関や各地のロボット教室，個人のご家庭にあるEV3を活用し続けるための良いガイドとなれば幸いです．

今年こそは，全国各地で自由なロボットプログラミング講習会を開催できることを期待しています．そしてこの第2版が多くの子どもたちの成長に役立ち，いろんなロボットをもっと作ってみたいと思ってくれることを心より願っております．

2022年2月
筆者一同

【プログラミング環境について】

2020年春にEV3の標準のプログラミング環境が，本書で取り扱っているEV3ソフトウェアからEV3 Classroomへと変わりました．本書内では ページの都合上EV3 Classroomについては触れていませんが，本書のサポートページ https://github.com/mkoeda/LEGO_Python に本書ソースコードに対応したEV3 Classroomのコードやその解説などを提供しています（サポートページには他にさまざまな情報も提供しています）．

EV3ソフトウエアもまだダウンロード可能（1章 p.3 脚注参照）です．ただし，Macユーザは OSのバージョンによってはEV3ソフトウエアが対応していない場合がありますので，注意が必要です（具体的には， MacOS Catalina以降はEV3ソフトウエア対応がありません）．

目　次

Appendix A リファレンス 199

Chapter 1 はじめに

LEGO MINDSTORMS EV3 セットの中には，モーターやセンサーを備えたブロック，歯車，車軸，タイヤやレゴブロックなどの部品が入っており，これらを組み合わせることでいろいろな機能を持つロボットを自由に作ることができます．まずは LEGO MINDSTORMS EV3 を使って，どんなことが学べ，どんな体験ができるかを見てみましょう．

1.1 LEGO MINDSTORMS EV3 でロボットを作り動かすために

1.1.1 LEGO MINDSTORMS EV3

LEGO MINDSTORMS(レゴ マインドストーム)は，コンピューターを内蔵したプログラムを組み込めるブロックや，2 種類のモーター，複数のセンサー，各種の歯車や車軸，リンク，タイヤなどのレゴブロックの部品を組み合わせて，ロボットや他の機器を作成するためのレゴ社の商品セットです．最初のマインドストーム Robotics Invention System（RIS）は 1998 年に発売され，それからだんだんと改良されて，2013 年に LEGO MINDSTORMS EV3（以降，EV3）が発売されました．このセットを使用することで，プログラミング言語の知識がなくても多様な機能を持つロボットを自由に作ることができるようになっており，高度な機能を比較的手軽に実装できるため，企業研修などでも使われています．

通常，ロボットを作るときには，使う材料や製作費用などの制約のもとで，目的の作業を遂行することのできるロボットの形状や動くしくみを考える必要があります．このことを「**機構を設計する**」といいます．

何かの目的で新しい機器・機械が必要なときに，すべて試行錯誤で機構を設計することは効率的ではありません．そこで，大学の講義では「機構学」「機械力学」という科目があり，これらを勉強することで機械の動きの基本を理解し，その知識をもとにより良いアイデアを生み出せるようになります．しかしこれらの科目を勉強するときには，機構の絵とその動きの説明があるだけのことが多く，そのような絵だけで理解するのは難しいです．そこで，EV3 の登場です．いろいろな機構はレゴブロックで実際に作り上げることができます．つまり，レゴブロックでいろいろな機構を作って動かしてみれば，大学生になるまでに「機構学」や「機械力学」について理解を深めることができます．

ロボットの形状や動くしくみができたら，それらの機構のどこに，どのようなセンサーを取り付けて，どのような情報を収集すればよいのかも考えないといけません．それらの検討が終わったら，次はそれらの機構が目的の状態になるように，どのように動かすかを考え，それを実現するようなプログラムを書かないといけません．ここで，目的の状態にするために適切な操作，調整をすることを，難しい言葉で**制御する**といいます．大学の講義では制御について学ぶ「制御工学」や，コンピューターを使って適切な操作を実現する方法について学ぶ「情報工学」という科目があります．しかし先ほどと同じように，これらの教科書を読むだけでは理解するのが難しいのが実際のところです．そこでやはり，EV3の登場です．いろいろな機構を制御するプログラムはEV3で実際に作ることができます．つまり，EV3でいろいろな機構を制御するプログラムを作って動かしてみれば，大学生になるまでに「制御工学」や「情報工学」について理解を深めることができます．

このようにEV3を使ってロボット本体を作成し，その本体を動作させるプログラムを作成することを通して，実際にコンピューターを動かしながらプログラミング技術を身につけることができるのです．EV3を動かすためのプログラミング言語は，ビジュアルプログラミング言語やPythonなどが利用できます．これらの言語を同時に学ぶことで，プログラムの流れを作成する訓練ができますし，Pythonという最近の人工知能の発展を支えている強力なプログラミング言語についても学ぶことができます．さらに深く学んでいけば，大学生になるまでに高度な人工知能に関する最先端テクノロジーでさえ学ぶこともできます．

1.1.2 ロボットの自律行動

人間のように自律的な動作（自分自身で判断して行動すること）をロボットに行わせるためには，どのようにすれば良いでしょうか．その方法を考えるために，人間がどのように行動しているかを考えてみましょう．人間が行動するには，人間のまわりの環境を自分の目や耳や皮膚などの感覚器官を用いて観測して（**入力**），その観測結果をもとに脳で処理して状況を判断し，どのように動くかを計画し（**判断・計画**），自身の手足などを動かして（**出力**）います．このような3つの処理を繰り返し行い，人間は未知な環境においても自律的な行動をとることができます．赤ちゃんの頃から，このような経験を何度も繰り返して知識を蓄えることで，徐々に賢く，そして個性が生み出されます．

ロボットで考えてみると，図1.1に示すようにロボットに備えられたさまざまなセンサーで外界の環境情報を収集して，搭載されたコンピューターや制御回路で処理して状況を判断し，次の行動を計画して，計画した行動をモーターに出力することで動作を生成します．図1.2に，EV3を例にして，それぞれの役割を担う部分を示します．ロボットも人間と同じように，この3つの処理を繰り返すことで与えた仕事を達成できるようになります．

ロボットに自律的な動作を行わせるための手続きは

1. コンピューターに何をさせるか作業内容を決める．
2. 決めた作業を具体的な手順に分解する．
3. 分解した手順をプログラミング言語で書き換える．

となります．

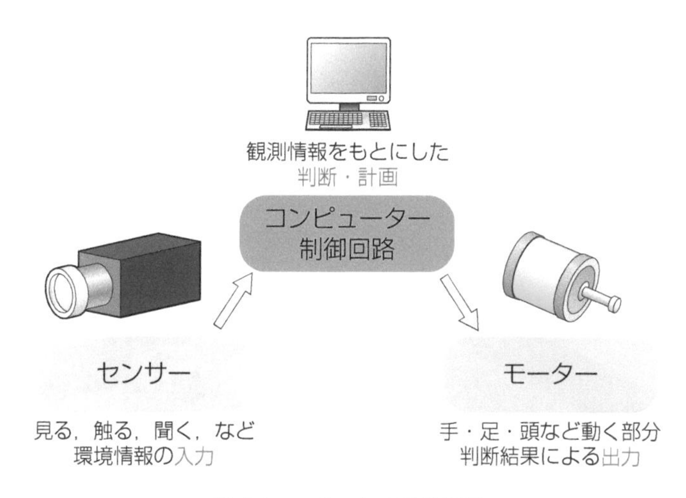

図 1.1　ロボットの動作原理

図 1.2　EV3 での入力，判断・計画，出力を行う部分

このうち 2 番目の具体的な手順を**アルゴリズム**と呼びます．アルゴリズムをロボットの中にあるコンピューターがわかる言葉に書き換えたものを**プログラム**といいます．3 番目のようにアルゴリズムからプログラムへ書き換える作業のことを**プログラミング**といいます．

このうち 1，2 番目は，プログラミング言語は必要なく，ロボットを手で動かしながら考えたり，ホワイトボードやタブレット，紙，ペンなどを使って考えていきます．フローチャートや UML (Unified Modeling Language) などのアルゴリズム表記手法を使うと，手順を整理して表現できますが，その前の作業を分解する部分がロボットプログラミングにおいては最も難しい部分であり，ロボットエンジニアの知識や経験が培われる部分となります．

ロボットのプログラミングは，ロボットの形状や動くしくみに依存することが多いのですが，本書ではトレーニングモデルを使って基本的な動作のプログラム例を説明します．基本動作を組み合わせることで，徐々に複雑なタスクをこなせるようになります．

1.2 ロボットプログラミング

図1.3のように，4つの壁に囲まれた環境で距離を測るセンサーを搭載したロボットが動き続けるプログラムを作ることを考えてみましょう．

図1.3　囲まれた環境で動き続けるロボット

このような動作を実現するためのアルゴリズムは，例えば以下のようになります．

ステップ1：ロボットを常に前進させる（ある速度で移動することを繰り返す）．
ステップ2：その繰り返しの中で，距離を測るセンサーの値がある値よりも小さくなったら，壁に近づいたと判断する．
ステップ3：壁に近づいたと判断したら，ロボットを，ある時間だけ後退させ，左旋回する．
ステップ4：ステップ1に戻る．

このアルゴリズムの中の処理では，**繰り返し**，**逐次実行**，**条件判定**という3つの種類の処理が実行されています．また，ある値を保持しておくという，**状態記憶機能**もこのアルゴリズムの中に含まれます．一般的に，繰り返し，逐次実行，条件判定という3種類の処理と状態記憶機能を利用することで，ロボットが目的を達成するために必要なあらゆる処理を記述することができます．

1.2.1 ビジュアルプログラミング

EV3では標準のプログラミング環境として，図1.4に示す**EV3ソフトウェア**[*1]という**ビジュアルプ**

[*1] 2020年春に標準のプログラミング環境がEV3ソフトウェアからEV3 Classroomに変わりました．本書で解説しているEV3ソフトウェアは `https://education.lego.com/ja-jp/downloads/retiredproducts/mindstorms-ev3-lab/software` からダウンロードできます．

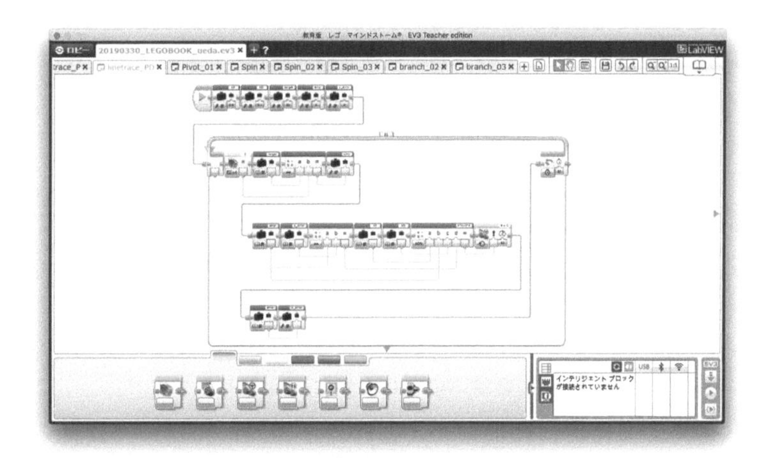

図 1.4　EV3 ソフトウェア

Scratch　　　　**ドリトル**

図 1.5　ビジュアルプログラミング環境の例

ログラミング環境が提供されます．ビジュアルプログラミング環境としては，図 1.5 に示す「Scratch」や「ドリトル」を筆頭に，さまざまな種類が開発されています．

EV3 ソフトウェアでは，ブロックで表現された命令をワイヤーで接続してプログラミングします．このようなビジュアルプログラミングは直感的でわかりやすく，プログラミング学習の導入には適しています．しかし，複雑な動作をプログラミングしようとするとブロックの数が膨大になり，プログラム全体の見通しが悪くなります．より高度なプログラムを作成するためには，**テキストベースのプログラミング言語**が適しています．

1.2.2　Python によるプログラミング

現在使われているテキストベースのプログラミング言語は，200 種類以上もあるといわれています．その中で，最近注目を集めている言語として **Python** があります．プログラミング教育必修化の中で，高校生が学ぶプログラミング言語として文科省があげている中にもPythonがあります．また，情報処理推進機構（IPA）が運営する国家試験「**基本情報技術者試験**」に出題されるプログラミング言語に令和2年春の試験からPythonが加わることが決まりました．

Pythonは，他の言語に比べて文法がシンプルで基本となる命令を集めた**予約語**が少なく覚えやすいという特徴があり，初心者のプログラミング学習に向いています．また，標準ライブラリとして多くの機能が用意されていることや，幅広い用途に使えるPython用ライブラリがたくさん開発されていることも特徴です．**人工知能（AI）**を応用したアプリケーション開発やビッグデータ解析，ロボットアプリケーション開発などで使用されることが多くなっているのは，このような分野の優秀なライブラリがたくさん提供されているためでもあります．そういう意味でも，これからロボットプログラミングを始めたい人にとってPythonを学ぶことは大いに意味があります．

本書では，このような特徴を持つPythonで，EV3を制御するプログラムを作るための基本について解説します．これまではEV3ソフトウェアでプログラミングしていた人が大多数だと思います．そのような人にとっては，Pythonプログラミングは難しく見えるかもしれません．そこで本書では，EV3ソフトウェアとPythonプログラムを対応させて解説し，より理解しやすくしています．

1.3 世界大会につながるEV3を使ったロボットコンテスト

ロボットプログラミングを学んで，思い通りにロボットを動かすことができるようになれば，さまざまなロボットコンテストにもチャレンジできます．ロボットコンテストに参加すると「勝ちたいからもう少し頑張ろう」というような意欲も上がりますし，他の人たちのアイデアや技術を目にすれば自分の創造力も高まります．もちろん友達も増えそうです．本節では，LEGO MINDSTORMSをハードウェアとして使用するロボットコンテストのうち，世界大会につながる3つの大きなコンテストについて紹介します．なお，これらのコンテストは年々ルールや形式が変わっています．

1.3.1 World Robot Olympiad（WRO）

WROは，自律型ロボットによる国際的なロボットコンテストです．ロボットシステム開発の探究活動を通じて，子どもたちの「視野を広げ，創造的性を育て，さまざまな人たちと交流し協力する」など21世紀型スキルを身につけることをサポートし，世界中の**STEM（Science, Technology, Engineering, Mathematics）教育**においてロボット工学を推進することで，将来の科学者やエンジニアを育てることを目的としています．そのために世界中の子どもたちがそれぞれロボットを製作し，プログラムにより自動制御する技術を競うコンテストを開催しています．

競技カテゴリーは，レギュラーカテゴリー，オープンカテゴリー，フットボール，アドバンスドロボティクスチャレンジの4つで，そのうち，アドバンスドロボティクスチャレンジ以外はハードウェアにLEGO MINDSTORMSを使います．ソフトウェア開発には制約がありませんので，Pythonでプログラムを作成して参戦することが可能です.

- レギュラーカテゴリー：フィールド上に設定されたさまざまなタスクを解決する競技であり，スコア化された課題達成度と所要時間を競います.
- オープンカテゴリー：与えられたテーマに関して，ロボットを使ったオリジナルな解決方法を提案します．競技会場では，自分たちのアイデアを審査員にプレゼンし，そのアイデアとプレゼン力を競います（図 1.6).
- フットボール：2 つのロボットのチームがフィールド上でサッカーの試合をします（図 1.7)．対戦型のタスクになります.

日本では夏休み時期に国内公認予選会が開催され，予選会を勝ち抜けば WRO Japan 決勝大会に進みます．決勝大会で優秀な成績を収めたチームは，秋に開催される WRO 国際大会に日本代表として出場します．2004 年からはじまって，年々参加チームが増えています.

図 1.6　オープンカテゴリーの様子

図 1.7　フットボールの様子

1.3.2 FIRST LEGO League（FLL）

FLL は与えられた課題をクリアするロボットシステム製作スキルを競う「ロボット競技」だけでなく，与えられたテーマに対する研究活動を行い，問題発掘とその解決策の提案を発表する「プレゼンテーション競技」までを含めて競うコンテストです．科学技術に親しみながらチームで取り組む過程で，プログラミング教育やアクティブ・ラーニングなどを活用して 21 世紀型スキルを身につけるのに適した教育プログラムです．1998 年に米国の NPO 法人「FIRST」とレゴ社によって設立され，日本では 2004 年から開催されています．現在，世界 98 カ国，約 4 万チーム，32 万人が参加しており，毎年世界大会が世界数ヶ所で行われ各国の代表チームが参加している最大級の国際コンテストです.

ロボット競技は，フィールド上に設置されたテーマに基づいた数々のミッションを自分たちの作っ

図 1.8　2018FLL カリフォルニア世界大会で総合優勝した追手門大手前中・高等学校のロボットサイエンス部

た自律型ロボットでクリアしていきます．ロボット競技で使用できるソフトウェアは RCX，NXT，EV3 ソフトウェアまたは RoboLab と指定されており，残念ながらテキストベースのプログラム言語を使ったソフトウェア開発は現在は認められていないようです．

プレゼンテーションは以下の 3 種類が課せられます．

- コアバリュー：チームの活動紹介を行います．FLL の活動の中で学んだことや，チームワークなどについて発表します．
- プロジェクト：あらかじめ与えられたテーマについて調査し，その中で発見した課題とその解決方法について研究発表します．
- ロボットデザイン：ロボット競技で高得点を出すための工夫や技術などチームの取り組み成果について発表します．

1.3.3 ロボカップジュニア

ロボカップは「西暦 2050 年までに，人間のサッカー世界チャンピオンチームに勝てるロボットチームを作る！」という世界の人々にわかりやすい夢のある目標を掲げることによって，真に人間社会に役立つロボット技術を育成することを目的としたユニークな国際プロジェクトです．この中で，子どもを対象とした部門が「ロボカップジュニア」です．ロボカップジュニアの目的は，ロボットの設計製作を通じて次世代のロボカップの担い手を育て，次世代リーダーとなるための協同学習の場を提供し，競争の先にある協調を目指すこととしています．日本大会や世界大会では国内外から集まった初対面のチーム同士がペアになってスーパーチームを作り，言葉や文化の壁をのりこえてコミュニケーションする場が作られるなど，技術だけではなくネットワーク作りにも力を注いでいます．

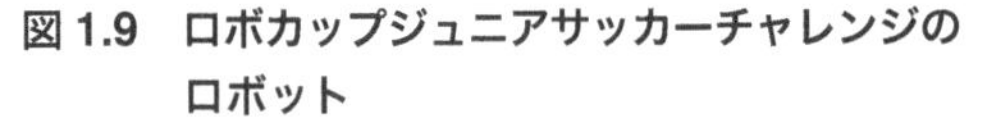

図 1.9　ロボカップジュニアサッカーチャレンジのロボット

図 1.10　ロボカップ世界大会に出場した帝塚山中学校高等学校の理科部ロボット班

子どもたちの好奇心や探求心を引き出す 3 種類の競技テーマ（サッカーチャレンジ，レスキューチャレンジ，オンステージチャレンジ）があり，誰でも参加できます．

・サッカーチャレンジ：小学生から参加できる自律型ロボットによるサッカー競技です．2 対 2 でチームワークも含めたロボット技術の総合的な習得を目的としたチャレンジとなっています（図 1.9，1.10）．

・レスキューチャレンジ：ロボットが自分でまわりの状況を判断し，ライントレースや迷路探索などによって移動し，途中のさまざまな障害をのりこえながら，被災者を見つけていく競技です．

・オンステージチャレンジ：ロボットが 1 分以上 2 分以内の演技時間の中でオリジナルな演技を披露する競技となっています．他のチャレンジと異なり，ロボットの台数や大きさなどの制限がありません．ロボットシステム製作技術だけでなく，エンターティメント性も評価される競技です．

Chapter

2 プログラミングの準備をしよう

LEGO公式ページでは，EV3でPythonプログラムを動かすために，MicroPythonを使う方法が紹介されています．MicroPythonを使うためには，EV3 MicroPythonイメージ[*1]（以降，EV3MP）をインストールする必要があります．本章ではEV3MPをインストールして，MicroPython（以降，Python）でプログラムを書き，実行するまでの一連の流れについて説明します．またEV3MPの使い方についても解説します．

2.1 EV3 MicroPythonイメージとは

EV3インテリジェントブロックには，ARM（アーム）というマイクロプロセッサーが搭載されています．MicroPythonは，このような性能を限定したマイクロプロセッサー用に最適化されたPythonです．普通のPythonと完全に同じではありませんが，本書で扱うプログラミングの範囲では問題はありません．

EV3MPはLinuxというオペレーティングシステム（OS）をベースにして作られたEV3専用のOSです．EV3MPはmicroSDにインストールして使います．標準で入っているOSが消えてしまうことはありません．microSDを抜いて起動すればいつでも元に戻せますので，安心して使うことができます．EV3MPにはEV3のセンサーやモーターなどを扱うための使いやすい命令がたくさん用意されていますので，簡単にプログラミングすることが可能です．

EV3MPでは**インタープリター言語**[*2]Pythonが利用できます．そのため，プログラムを書く，実行する，プログラムを修正する，実行する，というプログラム作成の一連の流れがスムーズに進みます．それではEV3MPのインストールと開発環境を構築しましょう．

*1 LEGO公式ページでこのように書かれてますので本書でもこの名前を使いますが，OS自体の本当の名前はev3devです．
*2 インタープリター言語とは，書いたプログラムをそのままの状態で実行できるプログラミング言語のことです．逆に，プログラムがそのままでは実行できず，コンピューターが理解できる形に変換（コンパイル）してから実行するプログラミング言語を**コンパイラ言語**（または**コンパイラ型言語**，**コンパイル言語**）と呼びます．代表的なものとしては，C言語やC++，Javaなどがあります．

2.2 EV3 MicroPythonイメージのインストール

2.2.1 準備

EV3MP の LEGO 公式ページ（図 2.1）[*3] を参考に，EV3MP を microSD にインストールします．

図 2.1　EV3MP の LEGO 公式ページ

4 GB 以上 32 GB 以下の microSDHC（アプリケーションパフォーマンスクラス A1）を用意してください[*4]．EV3MP 自体が必要とする容量は 1 GB 程度です．また本書に掲載しているプログラムをすべて作成しても大したサイズにはなりませんので，それほど大容量の microSD は必要ありません．

環境構築には作業用の PC が必要になりますので用意してください．本書では作業用 PC の OS に Windows 10 を使用していますが，Windows 8 や Windows 7 でも問題ないと思います．作業用 PC

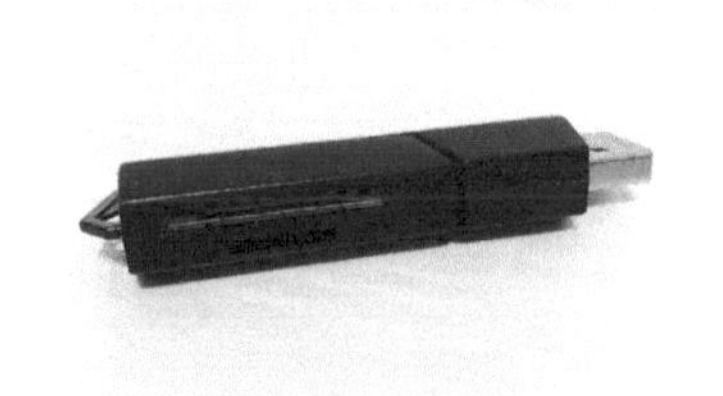

microSD 読み書き装置

USB Wi-Fi アダプター

USB ケーブル（左：Mini-B オス，右：Type-A オス）

図 2.2　環境構築に必要なもの

*3 https://education.lego.com/ja-jp/product-resources/mindstorms-ev3/先生向けリソース/ev3-python でのプログラミング

*4 このように公式には書かれていますが，筆者の環境では 64 GB の microSDXC でも動作しています．

で microSD を読み書きする装置も用意してください（図 2.2）．EV3MP と作業用 PC の通信のために，USB Wi-Fi アダプターも用意しておいてください．本書では Buffalo 社製 WLI-UC-GNM2 を使用しています．USB Wi-Fi アダプターは製品によっては EV3MP では使えないものもありますので注意してください．また，Wi-Fi が使えない状況や何か問題が出た場合に対処するため，Type-A オス - Mini-B オスの USB ケーブルも用意しておくと安心です．

2.2.2 EV3 MicroPython イメージのダウンロード

EV3MP イメージファイルのダウンロードをしましょう．イメージファイルとは，動作に必要なたくさんのファイルをまとめて 1 つのファイルにしたものです．

ステップ 1： EV3MP の LEGO 公式ページの下の方にあるダウンロードリンク（図 2.3）をクリックし，ev3micropythonv200sdcardimage.zip をダウンロードします．ファイル名はバージョンによって異なる可能性があります．

図 2.3　EV3MP の OS イメージファイルのダウンロード

ステップ 2： ダウンロードされた zip ファイルを右クリックし，すべて展開，をクリックしましょう．そうすると，\ev3micropythonv200sdcardimage\ev3-micropython-v2.0.0-sd-card-image というフォルダーの中に EV3MP のイメージファイル ev3-micropython-v2.0.0-sd-card-image.img ができます．

2.2.3 イメージファイル書き込み用アプリケーションの用意

EV3MP のイメージファイルを microSD に書き込むためのアプリケーション Win32 Disk Imager[5] を用意しましょう．Win32 Disk Imager はインストール不要のアプリケーションなので，管理者権限は要りません．ブラウザで，

```
https://sourceforge.net/projects/win32diskimager/files/Archive/
Win32DiskImager-1.0.0-binary.zip/download
```

に接続すると，しばらくして

Win32DiskImager-1.0.0-binary.zip

がダウンロードされます．ダウンロードされた ZIP ファイルを右クリックして，すべて展開をクリック，適当な展開先のフォルダーを選択して，展開をクリックしてください．展開したフォルダーの中に，

Win32DiskImager.exe

という名前のファイルがあるかを確認してください（図 2.4）．

図 2.4　Win32DiskImager.exe のアイコン

これで準備は完了です．

2.2.4 microSD にイメージファイルを書き込む

それでは Win32 Disk Imager を使って microSD に EV3MP のイメージを書き込んでみましょう．

ステップ 1：microSD を作業用 PC に差し込んでください．今からの作業で microSD に入っているデータはすべて消えてしまいますので注意してください．

ステップ 2：今差し込んだ microSD がどのドライブになったかを確認してください．以降の図では I ドライブになっていますが，環境によって異なりますので注意してください．

ステップ 3：Win32DiskImager.exe をダブルクリックして Win32 Disk Imager を起動してください．図 2.5 のような画面が現れます．

ステップ 4：青いフォルダーの絵が書かれたアイコンをクリックしましょう（図 2.6）．

[5] LEGO 公式ページでは Etcher を使っていますが，インストールするために管理者権限が必要になるため，本書ではこちらを使っています．

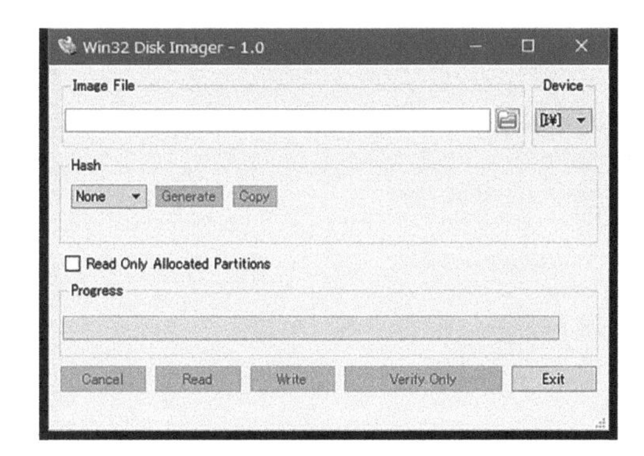

図 2.5　ステップ 3

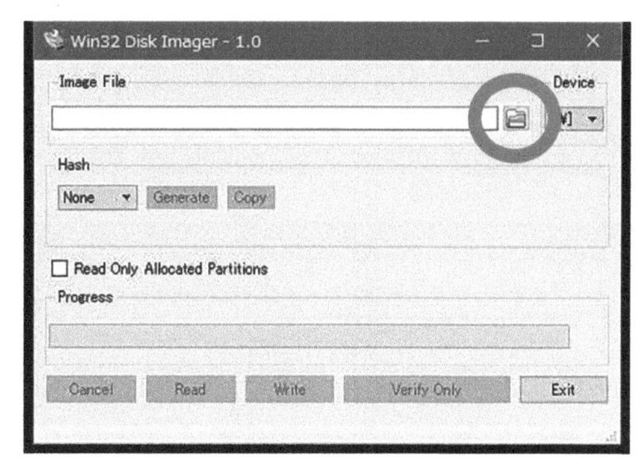

図 2.6　ステップ 4

ステップ 5：すると「Select a disk image」というウインドウが現れますので，先ほど展開した EV3MP のイメージファイルを選択してください（図 2.7）．

ステップ 6：Device の下にある▼をクリックして，microSD のドライブを選択してください（図 2.8）．

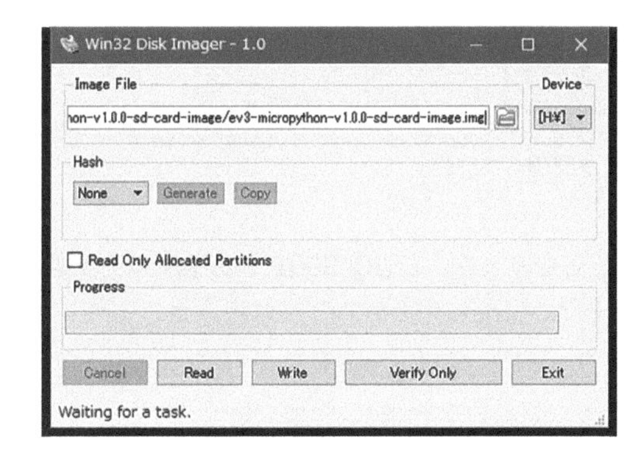

図 2.7　ステップ 5

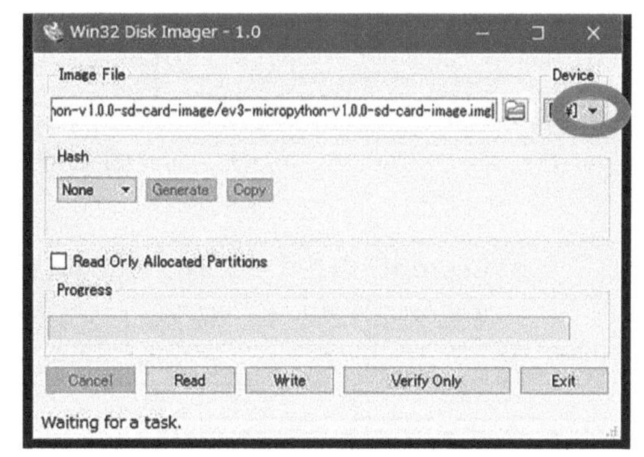

図 2.8　ステップ 6

ステップ 7：ウインドウ下にある右から 3 つ目の Write ボタンをクリックすると，最終確認のウインドウが現れます．問題なければ Yes をクリックしましょう（図 2.9）．

ステップ 8：イメージの書き込みが開始します．書き込みが完了するまで 3 分程度かかります（図 2.10）．

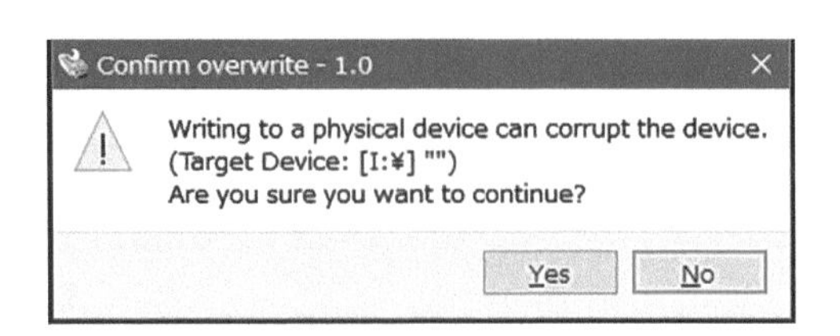

図 2.9　ステップ 7

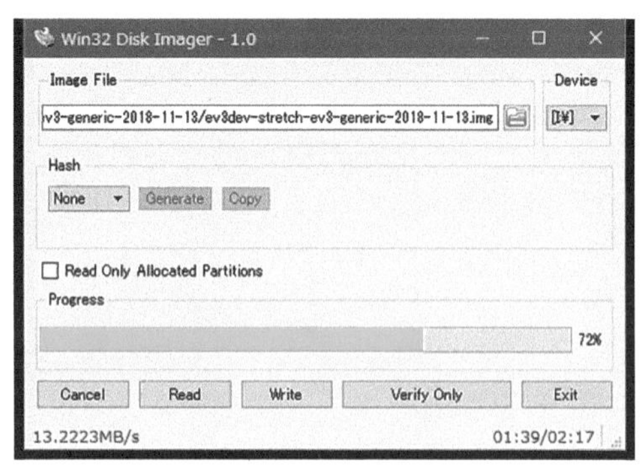

図 2.10　ステップ 8

ステップ 9：図 2.11 の画面が現れたら書き込み完了です．OK をクリックして終了しましょう．

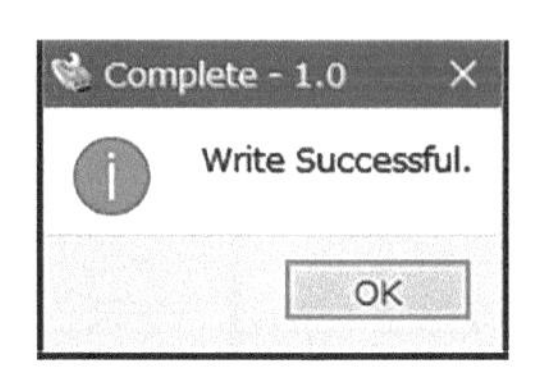

図 2.11　ステップ 9

ステップ 10：microSD のドライブ名は「LEGO_BOOT」となります．LEGO_BOOT ドライブのアイコンを右クリックして，取り出しを選択してから，microSD を PC から抜きましょう．

2.3 開発用ツールの準備

作業用 PC に **Visual Studio Code**（VS Code）と，いくつかの拡張機能をインストールします．これらのツールを使えば効率よくプログラミングできるようになり，プログラムの実行も簡単にできるようになります．

2.3.1 Visual Studio Code のインストール

VS Code はプログラミングに適した**エディタ**です．エディタとは文章を書いて保存するためのアプリケーションです．Windows に標準でインストールされているメモ帳もエディタの一種ですが，最低限の機能しか搭載されていないためプログラミングには不向きです．では，VS Code をインストールしましょう．

ステップ 1：まず，ブラウザで https://code.visualstudio.com/ に接続します．

ステップ 2：Download for Windows の右にある ﹀ をクリックします．メニューが開くので，その中の Windows x64 User Installer 64bit の Stable のダウンロードボタンをクリックすると，インストーラーのダウンロードが開始します（図 2.12）．

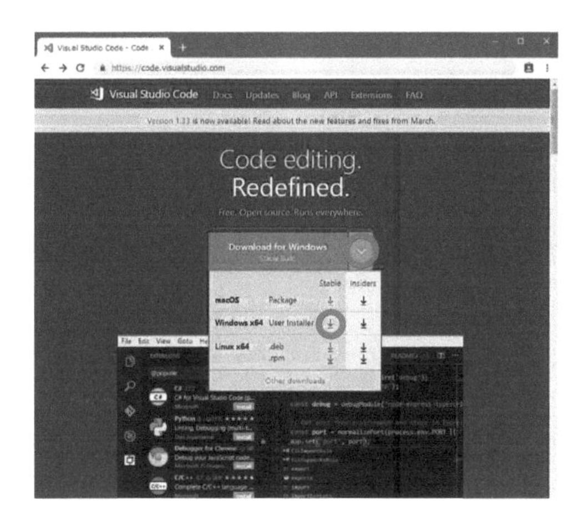

図 2.12　ステップ 2

ステップ 3：ダウンロードが完了したら，ダウンロード先のフォルダーの中にある VSCodeUserSetup-x64-1.35.1.exe をダブルクリックしてインストールします（バージョン番号は異なる可能性があります）．インストールオプションは特に変更する必要はありません．「次へ」のボタンを数回クリックすればインストールは完了します．

2.3.2 Visual Studio Code の日本語化

VS Code は**拡張機能**（Extension）をインストールすることで便利な機能を追加できます．まずは VS Code を日本語化する拡張機能をインストールしてみましょう．

ステップ 1：先ほどインストールした VS Code を起動（図 2.13(a)）して，左側に縦に並んだアイコンの一番下にある四角いアイコン（Extensions）をクリックします（図 2.13(b)）．

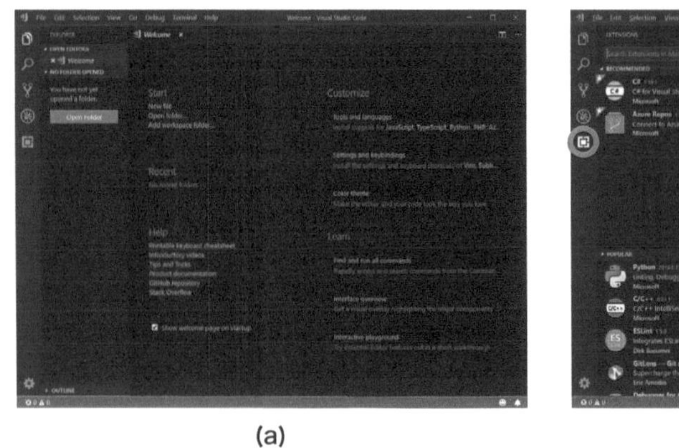

(a)

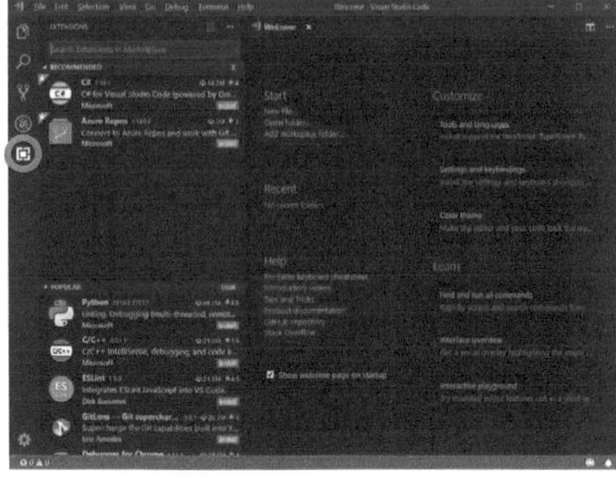

(b)

図 2.13　ステップ 1

ステップ 2：検索窓に「japanese」と入力（図 2.14(a)）すると，候補に「Japanese Language Pack for Visual Studio Code」が出てきますので，Install ボタンをクリックします（図 2.14(b)）．

(a)

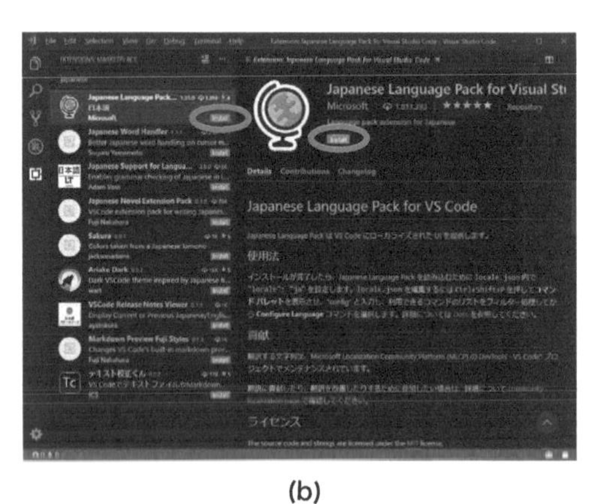

(b)

図 2.14　ステップ 2

ステップ 3：インストールが完了したら，ウインドウの下に「Restart Now」と出ます（図 2.15(a)）ので，これをクリックして VS Code を再起動しましょう．これでメニューなどが日本語になり，使いやすくなります（図 2.15(b)）．

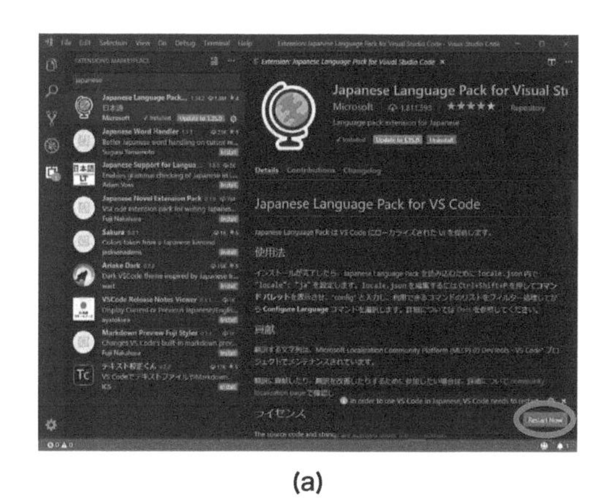

(a)

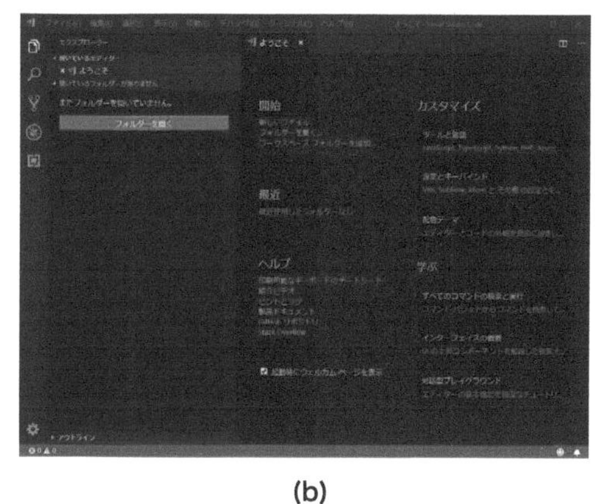

(b)

図 2.15　ステップ 3

2.3.3　拡張機能 LEGO MINDSTORMS EV3 MicroPython のインストール

次に，VS Code と EV3 を接続するための拡張機能 LEGO MINDSTORMS EV3 MicroPython (lego-education.ev3-micropython) が用意されていますので，これをインストールしましょう．

ステップ 1：先ほどと同様に，検索窓に「ev3 micropython」と入力すると，候補に「LEGO MINDSTORMS EV3 MicroPython」が出てきます（図 2.16(a)）ので，インストールボタンをクリックしてインストールします（図 2.16(b)）．

ステップ 2：インストールボタンが「Installed」になれば，インストールは完了です（図 2.17）．

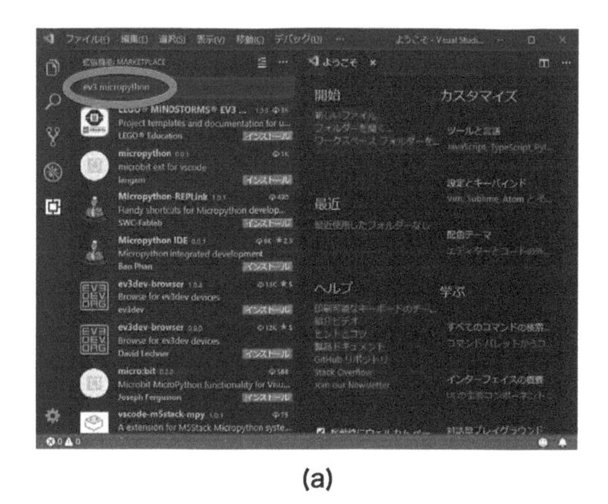

(a)

(b)

図 2.16　ステップ 1

図 2.17　ステップ 2

2.3.4 Visual Studio Code の画面構成

VS Code は高機能で，たくさんのアイコンやバーが表示されます．VS Code の画面構成と，それぞれの主な機能は図 2.18 のようになっています．

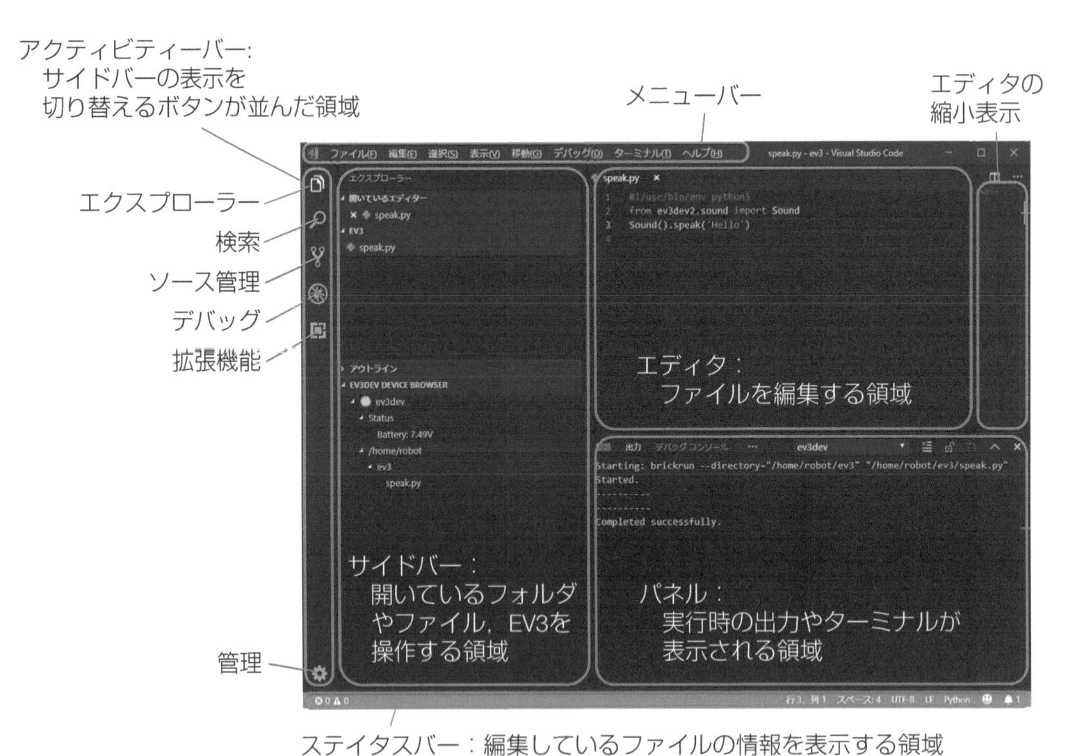

図 2.18　VS Code の画面構成

2.4 EV3の起動

2.4.1 起動の手順

インテリジェントブロックから microSD を抜き出しやすくするために，図 2.19 のように microSD にテープを最初に貼っておくことをおすすめします．裏面の端子部分にテープがかからないように注意しましょう．

図 2.19　microSD にテープを貼っておく

では，インテリジェントブロックの microSD スロットに EV3MP のイメージを書き込んだ microSD を挿入してください．また，インテリジェントブロックの USB ポートに USB Wi-Fi アダプターを接続してください（図 2.20）．EV3MP が起動している間は microSD を絶対に抜いてはいけません．microSD に記録されているデータが壊れてしまい，最悪の場合，EV3 が起動しなくなります．

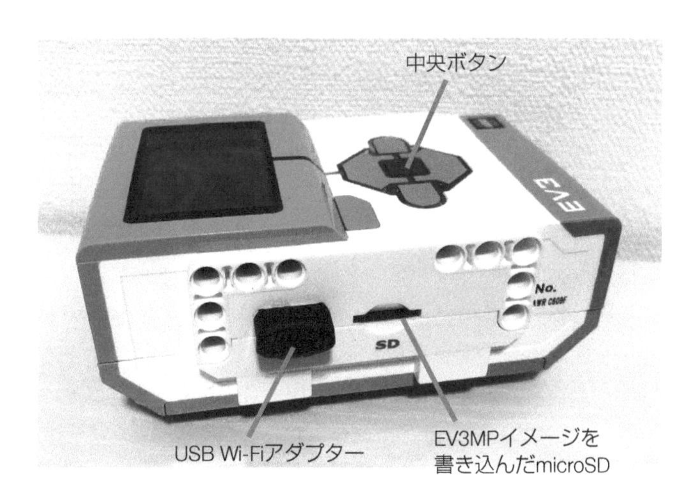

図 2.20　microSD と USB Wi-Fi アダプターを接続

ステップ 1：十字キーの真ん中にあるボタン（中央ボタン）を押して，EV3 の電源を入れましょう．

ステップ 2：最初に「MINDSTORMS Starting...」の起動画面が表示されて，ステータスライトが赤く点灯します（図 2.21(a)）．

ステップ 3：しばらくすると，画面にたくさんの小さな文字がスクロールして表示され，ステータスライトがオレンジ色に点滅します（図 2.21(b)）．

ステップ 4：「brickman loading...」の画面になり，ステータスライトが消えます（図 2.21(c)）．

ステップ 5：ステータスライトが緑に点灯すれば，起動完了です（図 2.21(d)）．

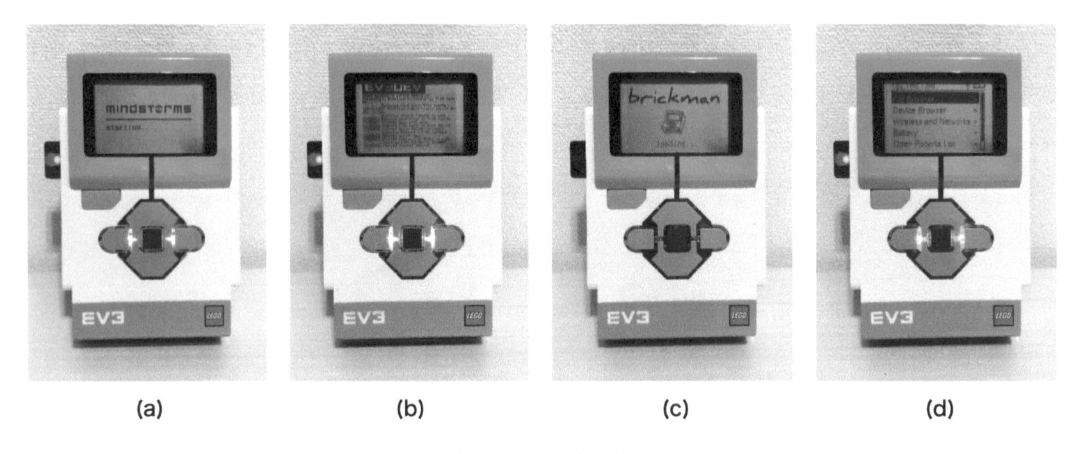

図 2.21　ステップ 2, 3, 4, 5

初めて起動するときは少し時間がかかりますが，5 分以上経っても起動画面にならない場合は，何らかの不具合が起きている可能性が高いです．以下のトラブルシューティングを参考に，問題の発生箇所を探してください．そのとき，右上に表示されるバッテリーの電圧値に注意してください．電圧値がだいたい 5 V 以下になると EV3 の電源が落ちてしまいます．電源が落ちると保存されていないデータはすべて消えてしまいますので，注意してください．

起動しない場合のトラブルシューティング

1. microSD の接触不良かもしれません．一度，microSD を抜き差ししたり，カードスロット内のホコリを飛ばしてから試してみましょう．
2. イメージのダウンロードや書き込みに失敗しているかもしれません．もう一度，イメージをダウンロードして書き込みしてみましょう．
3. 作業用 PC に問題があることもあります．別の PC で試してみましょう．
4. EV3 に接続しているセンサーやモーター，USB デバイスに問題があるかもしれません．EV3 に何も接続しない状態で起動してみましょう．
5. microSD が故障もしくは相性が悪い可能性があります．別の microSD で試してみてください．
6. EV3 のバッテリーの残量が不足していると起動しないことがあります．新品の電池を使ったり，しっかり充電してから試してみましょう．

7. インテリジェントブロックが壊れている可能性があります．別のインテリジェントブロックで試してみましょう．

2.4.2 Wi-Fi の設定

EV3 を無線ネットワーク（Wi-Fi）に接続するための設定をします．

ステップ 1：メニューの中にある Wireless and Networks を選択（図 2.22(a)）して中央ボタンを押し，さらに Wi-Fi を選択（図 2.22(b)）して中央ボタンを押します．

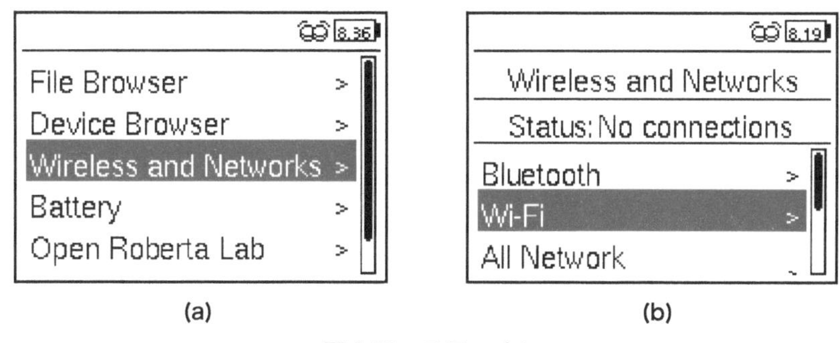

図 2.22　ステップ 1

ステップ 2：Powered を選択（図 2.23(a)）して中央ボタンを押して ON にします．ON になると□が■になり，画面上部に電波のアイコンが現れます（図 2.23(b)）．

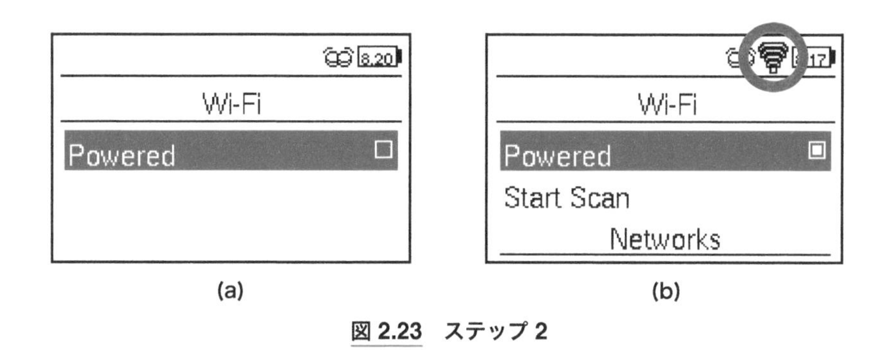

図 2.23　ステップ 2

ステップ 3：Start Scan を選択（図 2.24(a)）して中央ボタンを押すと，画面は Scanning... となり利用可能な Wi-Fi を探索します．しばらく待ちましょう（図 2.24(b)）．

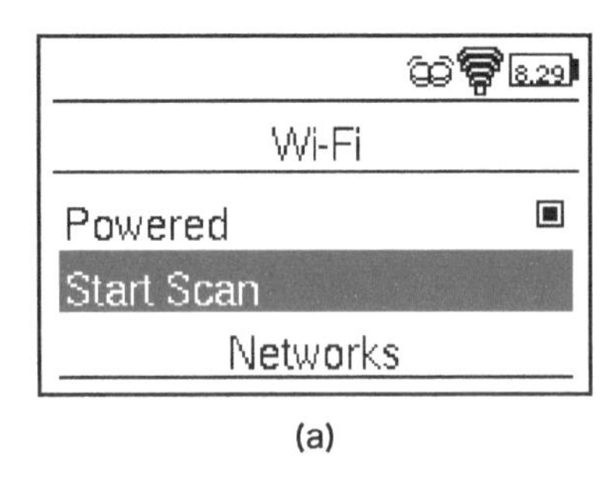

(a)

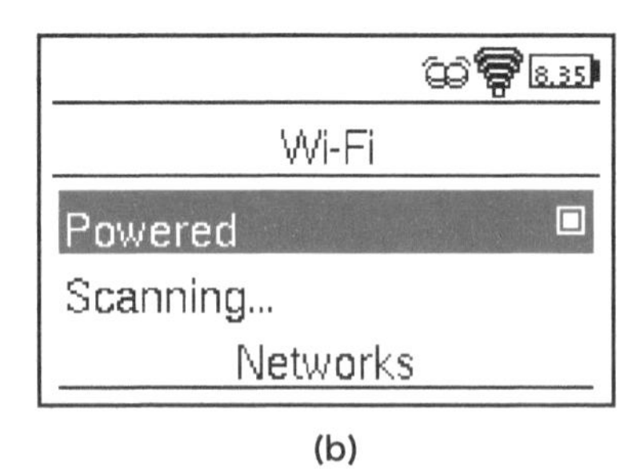

(b)

図 2.24　ステップ 3

ステップ 4：探索が終わると，利用可能な Wi-Fi のリストが Networks の下に現れますので，下キーを押して接続したい Wi-Fi の名前（SSID）を探します．

ステップ 5：接続したい Wi-Fi（ここでは LEGO）を選択（図 2.25(a)）して中央ボタンを押し，Connect を選択して中央ボタンを押します（図 2.25(b)）．

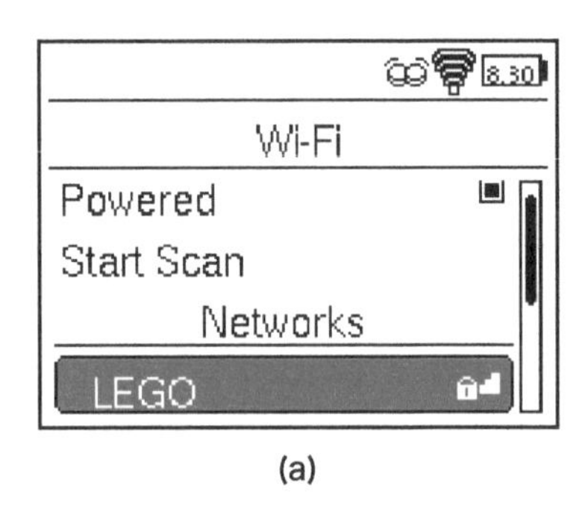

(a)

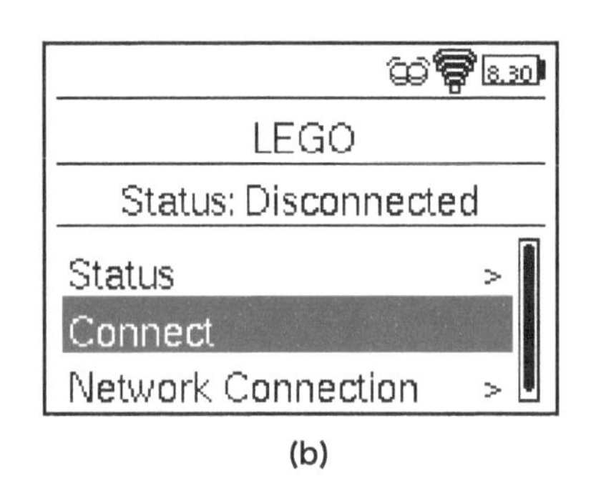

(b)

図 2.25　ステップ 5

ステップ 6：必要があれば Wi-Fi のパスワード（暗号化キー）を入力（図 2.26(a)）して，OK を押します（図 2.26(b)）．戻るボタンを押すとカーソル直前の文字を削除（バックスペース）できます．

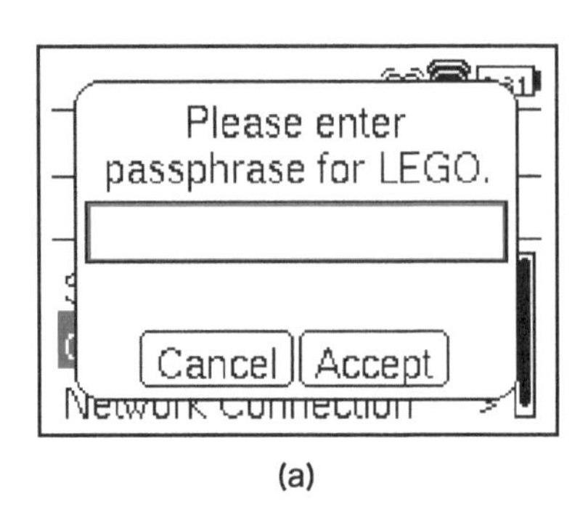

(a)

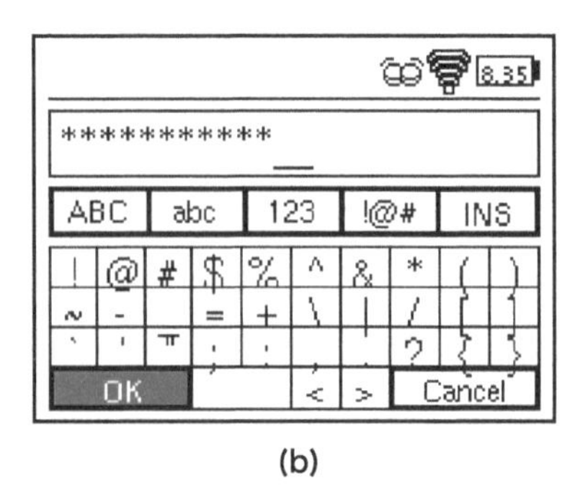

(b)

図 2.26　ステップ 6

ステップ 7：Accept を選択して中央ボタンを押します（図 2.27）．

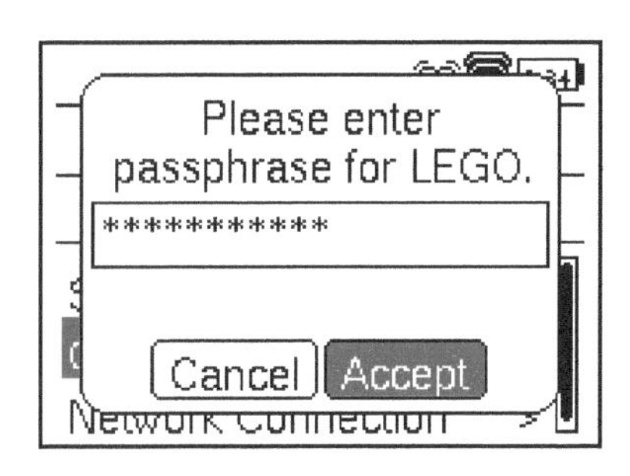

図 2.27　ステップ 7

ステップ 8：Status: Associating と表示され（図 2.28(a)），しばらくすると Status: Online の表示に変わります（図 2.28(b)）．これで Wi-Fi に接続されており，画面上部に EV3 の IP アドレス（ドットで区切られた 4 つの数字，ここでは 192.168.1.81 ですが環境により異なります）が表示されています．この IP アドレスはインターネット上でのコンピュータの住所のようなものです．後で必要になりますので，メモしておいてください．

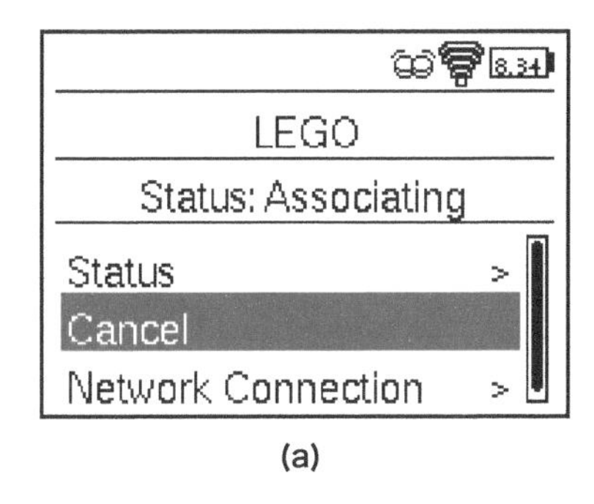

(a)

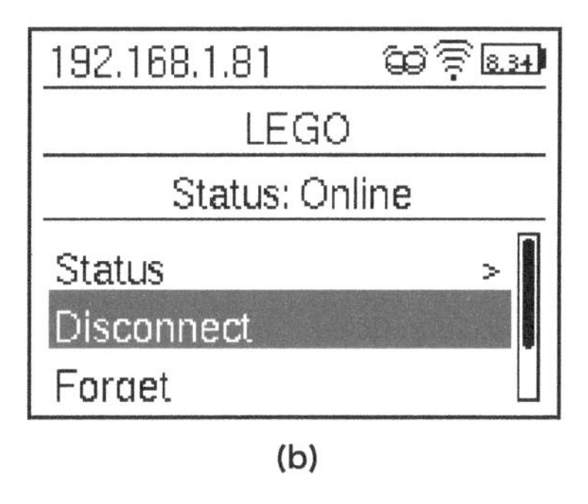

(b)

図 2.28　ステップ 8

2.5 Visual Studio CodeとEV3を接続

2.5.1 Wi-Fi で接続

Wi-Fi の設定ができたら，VS Code と EV3 を接続しましょう．

ステップ 1：VS Code を起動して，アクティビティーバーの一番上にあるエクスプローラーアイコンをクリックします（図 2.29(a)）．さらにサイドバーの一番下にある EV3DEV DEVICE BROWSER をクリックします（図 2.29(b)）．

図 2.29　ステップ 1

ステップ 2：Click here to connect to a device をクリック（図 2.30(a)）すると，画面上部に入力フォームが現れますので，I don't see my device... をクリック（図 2.30(b)）します．

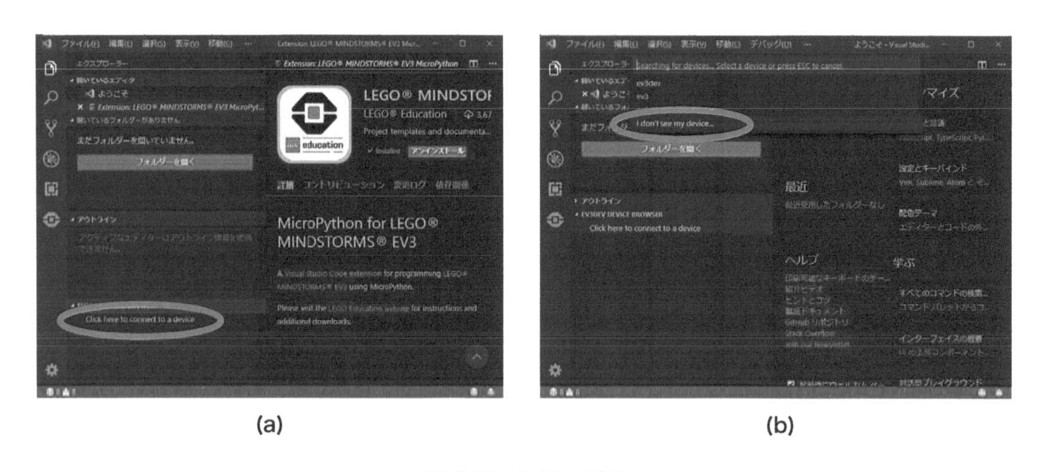

図 2.30　ステップ 2

ステップ 3：今から接続する EV3 の名前を入力して Enter を押します．ここでは ev3dev (図 2.31(a)) としています．さらに，先ほどメモしておいた EV3 の IP アドレスを入力して Enter を押しましょう（図 2.31(b)）．

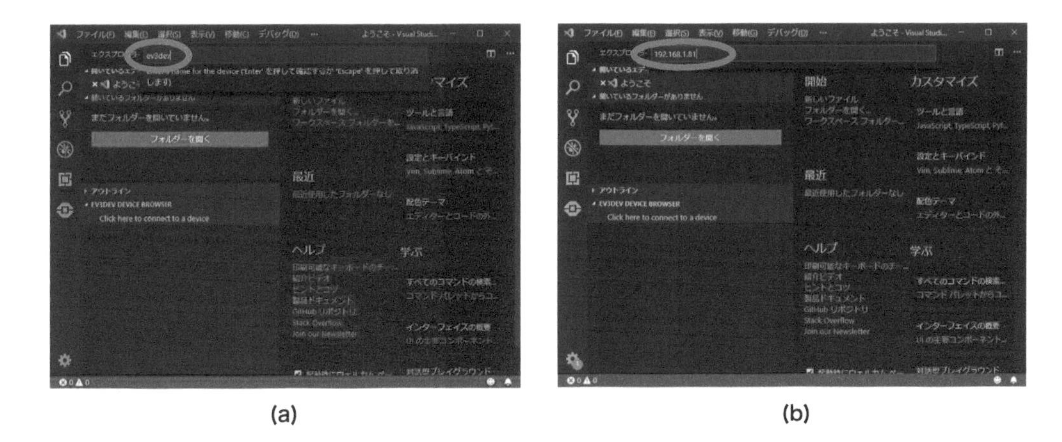

(a)　　　　　　　　　　(b)

図 2.31　ステップ 3

ステップ 4：EV3DEV DEVICE BROWSER に黄色の●が表示されます．これは EV3 に接続中であることを示しています（図 2.32）．

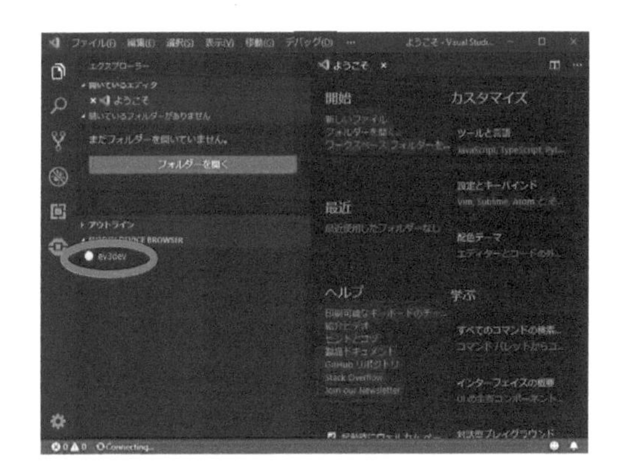

図 2.32　ステップ 4

ステップ 5：EV3 に接続されると，黄色の●が緑色に変化します（図 2.33(a)）．これで VS Code と EV3 の接続が完了しました．緑色の●の左にある▼をクリックすると，EV3 のバッテリーの電圧値やファイルの状況が確認できます（図 2.33(b)）．

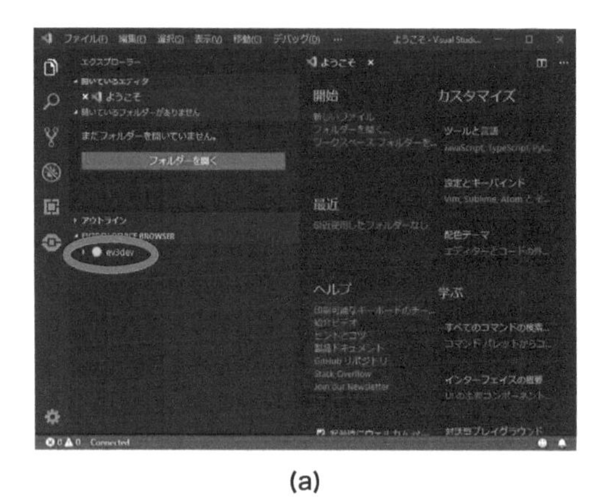

(a)

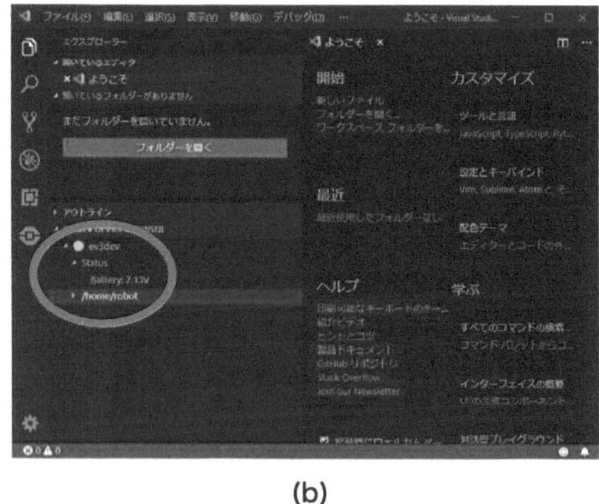

(b)

図 2.33　ステップ 5

2.5.2 USB で接続

Wi-Fi を使わずに，USB で EV3 と有線で接続する方法もあります．有線ではロボットの移動範囲が制限されるのであまりおすすめはしませんが，無線 LAN が使えない環境ではこちらの方法を試してみてください．

ステップ 1：EV3 の電源を ON にして，EV3 が起動するまで待ちます．
ステップ 2：作業用 PC で，スタートボタンを右クリックして，ネットワーク接続をクリックします．
ステップ 3：ネットワークの状態を表示するウインドウが現れます．中央にある「アダプターのオプションを変更する」をクリック（図 2.34(a)）します．すると，ネットワーク接続のウインドウが現れます（図 2.34(b)）．表示されるアイコンやデバイス名は環境によって異なります

(a)

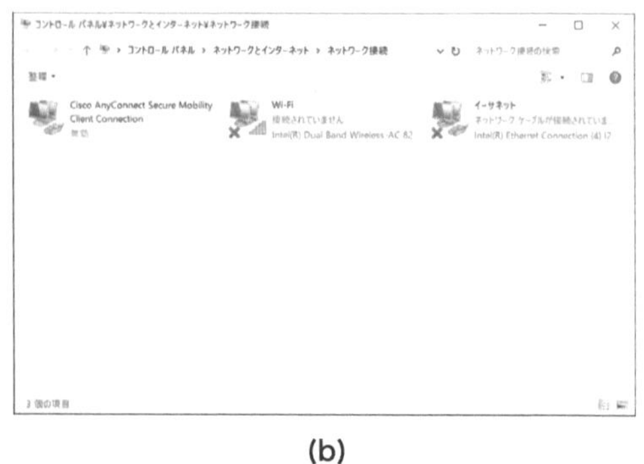

(b)

図 2.34　ステップ 3

ステップ 4：このウインドウが見える状態にしておき，EV3 と作業用 PC を USB ケーブルで接続しましょう．

ステップ 5：しばらくすると，新たなネットワークデバイスが追加され，ネットワーク接続のウインドウ内にアイコンが 1 つ増えますので，このデバイス名を覚えておいてください．図 2.35 では「イーサネット 3」が追加されていますが，環境によってデバイス名は異なります．

ステップ 6：後は 2.5.1 節のステップ 4 からの手順と同じです．VS Code の接続先デバイスで「イーサネット 3」を選択してクリックすれば，VS Code と EV3 が接続されます（図 2.36）．

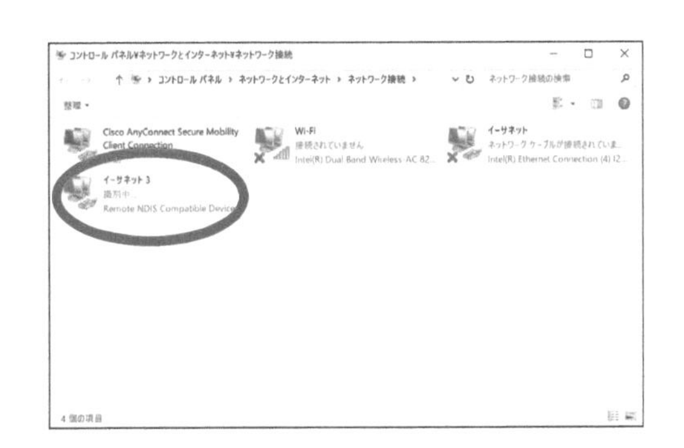

図 2.35　ステップ 5

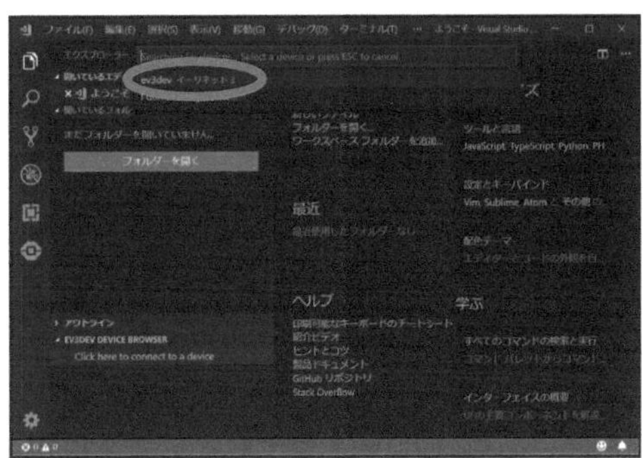

図 2.36　ステップ 6

2.5.3 EV3 をコマンドで操作

EV3 をコマンドで操作するために，VS Code から **SSH**（Secure SHell）で接続します．SSH は**ターミナル**（端末，terminal）**アプリケーション**の 1 つです．ターミナルアプリケーションとは，別のコンピューターと通信するために使われるものですが，SSH では通信内容がすべて暗号化されるため，名前の通り，安全に通信することができます．

ステップ 1：緑色の●を右クリックして，出てきたメニューの一番上の Open SSH Terminal をクリックしましょう（図 2.37）．

ステップ 2：VS Code のパネル（右下の領域）でターミナルを選択して，4 回ほど Enter を入力すると

```
robot@ev3dev:~$
```

が表示（**プロンプト**といいます）されます（図 2.38）．これで VS Code と EV3 が SSH で接続されました．

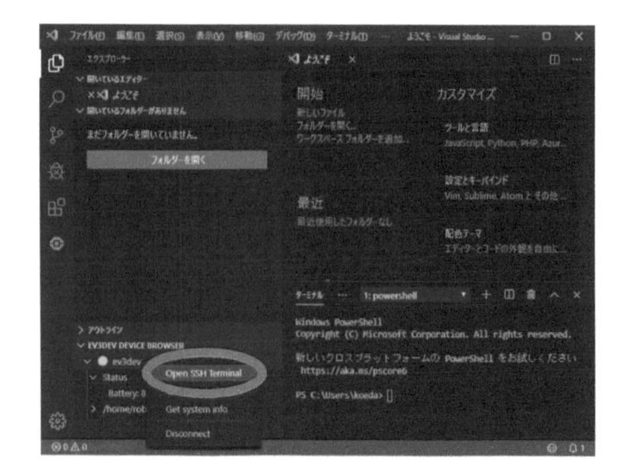

図 2.37　ステップ 1

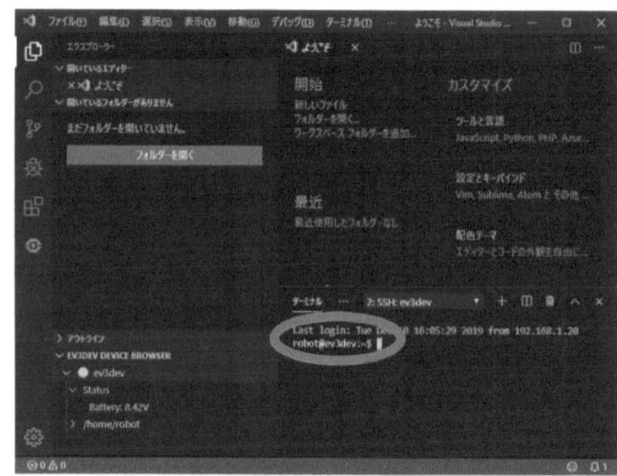

図 2.38　ステップ 2

ステップ 3：プロンプトは**コマンド**（**命令**）の入力を待っている状態を表しています．では，コマンドを打ち込んで EV3 に命令を出してみましょう．ここでは，EV3 の IP アドレスを確認するコマンド `ip a` を入力（図 2.39(a)）して Enter を押しましょう．図 2.39(b) のような表示が出ます．一部を以下に示します．この中の 192.168.1.96 の部分が EV3MP の IP アドレスです（IP アドレスは環境によって異なります）．

```
robot@ev3dev:~$ ip a
（省略）
3: wlx343dc47bfa4a: <BROADCAST,MULTICAST,DYNAMIC,UP,LOWER_UP> mtu 1500 qdisc
    mq state UP group default qlen 1000
link/ether xx:xx:xx:xx:xx:xx brd ff:ff:ff:ff:ff:ff
inet 192.168.1.96/24 brd 192.168.1.255 scope global wlx343dc47bfa4a
valid_lft forever preferred_lft forever
inet6 fe80::363d:c4ff:fe7b:fa4a/64 scope link
valid_lft forever preferred_lft forever
（省略）
```

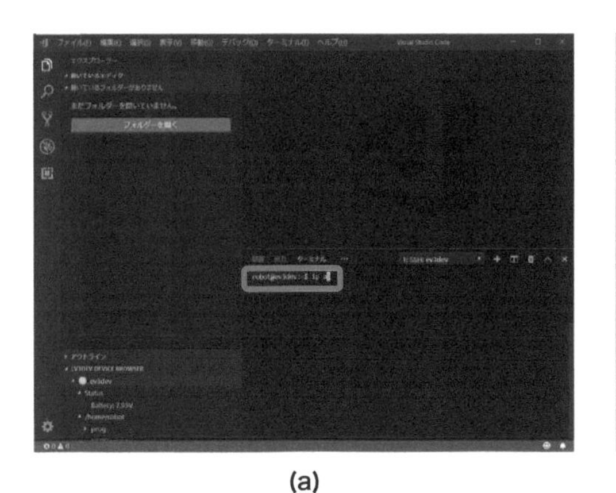

(a)

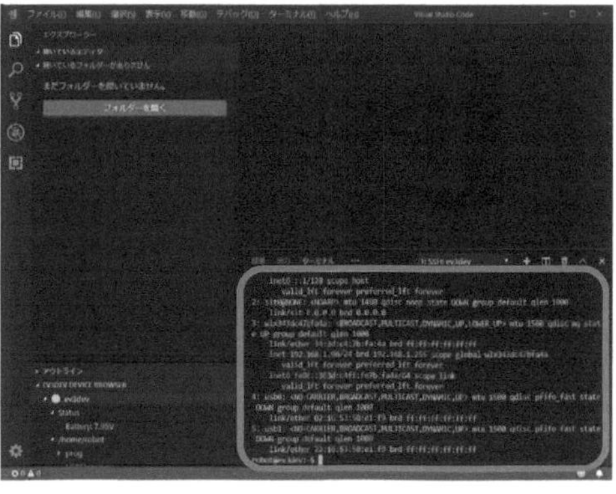

(b)

図 2.39　ステップ 3

2.5.4 プログラムの作成と実行

これで準備ができました．では次の手順に従ってプログラムを作成・実行してみましょう．

ステップ 1：先に，これから作成するプログラムを保存しておくための適当なフォルダーを作成します．ユーザーフォルダー内のドキュメントの中に「ev3」という名前の新しいフォルダーを作りましょう．

ステップ 2：VS Code のエクスプローラーを開くと，青色の「フォルダーを開く」ボタンがあります（図 2.40(a)）．これをクリックするか，もしくはメニュー ＞ ファイル ＞ フォルダーを開く をクリックして，先ほど作成したフォルダー ev3 を開きます．すると，サイドバーにエクスプローラーが表示されて，その中に EV3 という項目が出ていると思います（図 2.40(b)）．

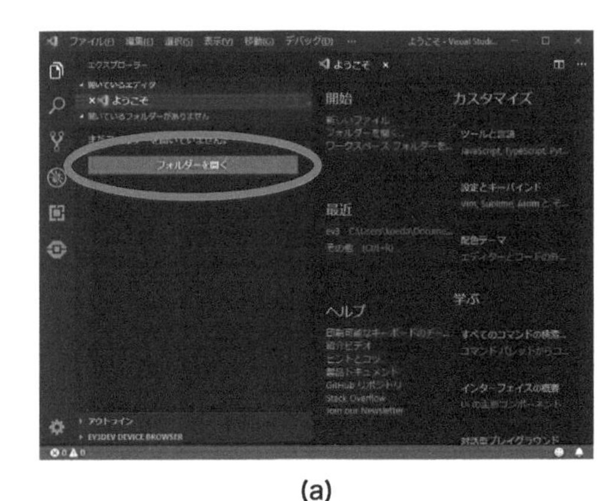

(a)

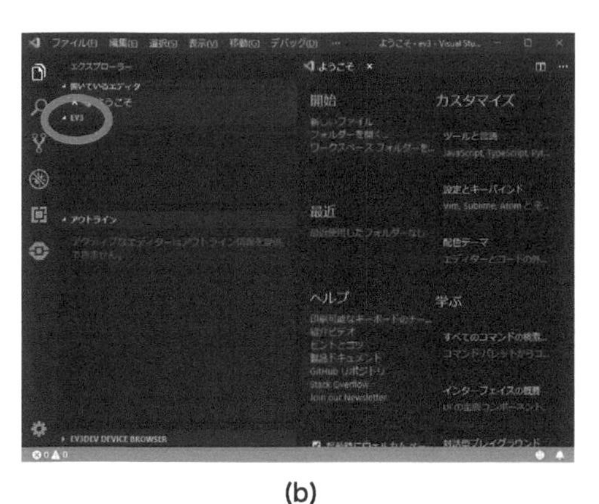

(b)

図 2.40　ステップ 2

ステップ 3：このEV3の近くにマウスカーソルを持っていくと，アイコンが4つ現れます．そのアイコンの一番左のもの（新しいファイル）をクリックしましょう（図2.41(a)）．ファイル名を入力する枠が現れますので，`beep.py`と入力してEnterを押しましょう（図2.41(b)）．

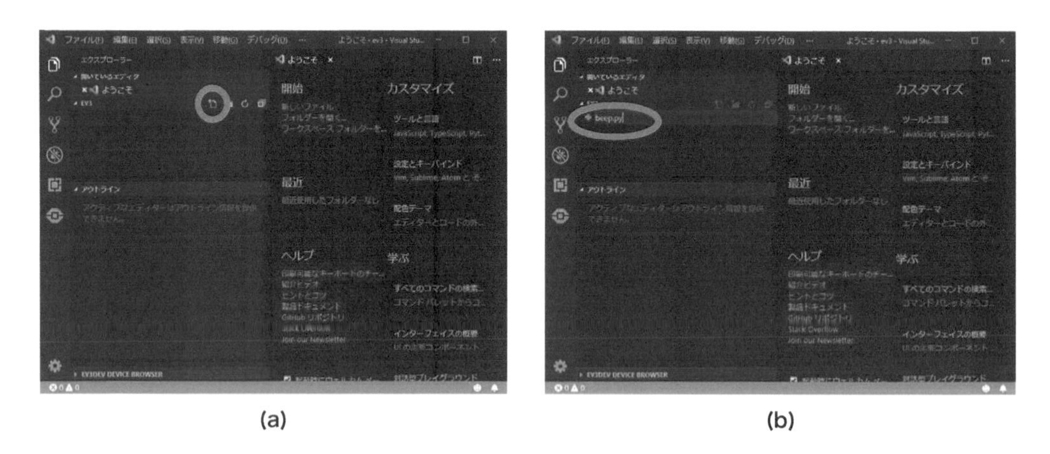

図 2.41　ステップ 3

ステップ 4：そうすると，右側のエディタで`beep.py`が編集できる状態になり，ev3フォルダーの中に新しいファイル`beep.py`が作成されます（図2.42(a)）．ステータスバーに表示されている改行コードの設定がLFでない場合には，改行コードをクリックしてLFを選択してください（図2.42(b)）．

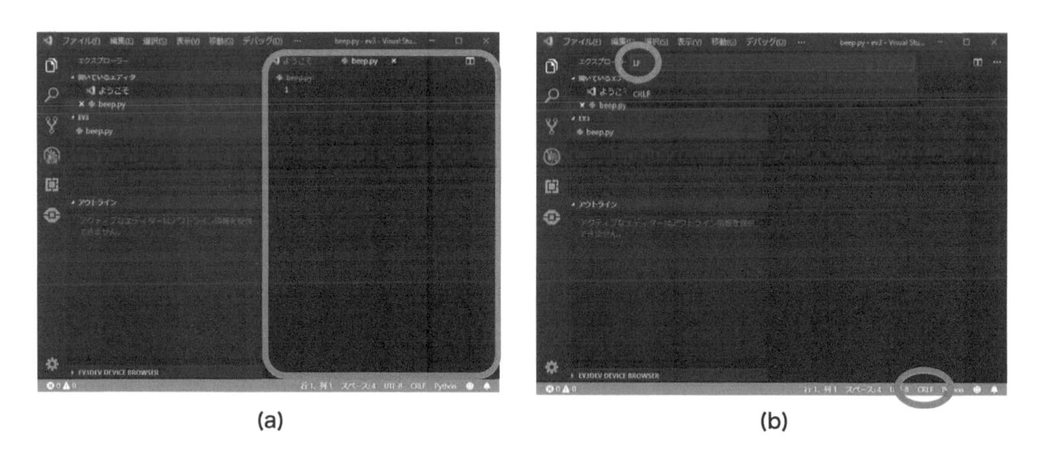

図 2.42　ステップ 4

ステップ 5：以下のプログラムリスト2.1を入力しましょう（図2.43(a)）．各行のはじめの数字は行番号なので入力する必要はありません．入力が終わったら，メニュー> ファイル > 保存をクリックするか，Ctrlキーを押しながらSキーを押して保存しましょう（図2.43(b)）．

▶| プログラムリスト 2.1 | beep.py

```
1 #!/usr/bin/env pybricks-micropython
2 from pybricks.hubs import EV3Brick
3 ev3 = EV3Brick()
4 ev3.speaker.beep()
```

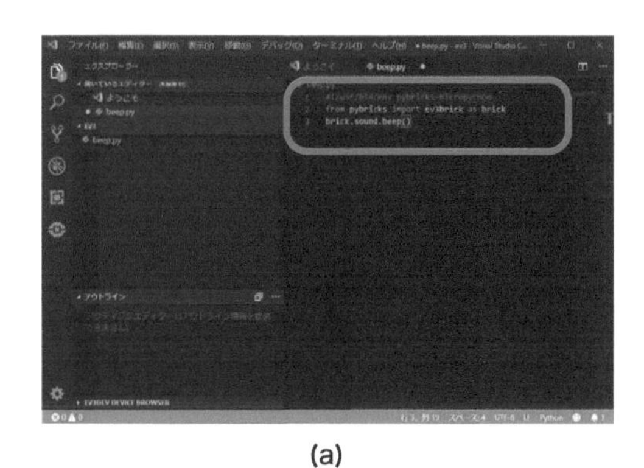

(a)

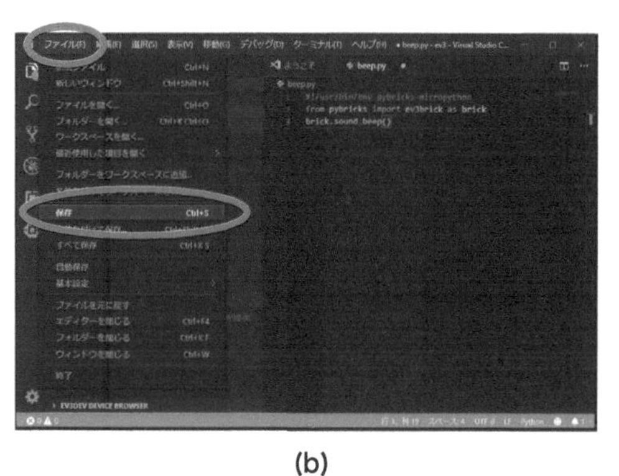

(b)

図 2.43 ステップ 5

ステップ 6：EV3 に接続して，EV3DEV DEVICE BROWSER の中にある ev3 の左側の▼をクリックしましょう．さらにその中にある/home/robot の左にある▼をクリックしましょう．この時点では何も表示されません（図 2.44）．

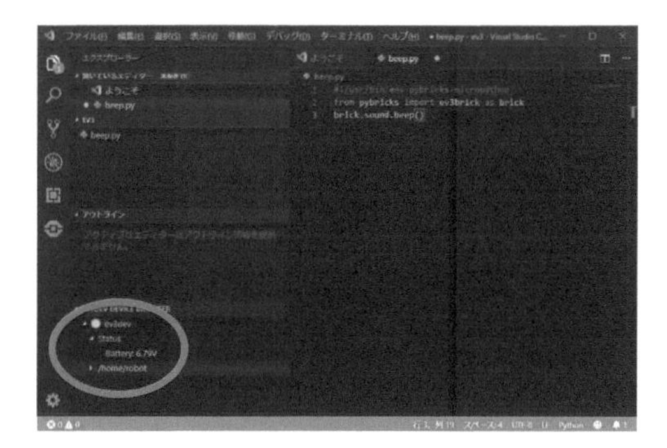

図 2.44 ステップ 6

ステップ 7：EV3DEV DEVICE BROWSER の近くにマウスカーソルを持っていくと，アイコンが 2 つ現れます（図 2.45(a)）．右のアイコン（Send project to device (↓)）をクリックすると，`beep.py` が EV3 に送信（ダウンロード）されて，VS Code の一番下のステータスバーに，Download to ev3dev complete と表示されます（図 2.45(b)）．

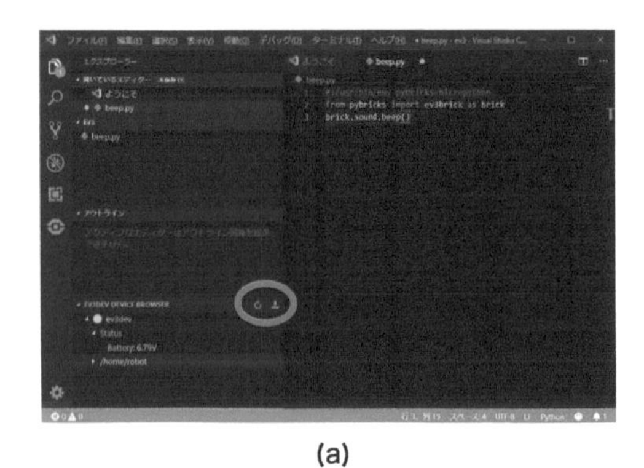

(a)

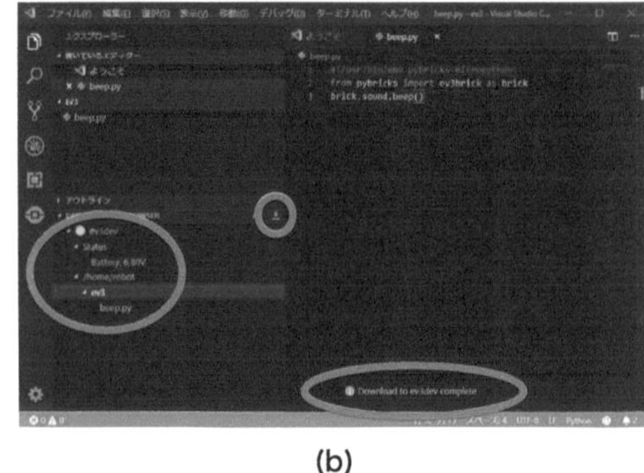

(b)

図 2.45　ステップ 7

ステップ 8：/home/robot/ev3/beep.py を右クリックして, Run をクリックしましょう (図 2.46(a)). インテリジェントブロックの左右のステータスライトが緑色に点滅して，しばらくするとプログラムが実行されて，EV3 から短いビープ音が一度だけ鳴ります．プログラムが問題なく終了すると，出力パネルに `Completed successfully.` と表示されます（図 2.46(b)）．プログラムに何か間違いがある場合にはエラーメッセージが表示されますので，プログラムを修正して再度アップロードして，実行してみましょう．

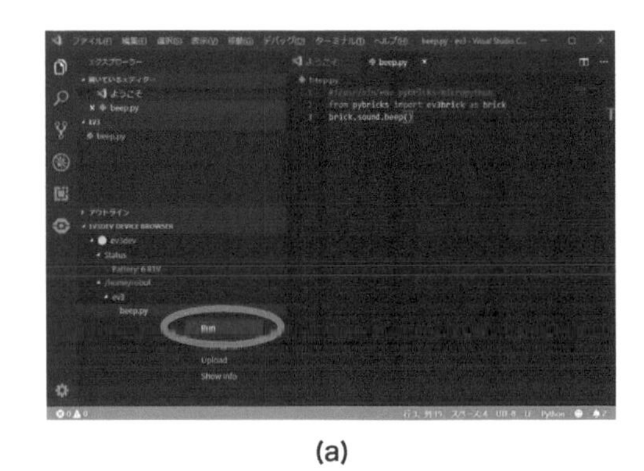

(a)

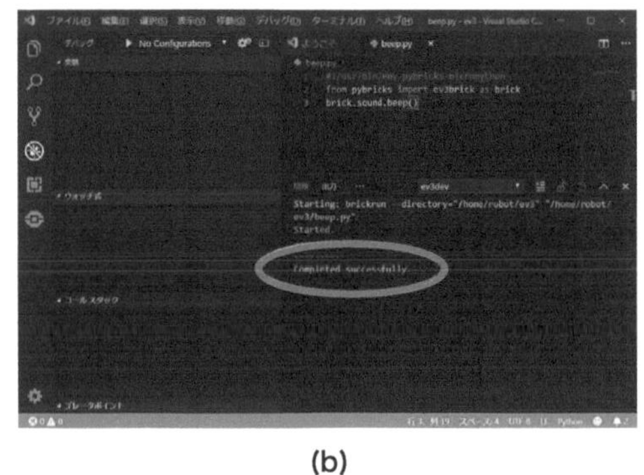

(b)

図 2.46　ステップ 8

改行コードに注意

実行時に

```
/usr/bin/env: 'pybricks-micropython\r': No such file or directory
```

というエラーが出る場合があります．これは，ファイルの改行コードが LF（Line Feed）になっていないことが原因です．WindowOS の改行コードは CR+LR（Carriage Return + Line Feed）ですが，ev3dev は Linux ベースの OS なので改行コードを LF にする必要があります．

ファイルの改行コードは，VS Code のステータスバー（画面一番下の青い領域）を見ればわかります．VS Code のステータスバーに表示されている情報は，

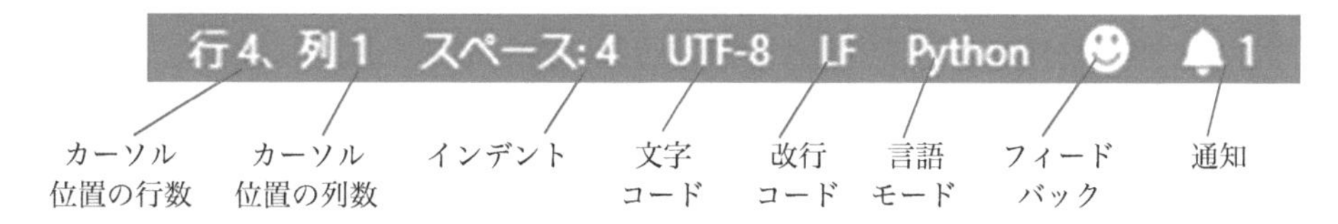

を表しています．ファイルの改行コードを変更するには，先にも述べたようにステータスバーの改行コードの部分をクリックして「LF」を選択するか，LF と入力して Enter を押します．

F5 キーでプログラム転送・実行

まず ev3 フォルダーの中に `.vscode` というフォルダーを作成します．エクスプローラーでドットではじまるフォルダーを作るには，最後にドットをつけて「`.vscode.`」とします（最後のドットは自動的に削除されます）．その中に `launch.json` という名前のファイルを作成しましょう．さらに，`launch.json` に以下の内容を書いて保存しましょう．そうすると，F5，もしくは Ctrl+F5 を押すだけでプログラムのダウンロードと EV3 上でのプログラム実行ができるようになり，とても便利になります．

```
 1 {
 2   "version": "0.2.0",
 3   "configurations": [
 4     {
 5       "name": "Download and Run Current File",
 6       "type": "ev3devBrowser",
 7       "request": "launch",
 8       "program": "/home/robot/${workspaceRootFolderName}/${relativeFile}"
 9     }
10   ]
11 }
```

インテリジェントブロックでの操作でプログラムを実行する

インテリジェントブロックでの操作でプログラムを実行するには，インテリジェントブロックのメインメニュー > File Browser > ev3 > beep.py を選んで，中央ボタンを押します．すると，2 秒ほど後にステータスライトが緑に点滅し，画面の表示が消えて，さらに数秒後にプログラムが実行されて，ビープ音が鳴ります．

2.6 EV3のシャットダウン

EV3 をシャットダウンするには，以下の手順で行います．

ステップ 1：EV3 の液晶画面の左下にあるボタン (戻るボタン) を押すと，「Shutdown...」のメニューが現れます．十字キーで一番上の「Power Off」を選択して，中央ボタンを押します (図 2.47(a))．

ステップ 2：すると，ステータスライトが赤く点滅しながら，画面に小さな文字でたくさんのメッセージが流れます (図 2.47(b))．

ステップ 3：20 秒ほどするとステータスライトと画面の表示が消えます．これでシャットダウン完了です (図 2.47(c))．

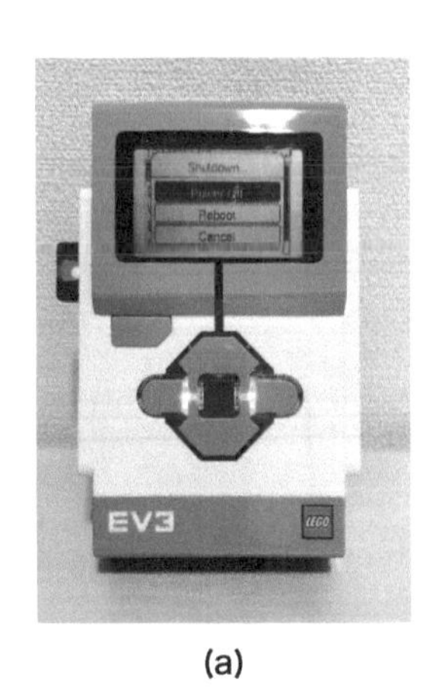

(a)

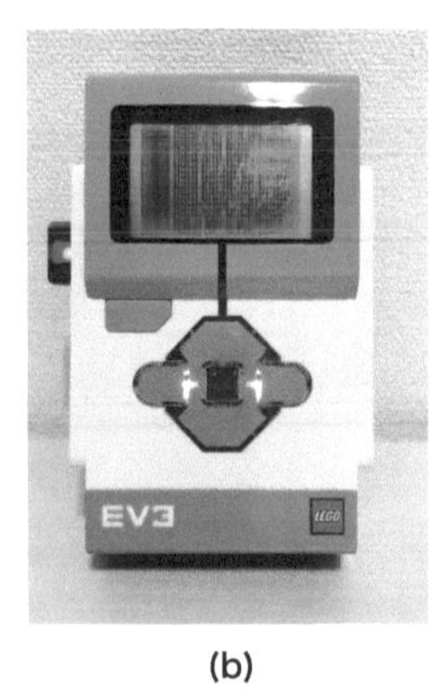

(b)

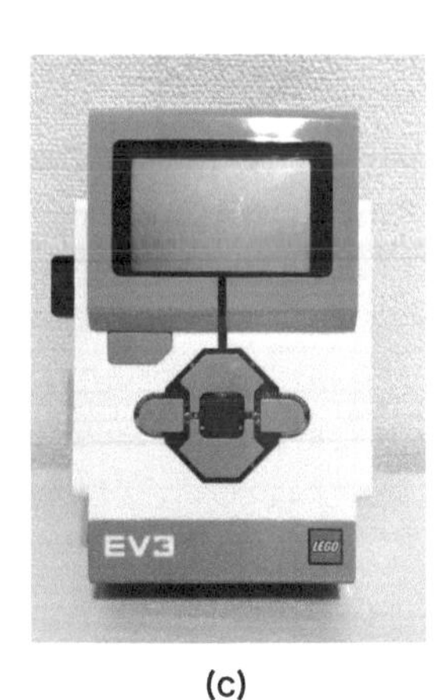

(c)

図 2.47　ステップ 1, 2, 3

コマンドでシャットダウン

コマンドで

```
$ sudo poweroff
```

と入力して Enter を押せば，シャットダウンできます．

2.7 EV3 MicroPythonの使い方

EV3MP が起動してステータスライトが緑色になると，メインメニューが画面の中央に表示されます．画面上部の左側には，ネットワーク接続している場合には EV3 の現在の IP アドレスが表示されます．また画面上部の右側には，ネットワークの状態（電波アイコン）とバッテリーの状態（電池アイコン）などが表示されます．

メインメニューには，File Browser（ファイルブラウザ），Device Browser（デバイスブラウザ），Wireless and Networks (ネットワークの設定), Battery (バッテリー), Open Roberta Lab, About (各種情報）が並んでいます（図 2.48）．

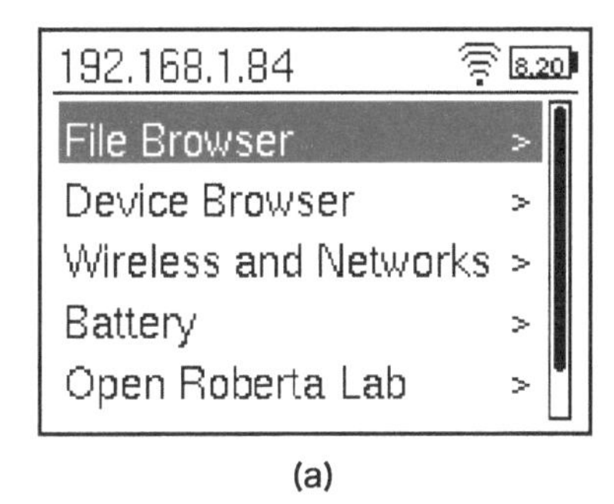

(a)

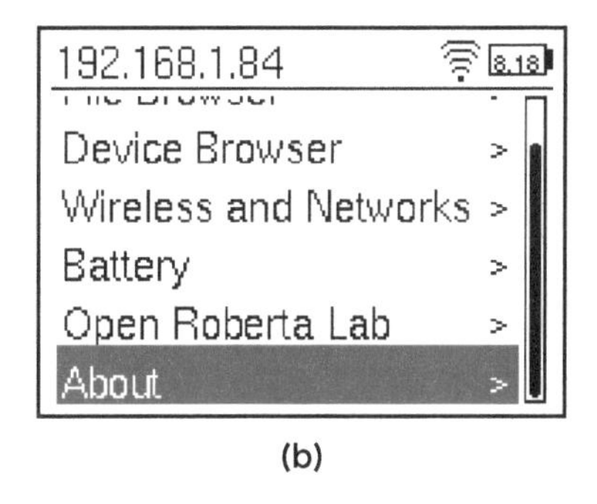

(b)

図 2.48　メインメニュー

これらの中にはさらにサブメニューが入っていて，全体では図 2.49 のようになっています．

では，これらを順番に見ていきましょう．ここでは，EV3 の IN 1 にタッチセンサー，OUT A に L モーターを接続した状態にしています．

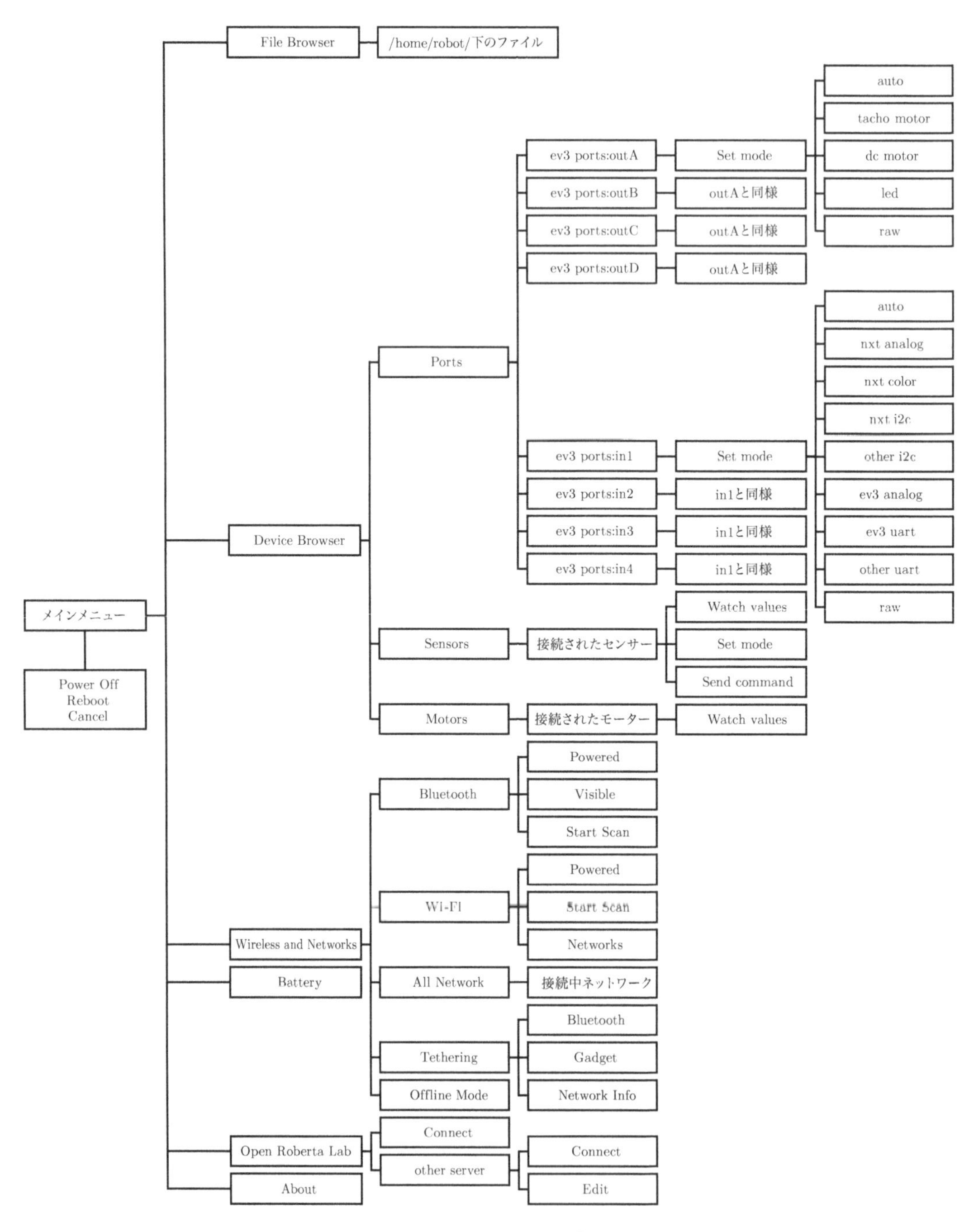

File Browser
/home/robot/下のファイル
auto
tacho motor
ev3 ports:outA
Set mode
dc motor
ev3 ports:outB
outAと同様
led
ev3 ports:outC
outAと同様
raw
ev3 ports:outD
outAと同様
auto
nxt analog
Ports
nxt color
nxt i2c
ev3 ports:in1
Set mode
other i2c
ev3 ports:in2
in1と同様
ev3 analog
Device Browser
ev3 ports:in3
in1と同様
ev3 uart
ev3 ports:in4
in1と同様
other uart
Watch values
raw
メインメニュー
Sensors
接続されたセンサー
Set mode
Power Off
Reboot
Cancel
Send command
Motors
接続されたモーター
Watch values
Powered
Bluetooth
Visible
Start Scan
Powered
Wi-Fi
Start Scan
Networks
Wireless and Networks
Battery
All Network
接続中ネットワーク
Bluetooth
Tethering
Gadget
Offline Mode
Network Info
Connect
Open Roberta Lab
Connect
other server
About
Edit

図 2.49　メニュー一覧

2.7.1 File Browser（ファイルブラウザ）

この画面ではインテリジェントブロックに保存されているファイルの一覧が表示されます（図 2.50）.

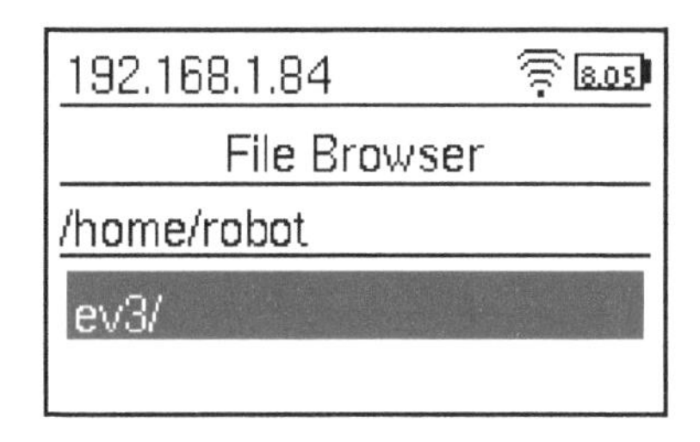

図 2.50　ファイルブラウザ

2.7.2 Device Browser（デバイスブラウザ）

この画面では EV3 に接続されているセンサーやモーターの状態が確認できます．サブメニューの Port にはポートごとのデバイス接続状況，Sensors には接続されているセンサーの状況，Motors には接続されているモーターの状況が表示されます.

(1)　Ports（ポート）

この画面には，EV3 のポート（in 1～4，out A～D）の一覧が表示されます（図 2.51）.

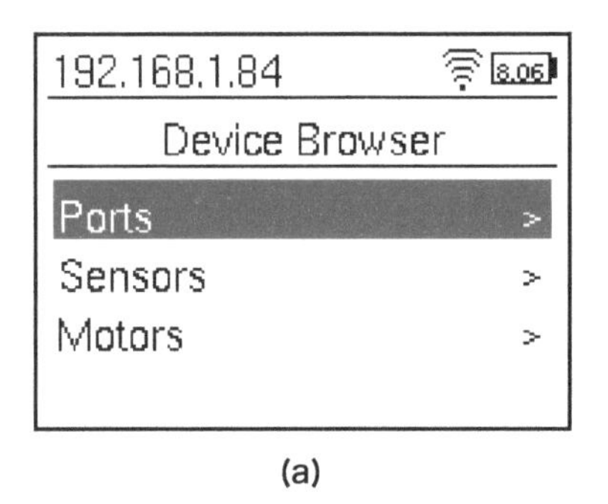

(a)

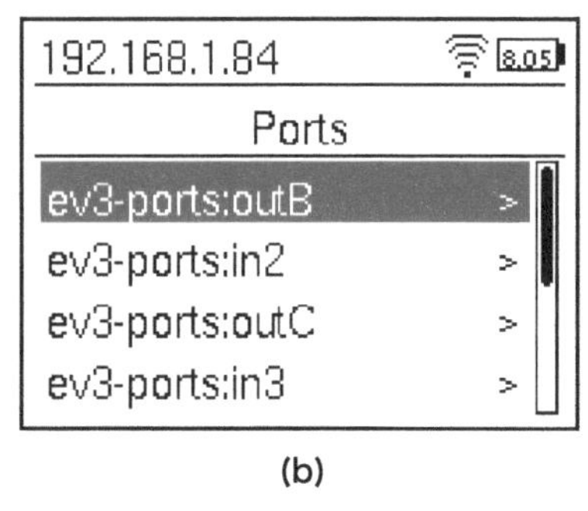

(b)

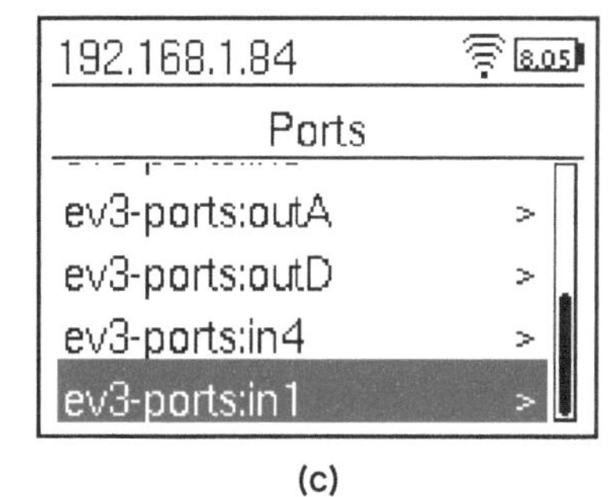

(c)

図 2.51　デバイスブラウザのポート

では，タッチセンサーが接続されている in 1 を選択して中央ボタンを押してみましょう．すると図 2.52 のような画面になり，Status: ev3-analog なのでセンサーが接続されていることが確認できます.

同様に L モーター接続が接続されている out A を見てみると，図 2.53 のような画面になり，Status: tacho-motor なのでタコモーターが接続されていることが確認できます.

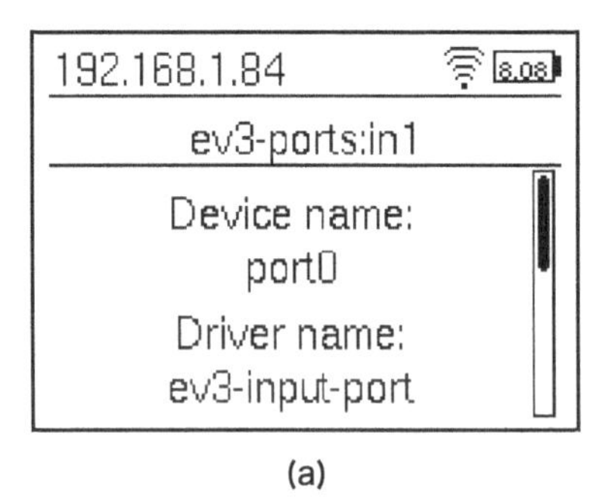

(a)

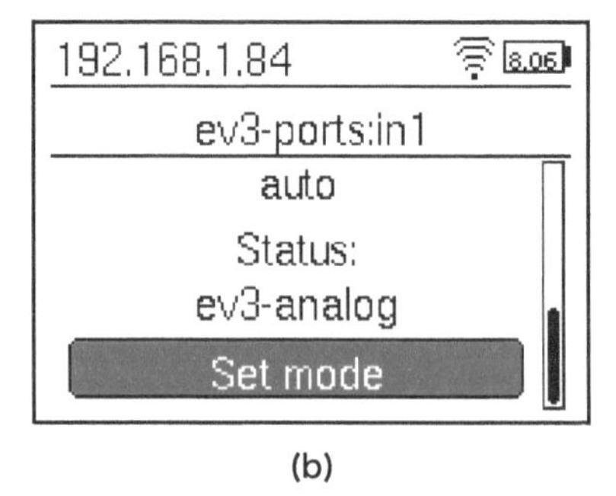

(b)

図 2.52　入力ポート in1

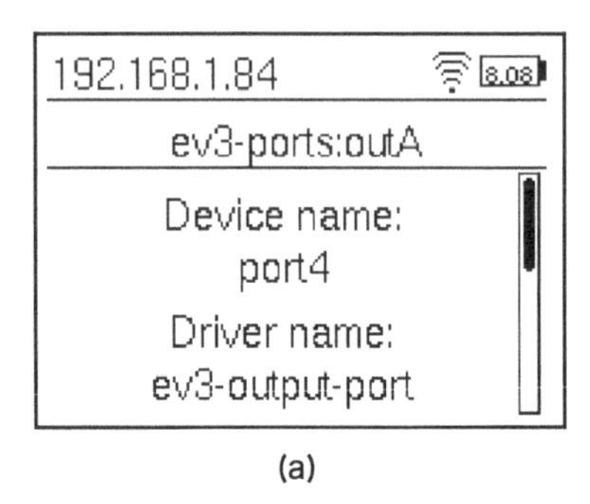

(a)

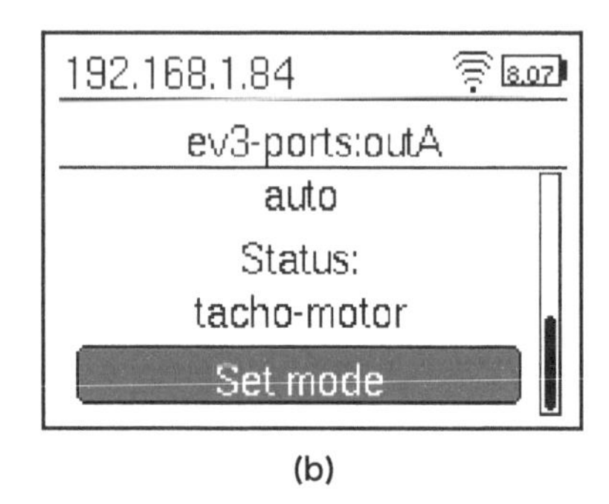

(b)

図 2.53　出力ポート outA

(2)　Sensors（センサー）

この画面では接続されているセンサーの情報が確認できます．タッチセンサーが接続されている in 1 を選択（図 2.54(a)）して，Watch values を開いてみましょう（図 2.54(c)）．タッチセンサーが押されていない状態では，図 2.54(d) のように値は 0 ですが，タッチセンサーが押されると図 2.54(e) のように値が 1 に変化します．このようにしてセンサーが正しく動作しているかを確認することができます．

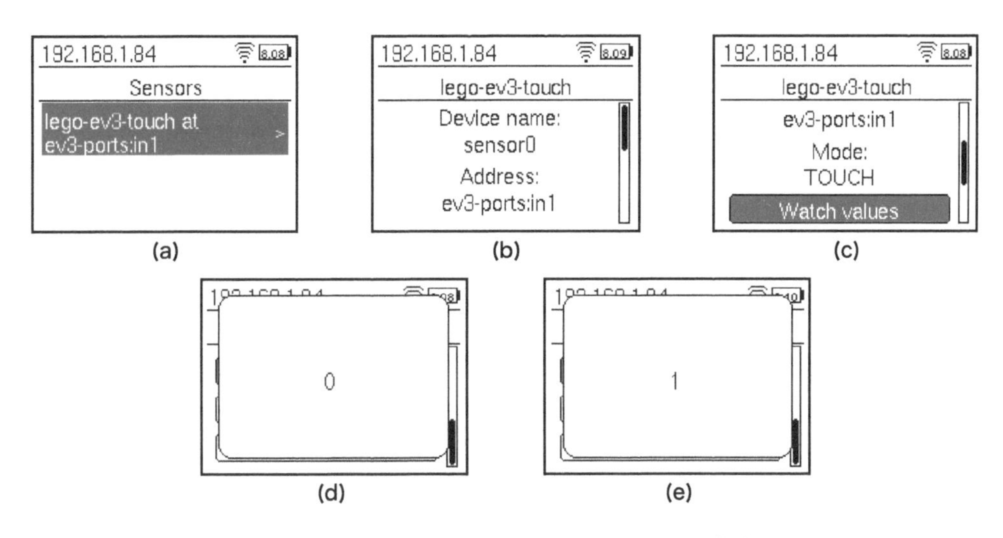

図 2.54　デバイスブラウザを使ったセンサーの動作確認

(3)　Motors（モーター）

この画面では接続されているモーターの情報が確認できます．L モーターが接続されている out A を選択（図 2.55(a)）して，Watch values を開いてみましょう（図 2.55(c)）．最初の状態では，図 2.55(d) のように値は 0 ですが，モーターを回転させると図 2.55(e) のように値が変化します．このようにしてモーターが正しく動作しているかを確認することができます．

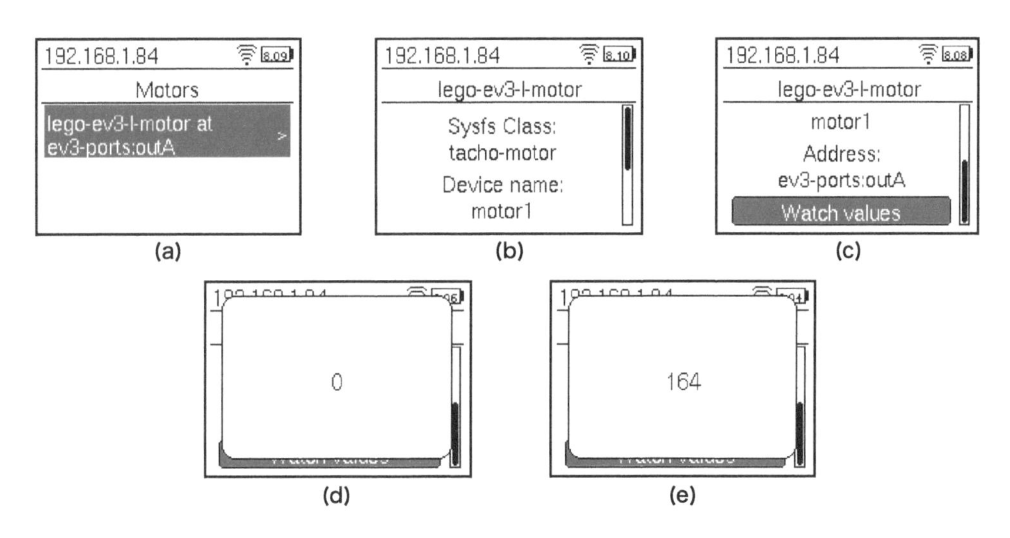

図 2.55　デバイスブラウザを使ったモーターの動作確認

2.7.3 Wireless and Networks（ネットワークの設定）

この画面ではネットワークの設定をします．ネットワークへの接続方法は，2.4.2 節にまとめていますので，ここでは省略します．

2.7.4 Battery（バッテリー）

この画面では接続されているバッテリーの種類（Type）や電圧値（Voltage），電流値（Current），電力（Power）が表示されます（図 2.56）．

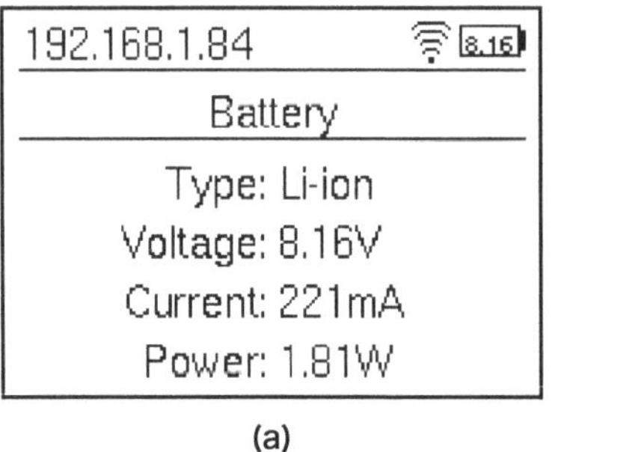

(a)

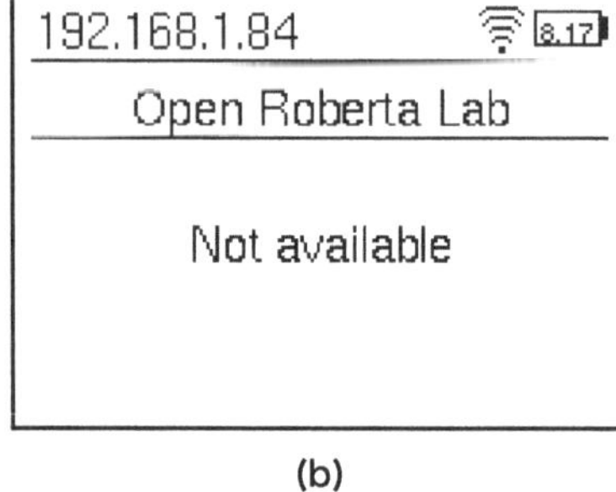

(b)

図 2.56　バッテリー情報

2.7.5 Open Roberta Lab

この画面では Open Roberta Lab の設定をします．Open Roberta Lab の詳しい使い方は 8 章にまとめていますので，ここでは省略します．

2.7.6 About（各種情報）

EV3MP にインストールされているさまざまなソフトウェアのバージョンなどが表示されます（図 2.57）．

(a)　(b)　(c)　(d)

図 2.57　各種情報

Chapter 3 ロボットプログラミングをはじめよう

本章では，本書で使用する移動ロボットと，この移動ロボットを前進・後退させるための基本的なプログラミングについて説明します．プログラムは EV3 ソフトウェア と Python で書きます．以降本書では，EV3 ソフトウェアのことを EV3-SW と呼ぶことにします．2 つのプログラムの対応がよくわかるように，EV3-SW のプログラムを説明した後に，Python のプログラムを説明します．Python のプログラムの説明では，EV3-SW のプログラム中のブロックに相当する手続きがどこで使われているかについても説明します．Python プログラミングの基本的な文法についても説明します．

3.1 トレーニングモデル

ロボットプログラミングを行うためには，まずはロボット本体が必要です．ロボットの機構は千差万別でみなさんの工夫次第で無限の可能性がありますが，本書では，LEGO Education の Web サイト `https://education.lego.com/ja-jp/product-resources/mindstorms-ev3/ダウンロード/組立説明書/サンプルプログラム/#building-instructions-for-robot-educator` に記載されている**トレーニングモデル**を使用します．トレーニングモデルの組み立て方法は，EV3 ソフトウェアを開いて，組み立て説明書＞組み立てのアイデア＞トレーニングロボット [*1] からも見ることができます（図 3.1）．

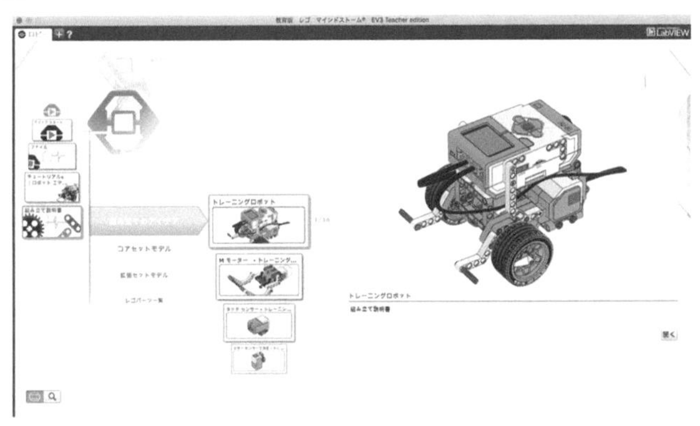

図 3.1　EV3 ソフトウェア内の組み立て説明書

*1 EV3 ソフトウェアのバージョンによっては，ロボットエデュケーター＞組み立てガイド＞トレーニングロボット になります．

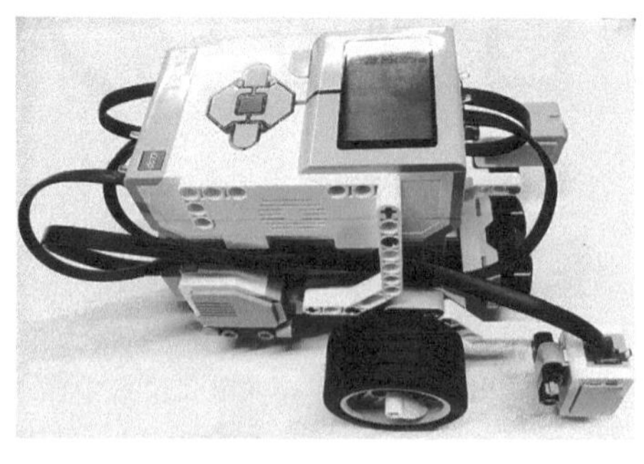

図 3.2　トレーニングモデル

ここにあるベースモデルに「カラーセンサー（下向き）」「タッチセンサー」「超音波センサー」を取り付けたロボット（図 3.2）を用意してください．このトレーニングモデルでは，出力ポート B と C にそれぞれ L モーター，入力ポート 1 にタッチセンサー，入力ポート 3 にカラーセンサー，入力ポート 4 に超音波センサーを接続します．

このトレーニングモデルは車体の左右にそれぞれ車輪を持っており，それぞれの車輪を別々のモーターで直接駆動して移動します．また 2 つの車輪は同じ直径で，それらの回転軸が 1 本の線上に乗る構造をしています．ロボット工学の分野ではこのようなロボットのことを**二輪独立駆動型移動ロボット**と呼んでいます．本書ではこのトレーニングモデルを単純に「ロボット」と呼ぶことにします．また本書では，モーターが軸まわりに回転することを「回転」，ロボットが旋回中心まわりに回転移動することを「旋回」と使い分けることにします．旋回については 6.5 節で説明します．

3.2 基本動作のプログラミング

最初にロボットを前進・後退させるプログラムを書いてみましょう．図 3.3 に EV3-SW を使ったプログラム作成画面を示します．画面の下には機能ブロックが配置されています．本節では，動作ブロック（緑色）を主に使います．時間を制御するために，フロー制御ブロック（オレンジ色）も一部で使います．プログラムができたら，右下のダウンロードボタン（↓）や実行ボタン（▷）をクリックして，作成したプログラムを EV3 に転送して実行し，動作を確認します．

図 3.4 にセンサーブロックの例を示します．センサーブロックには基本的に，ポートセレクター，モードセレクター，シーケンス開始プラグ，シーケンス終了プラグ，ブロック入力プラグ（以降，入力プラグ），ブロック出力プラグ（以降，出力プラグ）があります．ポートセレクターはブロック上部にあり，インテリジェントブロックの入力ポートを指定します．シーケンス開始プラグはブロック左側にあり，シーケンスワイヤーを使って他のブロックのシーケンス終了プラグと接続して，処理をつ

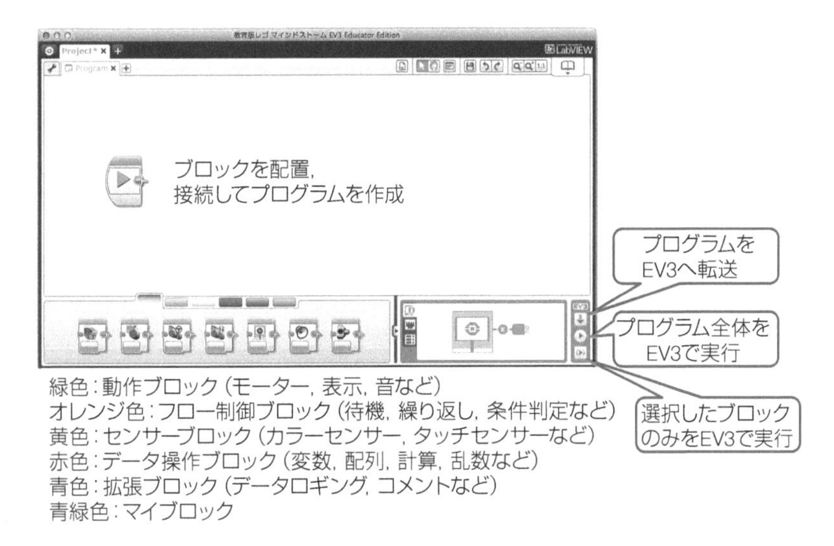

図 3.3　EV3-SW のプログラミング環境

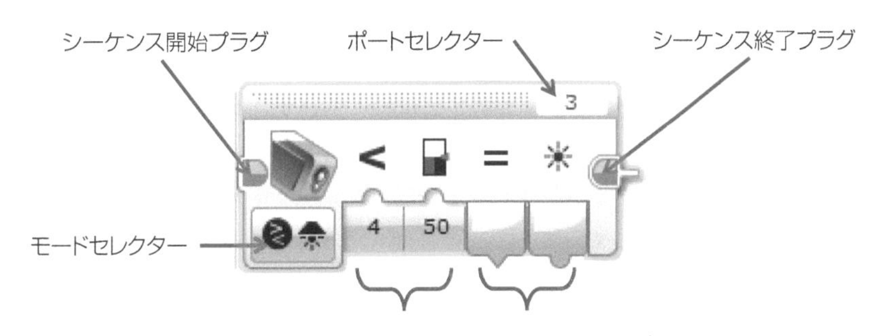

図 3.4　センサーブロックの例

なげます．近くにあるブロック同士はシーケンスワイヤーを使わずに直接つなぐこともできます．入力プラグには数値などを直接書き込んだり，データワイヤーを使って他のブロックの出力プラグから読み出した値を書き込むことができます．

3.2.1　2つのモーターそれぞれに命令を与えて前進や後退をさせてみよう

2つのモーターそれぞれに命令を与える方法で，2秒間前進したのちに停止させる動作をプログラミングしましょう．

(1)　EV3-SW による記述

図 3.5 にプログラム例を示します．

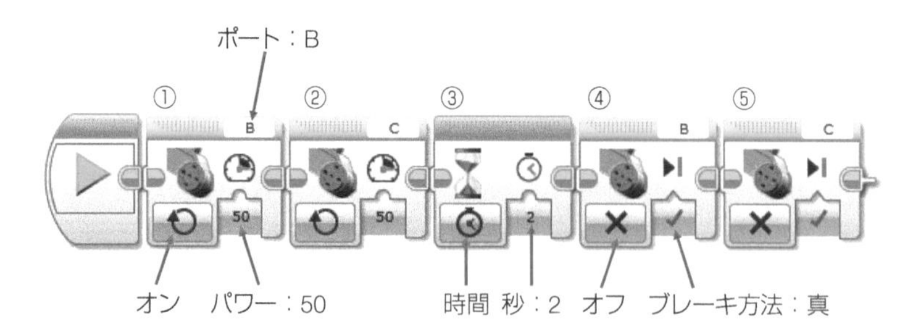

図 3.5　2 秒間前進して停止させるプログラム例（2 つのモータそれぞれに命令を与える）

それぞれのブロックについて，順番に見ていきましょう．

ブロック ①：Lモーターブロック（緑色の動作ブロック中にあります）で，「ポート：B」「モード：オン」「パワー：50」を設定しています．「ロボット左側の車輪を駆動するため B ポートに接続した L モーターを，パワー 50 で回転させる」という命令です．後退させるには，パワーを負の値に設定します．

ブロック ②：①と同様に，L モーターブロックで，「ポート：C」「モード：オン」「パワー：50」を設定しています．「ロボット右側の車輪を駆動するため C ポートに接続した L モーターを，パワー 50 で回転させる」という命令です．

ブロック ③：待機ブロック（オレンジ色のフロー制御ブロック中にあります）で，「モード：時間」「秒：2」を設定しています．次のブロックの命令を実行する前に，2 秒間プログラムを待機させます．待機ブロックは，ロボットを停止させません．待機ブロック開始時点でいずれかのモーターがオンになっている場合は，待機中そのモーターはオンのままとなります．

ブロック ④：L モーターブロックで，「ポート：B」「モード：オフ」「ブレーキ方法：真（ブレーキオン）」を設定しています．「ロボット左側の車輪を駆動するため B ポートに接続した L モーターを，ブレーキをかけて停止させる」という命令です．

ブロック ⑤：④と同様に，L モーターブロックで，「ポート：C」「モード：オフ」「ブレーキ方法：真（ブレーキオン）」を設定しています．「ロボット右側の車輪を駆動するため C ポートに接続した L モーターを，ブレーキをかけて停止させる」という命令です．

EV3-SW におけるモーターのパワー

EV3-SW のモーター関連コマンドで，指定する「パワー」とは，モーターのパワーレベルのことで，「−100 から +100」までの値を入力することができます．正の値は正回転，負の値は逆回転を示します．モーターの回転角速度はパワーレベルにほぼ比例しますが，回転角速度はモーターにかかる負荷にも影響されます．EV3 の L モーターの仕様では，9V 無負荷のときに 175 rpm

(1 分間に 175 回転）という値が示されています．ここから計算すると，パワーレベルとして最大値 100 を指定すると，1 秒間に 2.9 回転することになります．しかしこの値は最大値であり，バッテリーの状態や車輪を動かすなどの負荷によって変動するため，実際の回転角速度と常に一致するとは限りません．

(2) Python による記述

このプログラムを Python で記述してみましょう．プログラムリスト 3.1 のようになります．

▶| プログラムリスト 3.1 | 2 秒間前進して停止させる Python プログラム

```
 1 #!/usr/bin/env pybricks-micropython
 2
 3 from pybricks.ev3devices import Motor
 4 from pybricks.parameters import Port, Stop
 5 from pybricks.tools import wait
 6
 7 Motor(Port.B).run(360)
 8 Motor(Port.C).run(360)
 9
10 wait(2000)
11
12 Motor(Port.B).stop(Stop.BRAKE)
13 Motor(Port.C).stop(Stop.BRAKE)
```

ソースコードの各行について，順番に見ていきましょう．

1 行目 ： #!ではじまる行のことを **Shebang**（**シバン**または**シェバン**）といいます．例えば，sample.py の 1 行目に #!/usr/bin/env pybricks-micropython と書いておけば，VS Code の SSH ターミナル上で，

```
$./sample.py
```

とコマンドを入力するだけで

```
$/usr/bin/env pybricks-micropython sample.py
```

の実行と同じ意味になります．Python プログラムを EV3 に転送した後，EV3 のボタン操作でプログラムファイルを指定して実行するためには，必ずこの記述が必要となります．

3 行目：Python では，便利な関数やメソッド，定数，クラスなどをまとめたものを**モジュール**と呼びます．また，関連したモジュールを集めたものを**パッケージ**といいます．EV3 のモーターとセンサーを扱うためのさまざまなメソッドは，pybricks パッケージの ev3devices というモジュールに入っています．

```
from <パッケージ名.モジュール名> import <クラス名，メソッド名，定数名など>
```

のように記述することで，ロボットを動かすためのクラス，メソッド，定数など（オブジェクト）をプログラムで使用することができるようになります．これを「**モジュールからオブジェクトをインポートする**」といいます．同じモジュールから複数のオブジェクトをインポートする場合はカンマで区切って並べます．この例では，pybricks.ev3devices というモジュールから，Motor クラスをインポートしています．Motor クラスは，EV3-SW においてモーターを動作させるブロック群（L モーターブロック，M モーターブロック，ステアリングブロック，タンクブロック）に相当します．

4 行目：EV3 のポート番号の指定やモーター停止モードの指定のために，pybricks.parameters というモジュールから，Port，Stop クラスをインポートしています．

5 行目：pybricks.tools というモジュールから，wait 関数をインポートしています．

7, 8 行目：出力ポート B に接続した L モーターを，run メソッドを使って「回転角速度：360 deg/s（1 秒間に 1 回転（360 度）する速度）」で正回転させています．逆回転させるには，負の値を設定します．出力ポート C に接続した L モーターも同様に記述しています．EV3MP では L モーターと M モーターの区別はなく，どちらも Motor クラスで制御します．（ブロック①②）

- run(回転角速度)：指定した回転角速度 deg/s でモーターを回転させます．値が正のときは正回転，負のときは逆回転します．

10 行目：wait() を使って，プログラムの実行を 2000 ミリ秒（2 秒）間停止させています．この間もモーターは回転し続けます．（ブロック③）

12, 13 行目：出力ポート B に接続した L モーターを停止させています．「ブレーキモード」で停止させています．出力ポート C に接続した L モーターも同様に記述します．（ブロック④⑤）

- stop(停止方法)：モーターを指定した停止方法で停止させます．停止方法には，'Stop.COAST'，'Stop.BRAKE'，'Stop.HOLD'が指定できます．

プログラムリスト 3.1 では，それぞれのモーターに命令を与えるときには，常に Motor(Port.B) などのように記述しています．プログラムが短い場合はあまり問題がないのですが，プログラムが複雑になり，使用するモーターやセンサーの数が増えてくるとプログラムが長くなり，読みにくくなってきます．この問題を解決する方法を，プログラムリスト 3.2 に示します．

▶| プログラムリスト 3.2 | インスタンスを使って 2 秒間前進して停止させる Python プログラム

```
1  #!/usr/bin/env pybricks-micropython
2
3  from pybricks.ev3devices import Motor
4  from pybricks.parameters import Port, Stop
5  from pybricks.tools import wait
6
7  left_motor = Motor(Port.B)
8  right_motor = Motor(Port.C)
9
10 left_motor.run(360)
11 right_motor.run(360)
12
13 wait(2000)
14
15 left_motor.stop(Stop.BRAKE)
16 right_motor.stop(Stop.BRAKE)
```

7, 8 行目：L モーターの 1 つは出力ポートの B（Port.B）に接続していて，それをプログラムの中で left_motor という名前で扱うということを記述しています．同じように，もう 1 つの L モーターは出力ポートの C に接続していて，right_motor という名前で扱うことも指定しています．これを Python では**インスタンスを生成する**といいます．

10 行目以降は，プログラムリスト 3.1 の 7 行目以降と同じ処理をしていますが，各モーターにはすでに名前をつけているので，その名前を使って各モーターに命令を出しています．プログラムリスト 3.1 に比べて，各モーターに意味のある名前をつけたため読みやすくなりました．これ以降，モーターやセンサーなどにはこのように名前をつけて扱います．

名前には，わかりやすい名前をつけるようにしましょう．英語でなくても，自分が後から読んでわかりやすければ，ローマ字（例えば，syarin_hidari，migi_taiya）などを使っても構いません．名前には，半角アルファベットや数字，_（アンダースコア・下線）を組み合わせたものが使えます．ただし次のような名前は使えません．

- 先頭の文字が数字である名前
- 英数字と「_」以外の記号が含まれる名前
- Python で定義された**予約語**と同じ名前

また，英文字の大文字と小文字は別の文字として扱われますので，注意しましょう．

3.2.2 2つのモーターに同時に命令を与えて前進や後退をさせてみよう

次に，使用している2つのモーターに対して同時に命令を与えるステアリングブロック（黄緑色の動作ブロック中にあります）を使って，2秒間前進したのちに停止させる動作をプログラミングしてみましょう．

(1) EV3-SW による記述

図3.6にプログラム例を示します．

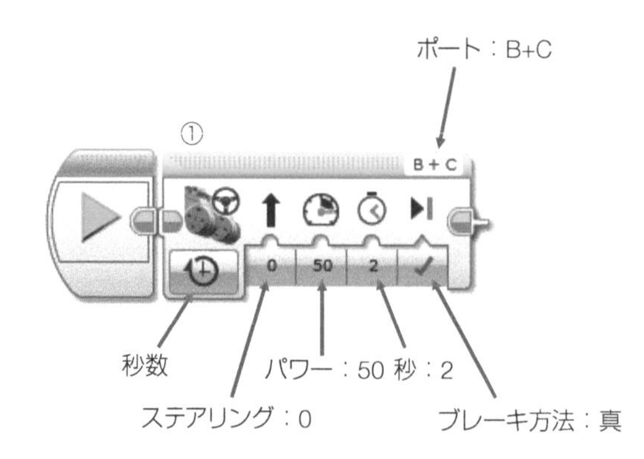

図 3.6　2秒間前進して停止させるプログラム例（2つのモーターに同時に命令を与える）

ブロック①：ステアリングブロックで，「ポート：B+C」「モード：秒後」「ステアリング：0」「パワー：50」「秒数：2」「ブレーキ方法：真（ブレーキをオンにする）」を設定しています．「ロボット車輪を駆動しているBとCポートに接続したLモーターを，ステアリング量0（両方のモーターを同じ速度で回転させる）で，パワーレベル50で，2秒間回転させたのち，ブレーキをかけて停止させる」という命令になります．後退させるには，パワーを負の値に設定します．

(2) Python による記述

このプログラムをPythonで記述したものをプログラムリスト3.3に示します．Pythonでも簡単に書けることがわかります．1行目から4行目まではプログラムリスト3.2と同じです．

▶| プログラムリスト 3.3 | DriveBase クラスを使って 2 秒間前進して停止させる Python プログラム

```
1  #!/usr/bin/env pybricks-micropython
2
3  from pybricks.ev3devices import Motor
4  from pybricks.parameters import Port, Stop
5  from pybricks.robotics import DriveBase
6  from pybricks.tools import wait
7
8  left_motor = Motor(Port.B)
9  right_motor = Motor(Port.C)
10
11 wheel_diameter = 56
12 axle_track = 118
13
14 robot = DriveBase(left_motor, right_motor, wheel_diameter, axle_track)
15
16 robot.drive(200, 0)
17 wait(2000)
18 robot.stop()
```

5 行目 ： 2 つのモーターを同時にコントロールするためには DriveBase クラスを使用します．DriveBase クラスは，二輪独立駆動型移動ロボットを簡単に制御するためのクラスです．

8, 9 行目 ： 出力ポートの B(Port.B) に接続している L モーターに対して left_motor という名前のインスタンスを生成し，同様に出力ポートの C に接続している L モーターに対して，right_motor という名前のインスタンスを生成しています．

11 行目 ： 車輪の直径をミリメートル単位で設定しています．

12 行目 ： 車輪間の距離をミリメートル単位で設定しています．

14 行目 ： left_motor を左側の車輪を駆動するモーター，right_motor を右側の車輪を駆動するモーターとし，与えた車輪直径と車輪間距離を持つ二輪独立駆動型移動ロボットに対して，robot という名前のインスタンスを生成しています．

16 行目 ： DriveBase クラスの drive() メソッドを使って，ロボット robot を，移動速度 200 mm/s と旋回角速度 0 deg/s（まっすぐ）で前進させます．後退させるには，移動速度に負の値を設定します．

- drive(drive_speed, turn_rate)：移動速度 drive_speed mm/s，旋回角速度 turn_rate deg/s でロボットを移動させます．

17 行目 ： wait() を使って，プログラムの実行を 2000 ミリ秒停止させます．この間もロボットは動いたままです.

18 行目：robot.stop() を使って，ロボットを停止させます.

決められた距離だけ前進するには

決められた距離を進むために，初心者のうちは時間でコントロールすることが多かったのではないでしょうか．モーターが車輪を直接駆動するロボットであれば，車輪の直径を測定することで決められた距離だけ前進することが可能になります．図のように，車輪の直径 D mm を測定すれば，車輪の円周の長さは πD mm として計算できます．モーターの回転軸が 1 回転すると，ロボットは車輪の円周の長さだけ進みます．これらより，x mm 進みたいのであれば，$\frac{x}{\pi D}$ 回転させると良いことがわかります．ただし床面の滑りやすさや，モーターのパワー，測定誤差などによって，理論通りにいかないことも多くあります．それがロボットプログラミングの難しさでもあり，面白さでもあります．

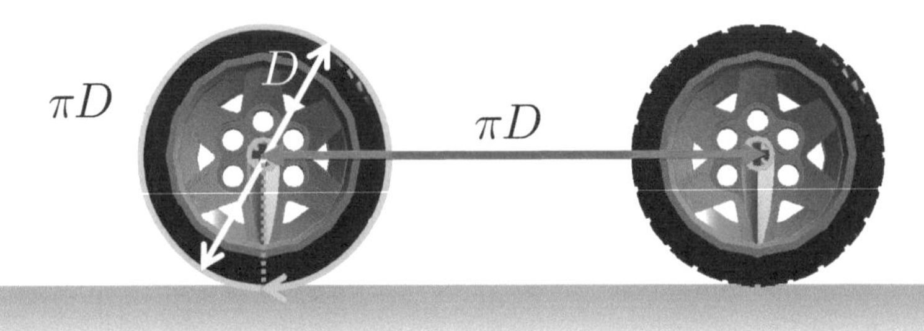

3.3 プログラミングの基礎

1.2 節で説明したように，**繰り返し**，**逐次実行**，**条件判定**という 3 種類の処理と**状態記憶機能**を利用することで，ロボットがある目的を達成するために必要なあらゆる処理をプログラミングできます．3.2 節のプログラムでは逐次実行だけを使いましたが，本節では，変数や配列による状態記憶機能，条件判定，繰り返しについても説明します．

3.3.1 変数

コンピューターがプログラムを実行するときには，プログラムに書かれた命令や計算に使用する値などをいったん記憶しながら処理を進めます．この記憶に用いる装置は**メモリ**と呼ばれています．メモリ内で値を記憶させる場所を**変数**といいます．変数には好きな名前をつけることができます．名前

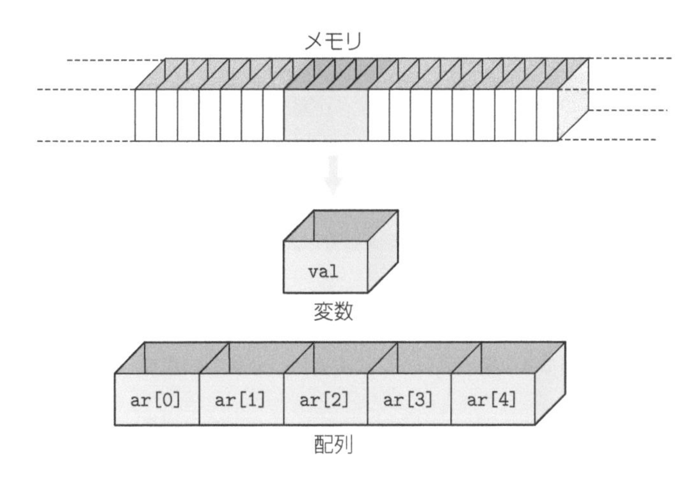

図 3.7　変数と配列

をつけることで，図 3.7 のようにメモリ内のある場所を，変数 val として扱うことができるようになります．変数には数値や文字などの値を入れたり，取り出したりできます．また数学で行うように，変数を使って計算できるようになります．

実はすでに，プログラムリスト 3.3 の 10, 11 行目に変数は出てきています．この wheel _diameter や axle_track が変数で，それぞれの変数に 56 と 123 という数値を**代入**しています．

(1)　EV3-SW による記述

EV3-SW では変数ブロックを使って，変数を扱います．各変数は，タイプと名前を持ちます．タイプには，数値，ロジック，テキスト，数値配列およびロジック配列があります．それぞれの変数には名前（変数名）を設定し，変数名によって特定します．変数ブロックには，「書き込み」「読み込み」の 2 つのモードがあります．書き込みモードで指定した名前の変数に値を書き込み，読み込みモードで指定した名前の変数から値を読み出します．以下では数値変数を例にして，変数ブロックの使い方を説明します．

(a) 新しい変数の追加

新しく変数ブロックを配置し，「モード：書き込み・数値」とし，ブロックの右上部のブロックテキストフィールドをクリックして，「変数の追加」を選択すると，新規変数ダイアログボックスが表示されます．ここで変数名を入れて OK を押すと，新しい変数が追加されます．変数名には，1 つの文字，単語，複数の単語あるいは文字と数値の組み合わせが可能です．新しい変数を追加したら，「値の入力」に初期値を設定しましょう．

図 3.8　変数ブロックによる新しい変数の追加

(b) 変数への値の書き込み

変数ブロックを配置し，「モード：書き込み・数値」とし，ブロックの右上部のブロックテキストフィールドをクリックして出てくるメニューからデータを書き込みたい変数名を選択します（選択されたタイプと一致する変数のみがリストアップされます）．「値の入力」を使って，値を変数に保存することができます．値の入力をクリックして直接に値を入力するか，データワイヤーを使って書き込むことができます．図 3.9 では，axle_track という変数に 123 という値を書き込んでいます．

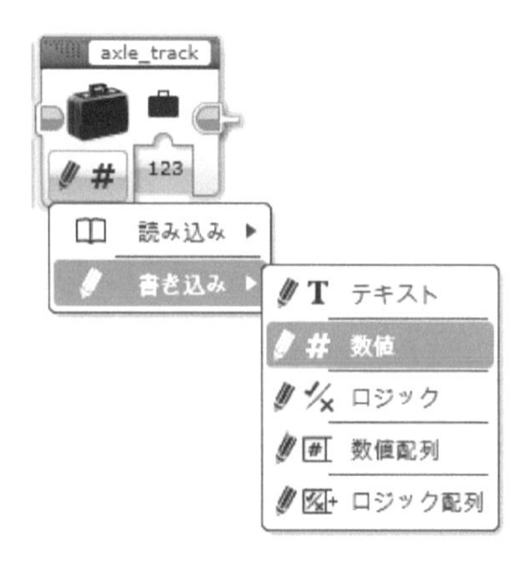

図 3.9　変数への書き込み

(c) 変数からの値の読み出し

変数ブロックを配置し，「モード：読み込み・数値」とし，ブロックの右上部のブロックテキストフィールドをクリックして出てくるメニューからデータを読み出したい変数名を選択します（選択されたタイプと一致する変数のみがリストアップされます）．「値の出力」から変数に保存されている値を取得し，データワイヤーによってプログラムの必要な場所で使います．図 3.10 では，axle_track という変数名で保存された値を読み出しています．

値が書き込まれていない変数から読み込んだ場合、数値変数では結果は 0，ロジック変数では偽，テキスト変数では空のテキスト，数値配列またはロジック配列では空の配列となります．

図 3.10　変数からの読み出し

3.3.2 配列

変数には値を1つしか入れることができません．例えば，あるクラスのテストに関する統計量を計算することを考えましょう．1クラスに30人いるとすると，変数が30個も必要になります．また，プログラムも大変複雑になります．

このような場合に便利になるのが**配列**というしくみです．配列は，同じ目的で使う変数を複数まとめて記憶することができます．図3.7のように，同じ大きさの変数が並んでいるイメージです．配列では，一つ一つの場所に名前（図3.7ではar）と番号（図3.7では0から4）をつけて扱います．

(1)　EV3-SWによる記述

では，配列を使ってロボットの移動速度を変えるプログラムをEV3-SWで作ってみましょう．図3.11にプログラム例を示します．

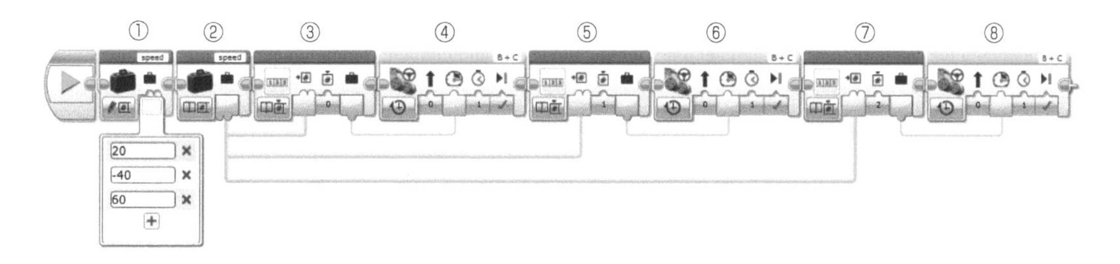

図 3.11　配列を使った前進と後退のプログラム例

それぞれのブロックでは以下の処理を行っています．

ブロック①：変数ブロック（赤色のデータ操作ブロック中にあります）を使って，speedという名前の変数を作成し，書き込みモードの数値配列を選択してこの変数を配列として扱うことを明示し，その配列に3つの数値20, −40, 60を代入しています．

ブロック ②： 変数ブロックを使って，配列 speed から，読み込みモードの数値配列を選択して，値を ③ と ⑤ と ⑦ の配列操作ブロックの配列入力にデータワイヤーでつなぎます．

ブロック ③： 配列操作ブロックを使って，インデックスで読み込みモードの数値を選択して，インデックス「0」（配列の 1 つ目の値）を指定して，値を ④ のパワーにデータワイヤーでつなぎます．

ブロック ④： ステアリングブロックで，秒数モードに設定して，「ステアリング：0」「パワー：配列 speed から取り出した値」「時間：1 秒」「ブレーキ方法：真」にすると，パワー 20 でロボットが 1 秒間前進し，停止します．

ブロック ⑤： 配列操作ブロックを使って，インデックスで読み込みモードの数値を選択して，インデックス「1」（配列の 2 つ目の値）を指定して，値を ⑥ のパワーにデータワイヤーでつなぎます．

ブロック ⑥： ⑤ と同じように，ステアリングブロックを設定すると，パワー −40 となって，反対方向に倍の速さで 1 秒間動作し，停止します．

ブロック ⑦： 配列操作ブロックを使って，インデックスで読み込みモードの数値を選択して，インデックス「2」（配列の 3 つ目の値）を指定して，値を ⑦ のパワーにデータワイヤーでつなぎます．

ブロック ⑧： ⑤ と同じように，ステアリングブロックを設定すると，パワー 60 となって，前向きに 1.5 倍の速さで 1 秒間動作し，停止します．

このように配列に代入された値を取り出して，速度を変えて動かすことができます．

(2) Python による記述

この処理を Python を使って書くとプログラムリスト 3.4 のようになります．

▶| プログラムリスト 3.4 | 配列を使って前進や後退をさせる Python プログラム

```
 1 #!/usr/bin/env pybricks-micropython
 2
 3 from pybricks.ev3devices import Motor
 4 from pybricks.parameters import Port, Stop
 5 from pybricks.robotics import DriveBase
 6 from pybricks.tools import wait
 7
 8 left_motor = Motor(Port.B)
 9 right_motor = Motor(Port.C)
10 wheel_diameter = 56
11 axle_track = 118
12 robot = DriveBase(left_motor, right_motor, wheel_diameter, axle_track)
```

```
13
14 speed = [100, -200, 300]
15
16 robot.drive(speed[0], 0)
17 wait(1000)
18 robot.drive(speed[1], 0)
19 wait(1000)
20 robot.drive(speed[2], 0)
21 wait(1000)
22 robot.stop()
```

プログラムの各行ではそれぞれ以下の処理を行っています．

8,9 行目：出力ポートの B（Port.B）に接続している L モーターに対して left_motor という名前のインスタンスを生成し，同様に出力ポートの C に接続している L モーターに対して，right_motor という名前のインスタンスを生成しています．

10 行目：名前 wheel_diameter として用意した変数に，車輪の直径をミリメートル単位で代入しています．

11 行目：名前 axle_track として用意した変数に，車輪間の距離をミリメートル単位で代入しています．

12 行目：left_motor を左側の車輪を駆動するモーター，right_motor を右側の車輪を駆動するモーターとし，与えた車輪直径と車輪間距離を持つ二輪独立駆動型移動ロボットに対して，robot という名前のインスタンスを生成しています．

14 行目：speed という名前の配列に，3 つの値 $100, -200, 300$ mm/s を代入しています．= の右側は，Python では**リスト**と呼ばれています．リストは，値をカンマで区切って並べ，全体を [ ] で囲ったものです．

16〜22 行目：robot.drive() と wait() を使って，ロボットを，移動速度 speed[0]$(= 100)$ mm/s，speed[1]$(= -200)$ mm/s，speed[2]$(= 300)$ mm/s と旋回角速度 0 deg/s で，それぞれ 1000 ミリ秒動かした後，robot.stop() で停止させています．

3.3.3 条件判定・分岐処理

条件判定・分岐処理では，条件が成り立っているか否かを判定して処理を分岐させます．条件を表現する式を**条件式**と呼びます．条件式が成り立つ場合を **True である**または**真である**といいます．逆に，成り立たない場合を **False である**または**偽である**といいます．

(1) EV3-SW による記述

EV3-SW で条件判定処理を行うためのブロックは図 3.12 のようなもので，スイッチブロックと呼ばれています．スイッチブロックは，ブロックを保持しておく部分を 2 つ持っています．スイッチブロックの開始部分で，条件を判定して，保持している 2 つのブロックのどちらか 1 つだけを実行します．スイッチブロックの条件判定の部分では，センサーデータ値やデータワイヤーによって与えられる値に基づいて，条件が成り立っているか否かを判断します．条件式が真の場合は ✓ の記号がついたフレームに保持されているブロックを実行し，偽の場合は × の記号がついたフレームに保持されているブロックを実行します．どちらか 1 つのブロックが実行された後は，スイッチブロックの後に続くブロックが実行されます．スイッチブロックで設定できるモードの詳細に関しては，EV3-SW の EV3 ヘルプ内のプログラミングブロック ＞ フローブロック・スイッチの項目を見てください．

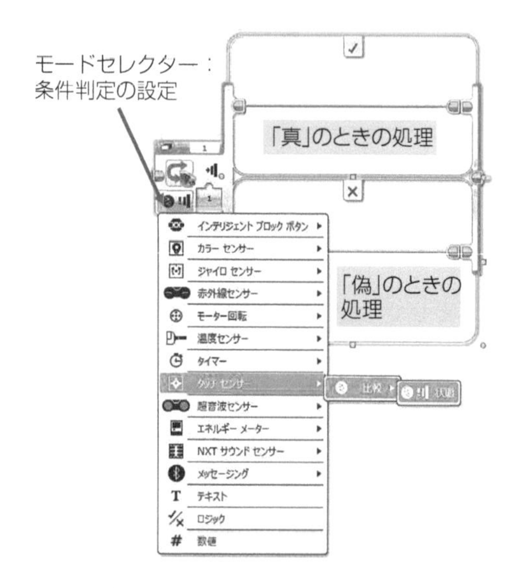

図 3.12 EV3-SW のスイッチブロックによる条件判定処理の例

(2) Python による記述

Python では条件判定処理のために **if 文**を使います．if 文の書き方はプログラムリスト 3.5 のようになります．

▶| プログラムリスト 3.5 | if 文の書き方

```
1  if 条件式:
2      処理A
3      処理B
4  処理C
```

プログラムリスト 3.5 のように if 文を記述すると，条件式が真の場合には字下げされている処理 A と B が実行されます．字下げされていない処理 C は，条件式の真偽に関係なく，必ず実行されます．このように，条件式が真の場合に実行する処理は，if 文に続く行で必ず字下げしなければなりません．この字下げのことをプログラミングでは**インデント**といいます．インデントとは，行の先頭に空白を入れて，行の開始位置を右にずらすことです．インデントするときは**半角スペース**か**タブ (Tab)** を使います．全角スペースを使ってはいけません．多くのプログラミング言語では，プログラム中に全角スペースを入れるとエラーになります．また，一段階インデントするときは，タブを 1 つ入れるのが一般的で，**1 つのタブは半角スペース 4 個分に相当**します．

条件式が真の場合に処理 A を，偽の場合に処理 B をそれぞれ実行したい場合には，Python ではプログラムリスト 3.6 のような **if-else 文**を使います．

▶| プログラムリスト 3.6 | if-else 文の書き方

```
1  if 条件式:
2      処理A
3  else:
4      処理B
```

また，条件式を複数使う場合は，プログラムリスト 3.7 のように **if-elif-else 文**を使います．条件式 1 が真の場合は処理 A が実行され，条件式 1 が偽で，かつ条件式 2 が真の場合は処理 B が実行され，条件式 1,2 ともに偽の場合は処理 C が実行されます．

▶| プログラムリスト 3.7 | if-elif-else 文の書き方

```
1  if 条件式 1:
2      処理A
3  elif 条件式 2:
4      処理B
5  else:
6      処理C
```

Python の if 文などの条件式を記述するときには「`>=`」や「`==`」という記号を使います．これらは**比較演算子**と呼ばれています．比較演算子には表 3.1 のようなものがあります．また表 3.2 に示すような**論理演算子**と呼ばれるものもあります．こちらも条件式を表すために使うことができます．

例えば，あるテストの点数を入力して，その点数に対する評価を出力するプログラムを考えてみましょう．テストの点数を入力すると，その値に応じて，80 点より大きければ「`Great!`」，80 点以下で，かつ 60 点より大きければ「`Good!`」，それ以外の場合は「`Bad!`」と出力するには，if-elif-else 文を使って条件判定して分岐処理を行います．このような条件判定処理は，Python ではプログラムリ

表 3.1　比較演算子

演算子	意味
A==B	A と B が等しいならば True（真）
A!=B	A と B が等しくないならば True（真）
A>=B	A が B 以上ならば True（真）
A>B	A が B よりも大きいならば True（真）
A<=B	A が B 以下ならば True(真)
A<B	A が B よりも小さいならば True(真)
A in B	B に A が含まれていれば True（真）

表 3.2　論理演算子

演算子	意味
A and B	A と B が両方 True（真）ならば，True（真）
A or B	A か B かどちらかが True（真）ならば，True（真）
not A	A が False（偽）ならば，True（真）

スト 3.8 のように記述します．

▶| プログラムリスト 3.8 | if-elif-else 文を使う Python プログラム

```
1  score = int(input('テストの点数を入力してください：'))
2  if score > 80:
3      print('Great!')
4  elif score > 60:
5      print('Good!')
6  else:
7      print('Bad!')
```

3.3.4 繰り返し処理

(1) EV3-SW による記述

(a) 決められた回数繰り返す

EV3-SW で繰り返し処理を行うためのブロックは，図 3.13 のようなもので，ループブロックと呼ばれています．繰り返し実行したい処理（ブロックの塊（かたまり））をループブロックの中に入れます．繰り返し条件の設定は，ループブロックのモードセレクターを使って設定します．モードセレクターを設定することにより，例えば，処理を一定回数繰り返したり，無限に繰り返すことができます．これら

*1 これは少し特殊で，B がリスト，A が文字列，などの場合によく使います．

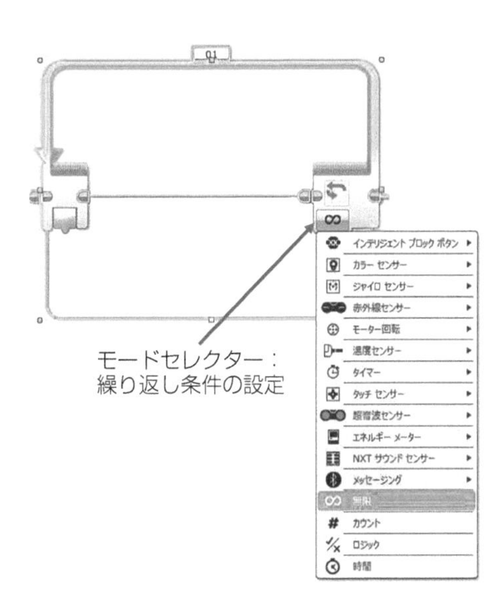

図 3.13　EV3-SW のループブロックによる繰り返し処理の例

の繰り返す方法をそれぞれ**モード**といい，モードごとに設定しなければならない値が決まっています．それらの設定値の詳細に関しては，EV3-SW の EV3 ヘルプ内のプログラミングブロック ＞ フローブロック・ループの項目を見てください．繰り返し処理が終了した後は，ループブロックの後に続くブロックが実行されます．

(b) 条件が真の間繰り返す

EV3-SW で条件が真の間繰り返す処理を行うためのブロックは図 3.14 のようなもので，待機ブロックと呼ばれています．待機ブロックはプログラムの実行を待機させることができます．例えば，一定時間，センサーが一定の値に達するまで，またはセンサー値が変化するまで待機ブロックの直前にあるブロックの実行を続けます．プログラムの実行開始時点でいずれかのモーターがオンになっている場合，待機ブロックによって待機している間は，そのモーターはオンのままとなります．

待機ブロックのモードはモードセレクターを使って設定します．例えば，モードセレクターで時間モードを選択すると，一定時間（秒）だけ待機させることができます．同様に，センサータイプと比較モードを選択すると，センサーが一定の値に達するまで待機させることができます．センサータイプと変化モードを選択すると，センサーが新しい値に変化するか，一定量変化するまで待機させることができます．モードごとに設定しなければならない値が決まっています．それらの設定値の詳細に関しては，EV3-SW の EV3 ヘルプ内のプログラミングブロック ＞ フローブロック・待機の項目を見てください．待機が終了した後は，待機ブロックの後に続くブロックが実行されます．

(2)　Python による記述

Python での繰り返し処理には **for 文** または **while 文**を使います．for 文は主に，繰り返しの回数

図 3.14　EV3-SW の待機ブロックによる繰り返し処理の例

が決まっているような場合に使われます．while 文は主に，ある処理を無限に繰り返す場合や，ある条件が真の間繰り返すような場合に使われます．

(a) for 文

for 文の書き方はプログラムリスト 3.9 のようになります．

▶| プログラムリスト 3.9 | for 文の書き方

```
1  for 変数 in データの集まり:
2      処理
```

「データの集まり」から「データを 1 つずつ取り出す」という流れで「処理」を繰り返します．「データの集まり」部分には，さまざまなオブジェクトを置くことができます．「変数」は「データの集まり」から取り出したオブジェクトにアクセスするためのものです．「変数」には自由に名前をつけることができます．

例えば「指定回数繰り返す」という処理を for 文で記述する場合には「i」や「j」や「k」などの変数の名前が慣例的に使われます．for 文で 5 回繰り返す処理はプログラムリスト 3.10 のようになります．

▶| プログラムリスト 3.10 | for 文で 5 回繰り返す Python プログラム

```
1  for i in range(5):
2      print(i)
```

この例では「データの集まり」の部分には range を使っています．range(5) とすると，0 からはじまって5回繰り返す処理になります．そのため，このプログラムを実行すると i には 0, 1, 2, 3, 4 と値が順番に代入されて，画面には 0, 1, 2, 3, 4 と表示されます．

はじまりの値を変えるにはどうすれば良いでしょうか．range で2つ目にも値を指定すれば，はじまりの値と終わりの値を指定することができます．例えば，i を1〜5まで順番に変えて処理を繰り返す for 文はプログラムリスト 3.11 のようになります．

▶| プログラムリスト 3.11 | はじまりの値を指定する for 文を使った Python プログラム

```
1  for i in range(1, 6):
2      print(i)
```

値の変化の間隔を変えたいときにはどうすれば良いでしょうか．range で3つ目の値を指定すれば，値の増分を変えることができます．例えば，プログラムリスト 3.12 のように

▶| プログラムリスト 3.12 | 値の増分を指定する for 文を使った Python プログラム

```
1  for i in range(1, 20, 5):
2      print(i)
```

とすると，i の値は1からはじまって 20 を超えない間5ずつ増加するようになるので，1, 6, 11, 16 と変化します．

では，バラバラの値で繰り返したい場合はどうすれば良いでしょうか．バラバラの値は range では生成できませんので，角括弧（[　]）の間に，（カンマ）で区切って値を指定します．例えば，プログラムリスト 3.13 のように

▶| プログラムリスト 3.13 | バラバラの値で繰り返す for 文を使った Python プログラム

```
1  for i in [0, 2, -3, 1]:
2      print(i)
```

とすると，i の値は 0, 2, −3, 1 と変化します．

(b) while 文

while 文の書き方はプログラムリスト 3.14 のようになります．「条件式」の部分に処理を繰り返す条件を書きます．その条件式が真の間「処理 A」を実行します．条件式が偽になると繰り返しが終わり，処理 B へと移ります．

▶| プログラムリスト 3.14 | while 文の書き方

```
1 while 条件式:
2     処理A
3 処理B
```

while 文で i が 5 未満の間，繰り返す処理はプログラムリスト 3.15 のようになります．

▶| プログラムリスト 3.15 | while 文で条件式を使って繰り返す Python プログラム

```
1 i = 0
2 while i < 5:
3     print(i)
4     i = i + 1
5 print('end')
```

while 文の中で break 文を使うと，繰り返しから抜けることができます．if 文と while 文を組み合わせたプログラムリスト 3.16 のように書くと，必ず 1 回は処理 A が実行され，その後は条件式が偽の間は無限に処理 A を繰り返します．このような処理を**無限ループ**と呼びます．条件式が真になれば break 文が実行されて繰り返しから抜け出し，処理 B へと移ります．

▶| プログラムリスト 3.16 | while 文と break 文の書き方

```
1 while True:
2     処理A
3     if 条件式:
4         break
5 処理B
```

while 文で無限ループを使って i が 5 未満の間，繰り返す処理はプログラムリスト 3.17 のようになります．

▶| プログラムリスト 3.17 | while 文で無限ループを使って繰り返す Python プログラム

```
1 i = 0
2 while True:
3     print(i)
4     i = i + 1
5     if i >= 5:
6         break
7 print('end')
```

3.3.5 関数

(1) EV3-SW による記述

EV3-SW には**マイブロック**という機能があります．マイブロックはいくつかのブロックで構成されたプログラムをグループ化して 1 つのオリジナルのプログラムにする機能です．一般的なプログラミング言語ではさまざまな処理を機能として 1 つにまとめる処理を**関数**と呼んでいます．マイブロックはプログラミング言語における関数に相当します．マイブロックの作成方法などの詳細は 7.2.3 節で説明します．

(2) Python による記述

Python では，関数を使う（呼び出す）ときには**関数名**を使用します．また，**引数**(ひきすう)に値を指定して，その値に応じた処理を行うことができます．処理した結果を，**戻り値**として返すこともできます．書き方は

```
戻り値 1, 戻り値 2, ・・・ = 関数名 (引数 1, 引数 2, ・・・)
```

引数がない場合は

```
戻り値 1, 戻り値 2, ・・・ = 関数名 ()
```

でも構いません．戻り値がない場合は，

```
関数名 ()
```

とするだけで使うことができます．

関数を自分で作る（定義する）こともできます．例えば，長方形の面積を求める関数は，

▶| プログラムリスト 3.18 | 長方形の面積を求める関数の Python プログラム

```
1  def rectangle(width, height):
2      result = width * height
3      return result
```

のようになります．この関数では rectangle が関数名，width と height が引数です．この関数を使って，横 10，縦 20 の長方形の面積 s を求めて結果を表示するには，

```
4  s = rectangle(10, 20)
5  print(s)
```

とします．

Chapter

4 ロボットを動かしてみよう

本章ではインテリジェントブロックに内蔵されているステータスライトやスピーカー，ディスプレイを使ったプログラムや，モーターを回転させるプログラムを作成します．ライントレースするロボットのプログラムを作成する場合を考えてみましょう．ロボットにライントレースさせるには，カラーセンサーから得られる値を見て，モーターを回転させる必要があります．カラーセンサーの値は照明条件や環境によって変動するため，現場での調整が必要になります．このような場合，センサーの値をディスプレイに表示したり，線の判別状況をステータスライトなどで表示することで，プログラムの動作状況を視覚的に確認できるようになります．

4.1 基本プログラム

これから作成するプログラムでは多くのセンサーやモーターをインテリジェントブロックに接続して EV3 を動作させます．Python のプログラムでセンサーやモーターを使うには，プログラムのはじめの部分にたくさんの命令を書いて準備する必要があります．プログラムリスト 4.1 は，本書で使用するセンサーやモーターを使えるようにした基本プログラムです．

▶| プログラムリスト 4.1 | 基本プログラム

```
1 #!/usr/bin/env pybricks-micropython
2 from pybricks.hubs import EV3Brick
3 from pybricks.ev3devices import Motor, TouchSensor, ColorSensor,
      InfraredSensor, UltrasonicSensor, GyroSensor
4 from pybricks.parameters import Port, Direction, Stop, Color, Button
5 from pybricks.media.ev3dev import Font, ImageFile, SoundFile
6 from pybricks.tools import wait, StopWatch
7 from pybricks.robotics import DriveBase
8
9 # ここからプログラムを書きましょう
```

このプログラムは準備のみで，EV3 を動作させる命令は何も書いていませんので，実行しても EV3

は動きません．EV3 を動かすには，このプログラムの 8 行目「# ここからプログラムを書きましょう」のところから必要な処理を書きはじめてください．Python では行の先頭に#を書くとその行はコメントと認識されます．

しかしこのプログラムはごちゃごちゃしていて見栄えがよくありません．そこでプログラムリスト 4.1 の 2〜6 行目の部分を common.py という名前の別ファイルに保存したうえで，from と import を使って，

```
1 #!/usr/bin/env pybricks-micropython
2 from common import *
3
4 # ここからプログラムを書きましょう
```

のように書くと common.py を読み込むことができて，見た目がすっきりします．以降のプログラムではこの方法でプログラムを書くことにします[†1]．

4.2 ステータスライトを光らせる

インテリジェントブロックの中央ボタンの左右にはステータスライトが入っています．このステータスライトはいろいろな色で光らせることができます．

(1) EV3-SW による記述

EV3-SW で緑・オレンジ・赤の順にステータスライトを光らせるプログラムは図 4.1 のようになります．

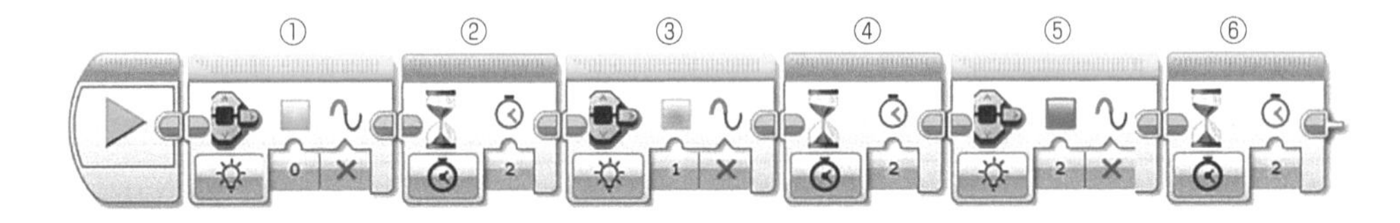

図 4.1 ステータスライトを光らせる EV3-SW のプログラム

それぞれのブロックでは以下の処理を行っています．

ブロック ①： ステータスライトブロックで「モード：オン」「色：0（緑）」「パルス：真」に設定し

[†1] この方法は開発環境によっては問題が出たり，効率が悪くなることがあるため，実際はあまり推奨されていません．しかしプログラミングの本質的な部分に注目，注力して欲しいので，本書ではあえてこの方法を採用します．本書で紹介した環境と異なる場合や，より高度なプログラムを作成する場合などには注意してください．

て，ステータスライトが緑色に点灯しています．

ブロック②：待機ブロックを使って2秒間の処理待ちをしています．

ブロック③④：①②と同様に，ステータスライトをオレンジ色に点灯して2秒間待機します．

ブロック⑤⑥：①②と同様に，ステータスライトを赤色に点灯して2秒間待機します．

(2) Python による記述

この処理を Python で書くとプログラムリスト 4.2 のようになります．ステータスライトを光らせるには EV3Brick() クラスの light.on() メソッドを使います．

▶| プログラムリスト 4.2 | ステータスライトを緑・オレンジ・赤に光らせる Python プログラム

```
1  #!/usr/bin/env pybricks-micropython
2  from common import *
3
4  ev3 = EV3Brick()
5
6  # 2秒間，緑色に点灯する
7  ev3.light.on(Color.GREEN)
8  wait(2000)
9
10 # 2秒間，オレンジ色に点灯する
11 ev3.light.on(Color.ORANGE)
12 wait(2000)
13
14 # 2秒間，赤色に点灯する
15 ev3.light.on(Color.RED)
16 wait(2000)
17
18 # 消す
19 ev3.light.off()
```

このプログラムでは以下の処理を行っています．

4 行目：EV3 に搭載されているディスプレイやスピーカー，ボタンを扱うため，ev3 という名前のインスタンスを生成をしています．

7 行目：ev3.light.on() を使い，その引数を Color.GREEN とすると，ステータスライトは緑色に光ります．（ブロック①）

8 行目：wait() を使って2秒間処理待ちをしています．（ブロック②）

11, 12 行目：7, 8 行目と同様に，ev3.light.on() の引数を Color.ORANGE とすると，ステー

タスライトはオレンジ色に光り，wait() を使って 2 秒間処理待ちをしています．（ブロック ③④）

15, 16 行目 ： 7,8 行目と同様に，ev3.light.on() の引数を Color.RED とすると，ステータスライトは赤色に光り，wait() を使って 2 秒間処理待ちをしています．（ブロック ⑤⑥）

19 行目 ： ev3.light.off() を使うと，ステータスライトは消えます．

4.3 音を鳴らす

EV3 にはスピーカーが 1 つ内蔵されています．音を鳴らすこともできますが，性能のよいスピーカーではありませんので，あまりきれいな音は出せません．

4.3.1 周波数を指定して音を鳴らす

(1) EV3-SW による記述

EV3-SW で周波数を指定して音を鳴らすプログラムは図 4.2 のようになります．

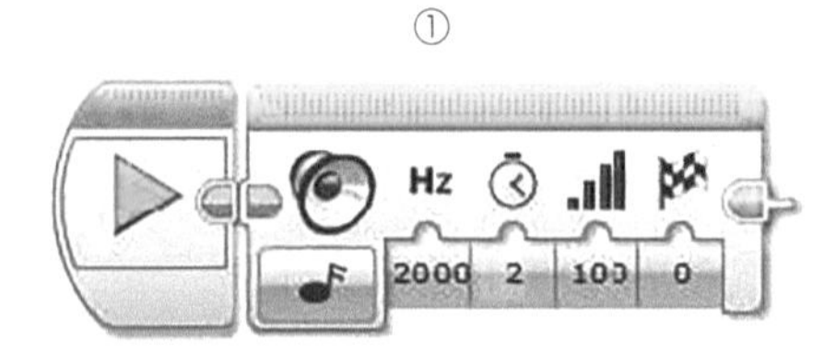

図 4.2 周波数を指定して音を鳴らす EV3-SW のプログラム

このブロックでは以下の処理を行っています．

ブロック ① ： 音ブロックで，「モード：トーン周波数の再生」「周波数：2000」「持続時間：2」「ボリューム：100」「再生タイプ：0」に設定して，2000 Hz の音を 2 秒間，最大の音量で鳴らしています．

(2) Python による記述

この処理を Python で書くとプログラムリスト 4.3 のようになります．音を鳴らすには EV3Brick クラスの speaker.beep() メソッドを使います．

▶| プログラムリスト 4.3 | 周波数を指定して音を鳴らす Python プログラム

```
1  #!/usr/bin/env pybricks-micropython
2  from common import *
3
4  ev3 = EV3Brick()
5
6  # 音量 100% に設定する
7  ev3.speaker.set_volume(100)
8
9  # 周波数 2000Hz，2000ミリ秒間，音を鳴らす
10 ev3.speaker.beep(2000, 2000)
```

このプログラムでは以下の処理を行っています．

7, 10 行目：ev3.speaker.set_volume() を使って，音量（0〜100）を指定しています．また，ev3.speaker.beep() の第 1 引数に鳴らす音の周波数（Hz），第 2 引数に音の長さ（ms）を指定します．ここでは 2000, 2000 としているので，2000 Hz の音を 2000 ミリ秒（2 秒）間だけ鳴らしています．（ブロック ①）

4.3.2 音名を指定して音を鳴らす

(1) EV3-SW による記述

EV3-SW で音名を指定して音を鳴らすプログラムは図 4.3 のようになります．

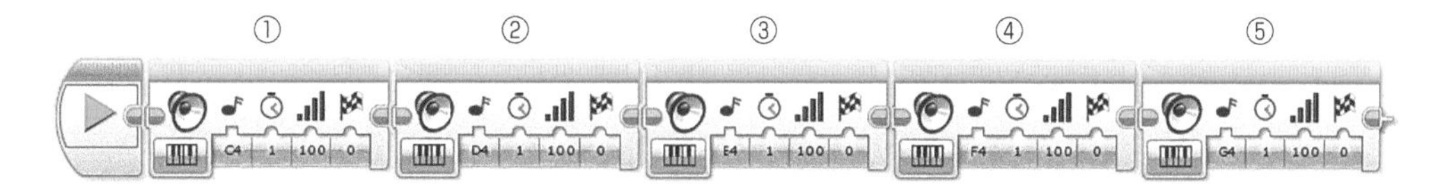

図 4.3 ドレミファソを鳴らす EV3-SW のプログラム

それぞれのブロックでは以下の処理を行っています．

ブロック ①：音ブロックで，「モード：音符の再生」「音名：C4」「持続時間：1」「ボリューム：100」「再生タイプ：0」に設定して，ドの音を 1 秒間鳴らしています．

ブロック ②〜⑤：① と同様に，音符をそれぞれ D4, E4, F4, G4 と設定することでレ，ミ，ファ，ソの音を 1 秒間ずつ鳴らしています．

(2) Python による記述

この処理を Python で書くとプログラムリスト 4.4 のようになります．音名を指定して音を鳴らすには，EV3Brick クラスの speaker.play_notes() メソッドを使います．

▶| プログラムリスト 4.4 | ドレミファソを鳴らす Python プログラム

```
 1 #!/usr/bin/env pybricks-micropython
 2 from common import *
 3
 4 ev3 = EV3Brick()
 5
 6 # 音量 100% に設定する
 7 ev3.speaker.set_volume(100)
 8
 9 # C4 の音を鳴らす
10 ev3.speaker.play_notes(['C4/4'])
11 # D4 の音を鳴らす
12 ev3.speaker.play_notes(['D4/4'])
13 # E4 の音を鳴らす
14 ev3.speaker.play_notes(['E4/4'])
15 # F4 の音を鳴らす
16 ev3.speaker.play_notes(['F4/4'])
17 # G4 の音を鳴らす
18 ev3.speaker.play_notes(['G4/4'])
```

このプログラムでは以下の処理を行っています．

6〜18 行目：ev3.speaker_set() で音量を指定しています．また，ev3.speaker.play_notes() で音名と音の長さを指定しています．例えば，10 行目では ['C4/4'] としているので，C4（ド）の音を 4 分音符の長さで鳴らしています．（ブロック ①〜⑤）

4.4 ディスプレイに文字を描画する

EV3 に搭載されている液晶ディスプレイ（LCD）の解像度は，横 178 ピクセル，縦 128 ピクセルです．画面の座標系は図 4.4 のように，左上が原点 (0, 0) で右向きに x 軸の正方向，下向きに y 軸の正方向となっていて，画面右下の座標は (177, 127) になります．またグリッド数は横 22，縦 12 となっています．

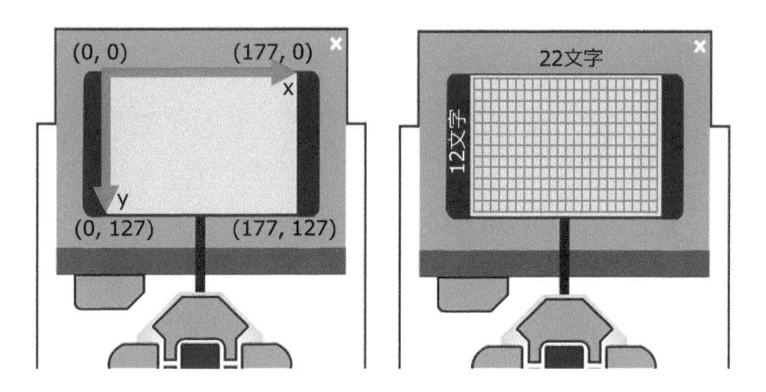

図 4.4　画面の座標系とグリッド

(1)　EV3-SW による記述

EV3-SW でディスプレイに文字を描画するプログラムは図 4.5 のようになります．

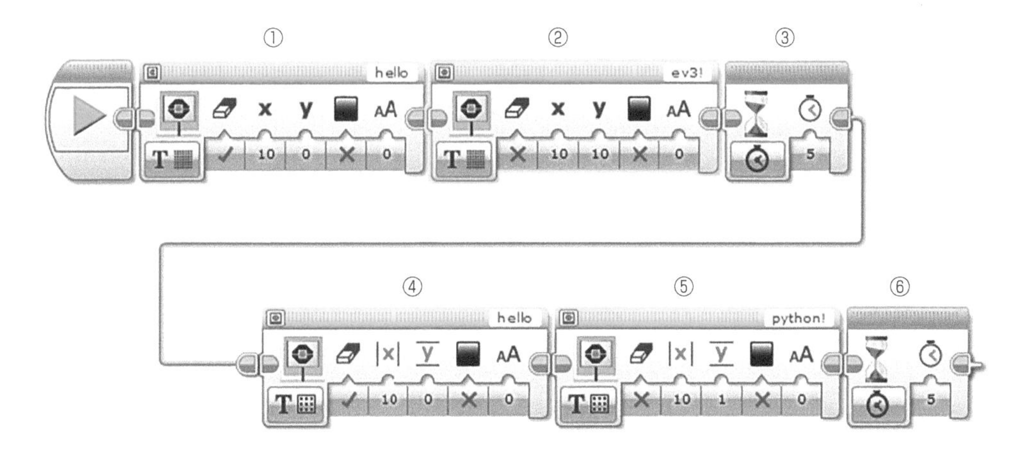

図 4.5　文字を描画する EV3-SW のプログラム

それぞれのブロックでは以下の処理を行っています．

ブロック ①：表示ブロックで「モード：テキスト＞ピクセル」「テキスト：hello」「画面消去：真」「x：10」「y：0」「色：黒」「フォント： 0」に設定すると，画面に表示されたものをすべて消去してからディスプレイの座標 (10, 0) の位置から hello と表示されます．

ブロック ②：表示ブロックで「モード：テキスト＞ピクセル」「テキスト：ev3!」「画面消去：偽」「x：10」「y：10」に設定すると，前の画面表示を残したままでディスプレイの座標 (10, 10) の位置から ev3! と表示されます．

ブロック ③：待機ブロックを使って 5 秒間待機して，表示を続けています．

ブロック ④：表示ブロックで「モード：テキスト＞グリッド」「テキスト：hello」「画面消去：真」「x：10」「y：0」「色：黒」「フォント： 0」に設定すると，画面に表示されたものをすべて消去してからディスプレイの (10, 0) のグリッド位置から hello と表示されます．

ブロック ⑤ ： 表示ブロックで「モード：テキスト＞グリッド」「テキスト：python!」「画面消去：偽」「x ：10」「y： 1」に設定すると，前の画面表示を残したままでディスプレイの (10, 1) のグリッド位置から python! と表示されます．

ブロック ⑥ ： 待機ブロックを使って 5 秒間処理待ちをしています．

(2) Python による記述

Python でディスプレイに文字を描画するプログラムはプログラムリスト 4.5 のようになります．画面の座標を指定して文字を描画するには EV3Brick クラスの screen.drawtext() メソッド，画面の描画を消すには EV3Brick クラスの screen.clear() メソッドを使います．しかし，EV3-SW のようにグリッドで描画位置を指定する命令は Python には用意されていません．

▶| プログラムリスト 4.5 | 文字を描画する Python プログラム

```
1  #!/usr/bin/env pybricks-micropython
2  from common import *
3
4  ev3 = EV3Brick()
5
6  # 画面を消す
7  ev3.screen.clear()
8
9  # hello と ev3!をそれぞれ (10, 10), (10, 20)の座標に 5秒間表示する
10 ev3.screen.draw_text(10, 10, 'hello')
11 ev3.screen.draw_text(10, 20, 'ev3!')
12 wait(5000)
13
14 # 画面を消す
15 ev3.screen.clear()
16
17 # hello python!を 2行で 5秒間表示する
18 ev3.screen.print('hello')
19 ev3.screen.print('python!')
20 wait(5000)
```

このプログラムでは以下の処理を行っています．

7 行目 ： ev3.screen.clear() を使って画面に表示されているものをすべて消去しています．

10 行目 ： ev3.screen.draw_text() を使うと指定した座標に文字を描画できます．これは 3 つ

の引数をとり，

- 第 1,2 引数：描画する位置の x, y 座標を指定します．
- 第 3 引数：描画する文字列を指定します．1 文字または複数の文字を**シングルクォーテーション**（'）または**ダブルクォーテーション**（"）で挟んだものを**文字列**といいます．

を指定します．ここでは第 1,2 引数にそれぞれ 10, 10，第 3 引数に'hello'を指定しているので，画面の x 座標 10，y 座標 10 のところに hello と表示させています．（ブロック ①）

11 行目 ： 10 行目と同様に，画面の x 座標 10，y 座標 20 のところに ev3! と表示させています．（ブロック ②）

12 行目 ： wait() を使って 5 秒間処理待ちをしています．（ブロック ③）

15 行目 ： 7 行目と同様に，画面表示をすべて消去しています．

18〜20 行目 ： ev3.screen.print() を使って文字列を表示しています．引数には描画する文字列を指定します．画面の上から順に自動的に配置して描画します．ここでは，hello python! と画面に描画して，5 秒間処理待ちをしています．（ブロック ④⑤⑥）

実行すると，図 4.6(a) の画面が 5 秒間表示された後に図 4.6(b) の画面が 5 秒間表示されて終了します．

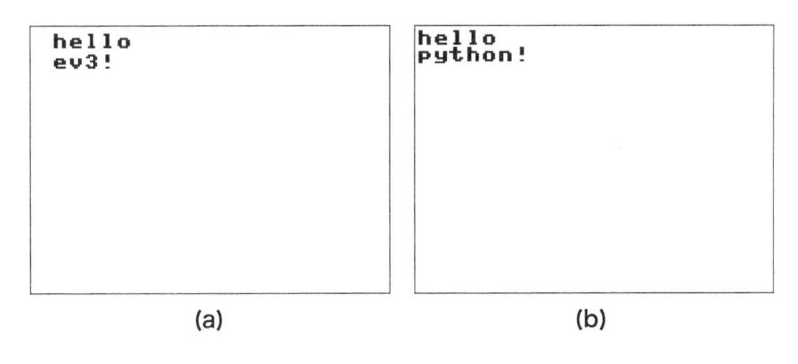

図 4.6　文字を表示する

4.5 モーターを回転させる

3 章でモーターを回転させる簡単なプログラムは作りましたが，ここではモーターのいろいろな動かし方について説明します．

4.5.1 パワーを指定してモーターを回転させる

(1) EV3-SW による記述

EV3-SW でパワーを指定してモーターを回転させるプログラムは図 4.7 のようになります．

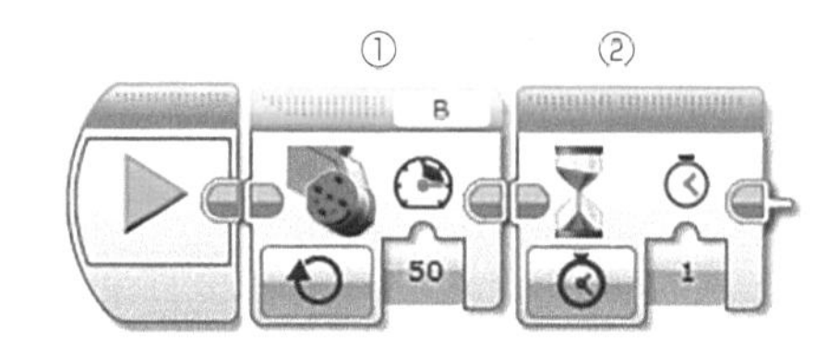

図 4.7　パワーを指定してモーターを回転させる EV3-SW のプログラム

それぞれのブロックでは以下の処理を行っています．

ブロック①：L モーターブロックで「モード：オン」「パワー：50」に設定して，モーターを回転させています．

ブロック②：待機ブロックを使って 1 秒間待機してモーターを回転させ続けて，その後終了します．

(2) Python による記述

この処理を Python で書くとプログラムリスト 4.6 のようになります．L モーターを使用するには Motor クラスを使います．

▶| プログラムリスト 4.6 | パワーを指定してモーターを回転させる Python プログラム

```
1 #!/usr/bin/env pybricks-micropython
2 from common import *
3
4 lmotor = Motor(Port.B)
5 lmotor.dc(50)
6 wait(1000)
```

このプログラムでは以下の処理を行っています．

4 行目： `lmotor` という名前で `Motor` クラスのインスタンスを作成しています．

5 行目： `Motor` クラスの `dc()` メソッドを使うと，パワーを指定してモーターを回転させることができます．引数でモーターのパワーを 0〜100 の値（百分率）で指定します．ここでは 50 を指定しているので，50％のパワーでモーターが回転します．（ブロック ①）

6 行目： `wait()` を使って 1000 ミリ秒間処理待ちをしています．（ブロック ②）

4.5.2 回転角度を指定してモーターを回転させる

(1) EV3-SW による記述

EV3-SW で回転角度を指定してモーターを回転させるプログラムは図 4.8 のようになります．

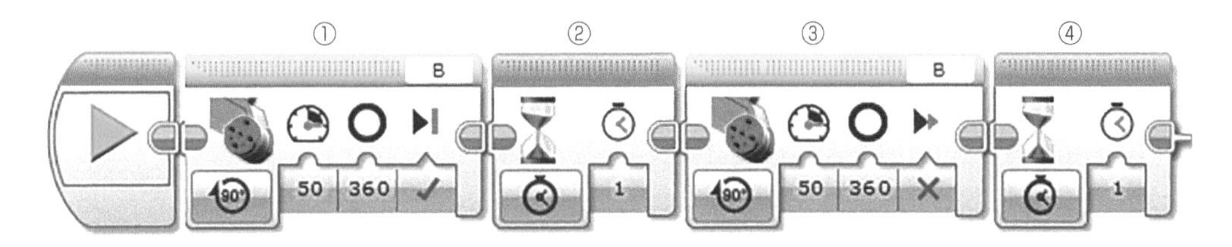

図 4.8 回転角度を指定してモーターを回転させる EV3-SW のプログラム

それぞれのブロックでは以下の処理を行っています．

ブロック ①： L モーターブロックで，「モード：角度」「パワー：50」「度：360」「ブレーキ方法：真」に設定すると，モーターが 1 回転（360 度回転）するまで動きます．ブレーキ方法を真に設定しているので，ブレーキがかかってピタッと止まります．

ブロック ②： 待機ブロックを使って 1 秒間待機します．

ブロック ③： ① と同様に L モーターブロックを用意していますが，「ブレーキ方法：偽」に設定しています．そのため，モーターが 1 回転した後もブレーキはかからずゆっくりと止まります．

ブロック ④： 待機ブロックを使って 1 秒間待機します．

(2) Python による記述

この処理を Python で書くとプログラムリスト 4.7 のようになります．

▶| プログラムリスト 4.7 | 回転角度を指定してモーターを回転させる Python プログラム

```
1  #!/usr/bin/env pybricks-micropython
2  from common import *
3
4  lmotor = Motor(Port.B)
5
6  # L モーターの最大回転角速度
7  max_rotationalspeed = 1020
8
9  # モーターを最大回転角速度の 50%で 1回転（360度回転）させ，ピタッと止める
10 lmotor.run_angle(max_rotationalspeed*0.5, 360, Stop.BRAKE)
11 wait(1000)
12
13 # モーターを最大回転角速度の 50%で 1回転（360度回転）させ，ゆっくりと止める
14 lmotor.run_angle(max_rotationalspeed*0.5, 360, Stop.COAST)
15 wait(1000)
```

このプログラムでは以下の処理を行っています．

4 行目 ： lmotor という名前で Motor クラスのインスタンスを作成しています．

7 行目 ： L モーターの最大回転角速度を max_rotationalspeed という変数で 1020 に設定しています．L モーターは最大 170 rpm で回転することができます [*2]．**rpm** は rotations per minute の略で，**1 分間の回転数**を表します．rpm を deg/s に単位を変換すると， 170 回転 × 360 度 / 60 秒 なので， 1020 deg/s になります．

10 行目 ： Motor クラスの run_angle() メソッドを使うと，回転角度を指定してモーターを回転させることができます．このメソッドの引数には，

- 第 1 引数：モーターの回転角速度（deg/s）
- 第 2 引数：モーターの回転角度（deg）
- 第 3 引数：モーターの停止方法

を指定します．ここでは第 1 引数に max_rotationalspeed の半分，第 2 引数に 360，第 3 引数に Stop.BRAKE を指定しているので，50 %のパワーで 360 度だけモーターを回転させ，ピタッと止めます．（ブロック ①）

11 行目 ： wait() を使って 1000 ミリ秒間処理待ちをしています．（ブロック ②）

14,15 行目 ： 10, 11 行目と同様に，50 %のパワーで 360 度だけモーターを回転させ，ゆっくり止めます．その後，wait() を使って 1000 ミリ秒間処理待ちをしています．（ブロック③ ④）

[*2] https://assets.education.lego.com/v3/assets/blt293eea581807678a/blt2e137b6580bf4118/5f8806d718bf360ec7ca8987/ev3_user_guide_ja.pdf

4.5.3 回転数を指定してモーターを回転させる

(1) EV3-SW による記述

EV3-SW で回転数を指定してモーターを回転させるプログラムは図 4.9 のようになります.

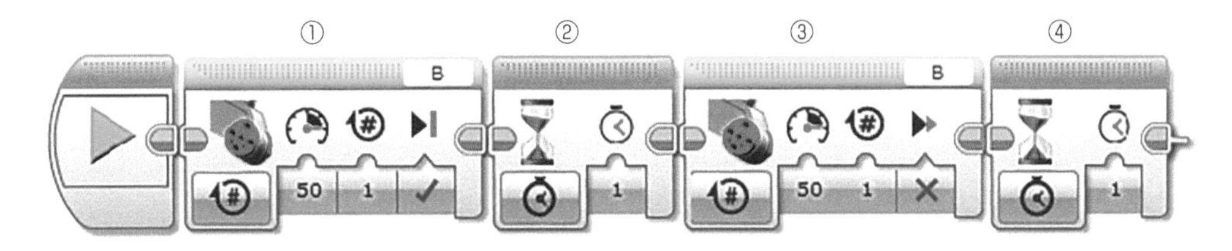

図 4.9 回転数を指定してモーターを回転させる EV3-SW のプログラム

それぞれのブロックでは以下の処理を行っています.

ブロック ①： L モーターブロックで,「モード：回転数」「パワー：50」「回転：1」「ブレーキ方法：真」に設定すると，モーターが 1 回転するまで動きます．ブレーキ方法を真に設定しているので，ブレーキがかかってピタッと止まります.

ブロック ②： 待機ブロックを使って 1 秒間待機します.

ブロック ③： ① と同様に L モーターブロックを用意していますが,「ブレーキ方法：偽」に設定しています．そのため，モーターが 1 回転した後もブレーキはかからずゆっくりと止まります.

ブロック ④： 待機ブロックを使って 1 秒間待機します.

(2) Python による記述

この処理を Python で書くとプログラムリスト 4.8 のようになります.

▶| プログラムリスト 4.8 | 回転数を指定してモーターを回転させる Python プログラム

```
1 #!/usr/bin/env pybricks-micropython
2 from common import *
3
4 lmotor = Motor(Port.B)
5
6 # L モーターの最大回転角速度
```

```
 7 max_rotationalspeed = 1020
 8
 9 # 回転数
10 rotation = 1
11
12 # モーターを最大回転角速度の 50%で 1回転させ，ピタッと止める
13 lmotor.run_angle(max_rotationalspeed*0.5, 360*rotation, Stop.BRAKE)
14 wait(1000)
15
16 # モーターを最大回転角速度の 50%で 1回転させ，ゆっくりと止める
17 lmotor.run_angle(max_rotationalspeed*0.5, 360*rotation, Stop.COAST)
18 wait(1000)
```

このプログラムでは以下の処理を行っています．

4 行目 ： lmotor という名前で Motor クラスのインスタンスを作成しています．

7 行目 ： L モーターの最大回転角速度を max_rotationalspeed という変数で 1020 に設定しています．

10 行目 ： L モーターの回転数を rotation という変数で 1 に設定しています．

13 行目 ： 先ほどと同様に，lmotor.run_angle() を使って，回転数を指定してモーターを回転させています．ここでは第 1 引数に max_rotationalspeed の半分，第 2 引数に 360*rotation，第 3 引数に Stop.BRAKE を指定しているので，50 %のパワーで 1 回転（360 度）だけモーターを回転させ，ピタッと止めます．（ブロック ①）

14 行目 ： wait() を使って 1000 ミリ秒間処理待ちをしています．

16, 17 行目 ： 13, 14 行目と同様に，50 %のパワーでモーターを 1 回転させますが，ゆっくり止めています．その後，wait() を使って 1000 ミリ秒間処理待ちをしています．（ブロック ②）

4.5.4 動作時間を指定してモーターを回転させる

(1) EV3-SW による記述

EV3-SW で動作時間を指定してモーターを回転させるプログラムは図 4.10 のようになります．

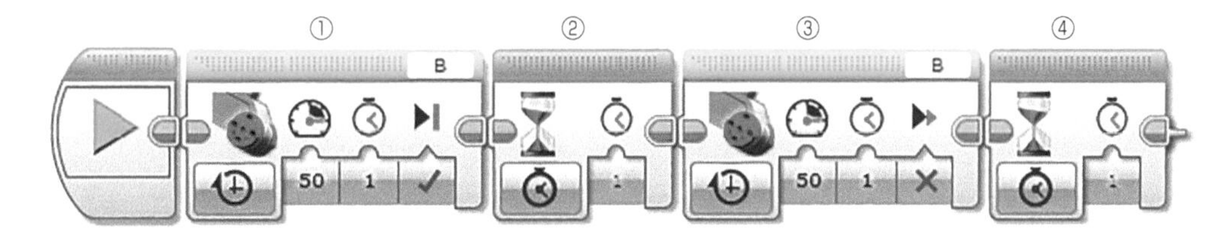

図 4.10　動作時間を指定してモーターを回転させる EV3-SW のプログラム

このプログラムでは以下の処理を行っています．

ブロック ①：Lモーターブロックで，「モード：秒」「パワー：50」「秒：1」「ブレーキ方法：真」に設定すると，モーターが 1 秒間だけ回転します．ブレーキ方法を真に設定しているので，ブレーキがかかってピタッと止まります．

ブロック ②：待機ブロックを使って 1 秒間待機します．

ブロック ③：①と同様にLモーターブロックを用意していますが，「ブレーキ方法：偽」に設定しています．そのため，モーターが 1 秒間回転した後もブレーキはかからずゆっくりと止まります．

ブロック ④：待機ブロックを使って 1 秒間待機します．

(2)　Python による記述

この処理を Python で書くとプログラムリスト 4.9 のようになります．

▶| プログラムリスト 4.9 | 動作時間を指定してモーターを回転させる Python プログラム

```
 1 #!/usr/bin/env pybricks-micropython
 2 from common import *
 3
 4 lmotor = Motor(Port.B)
 5
 6 # Lモーターの最大回転角速度
 7 max_rotationalspeed = 1020
 8
 9 # モーターを最大回転角速度の 50%で 1秒間回転させ，ピタッと止める
10 lmotor.run_time(max_rotationalspeed*0.5, 1000, Stop.BRAKE)
11 wait(1000)
12
13 # モーターを最大回転角速度の 50%で 1秒間回転させ，ゆっくりと止める
14 lmotor.run_time(max_rotationalspeed*0.5, 1000, Stop.COAST)
```

```
15  wait(1000)
```

このプログラムでは以下の処理を行っています．

4 行目 ： lmotor という名前で Motor クラスのインスタンスを作成しています．

7 行目 ： L モーターの最大回転角速度を max_rotationalspeed という変数で 1020 に設定しています．

10 行目 ： Motor クラスの run_time() メソッドを使うと，動作時間を指定してモーターを回転させることができます．このメソッドの引数には，

- 第 1 引数：モーターの回転角速度（deg/s）
- 第 2 引数：モーターの動作時間（ms）
- 第 3 引数：モーターの停止方法

を指定します．ここでは第 1 引数に max_rotationalspeed の半分，第 2 引数に 1000，第 3 引数に Stop.BRAKE を指定しているので，50 %のパワーで 1000 ミリ秒間だけモーターを回転させ，ピタッと止めます．（ブロック ①）

11 行目 ： wait() を使って 1000 ミリ秒間処理待ちをしています．（ブロック ②）

14, 15 行目 ： 10, 11 行目と同様に，50 %のパワーで 1000 ミリ秒間だけモーターを回転させますが，ゆっくり止めています．その後，wait() を使って 1000 ミリ秒間処理待ちをしています．（ブロック ③ ④）

4.5.5 2 つのモーターを同時に回転させる

(1) EV3-SW による記述

ロボットの移動方向を調整して動かすにはステアリングブロックを使うと便利です．ステアリングブロックでは，移動方向を指定すれば左右のモーターの出力を自動的に調整してくれます．ステアリング量と左右モーターの出力の関係は一般的には図 4.11 のようになります．例えば，ステアリングブロックでパワーを 50 に指定したときには，左右モーターの出力およびロボットの動きは表 4.1 のようになります．ステアリング量が ±100 に近いほど回転半径は小さくなります．

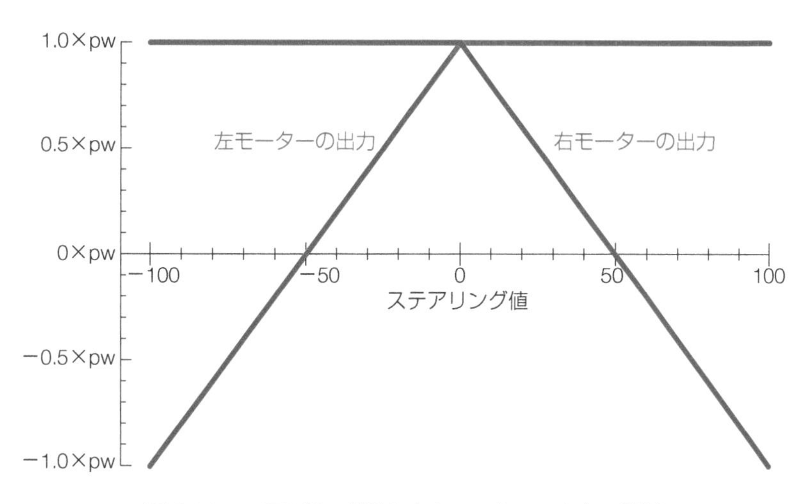

図 4.11　ステアリング量と左右モーターの出力の関係

表 4.1　パワーが 50 のときのステアリング量と左右モーターの出力，ロボットの動き

ステアリング量	左モーターの出力	右モーターの出力	ロボットの動き
−100	−50	50	左にスピンターン
−50	0	50	左車輪中心のピボットターン
−10	40	50	ゆるやかに左方向に前進
0	50	50	前進
10	50	40	ゆるやかに右方向に前進
50	50	0	右車輪中心のピボットターン
100	50	−50	右にスピンターン

EV3-SW でステアリングブロックを使うプログラムは図 4.12 のようになります．

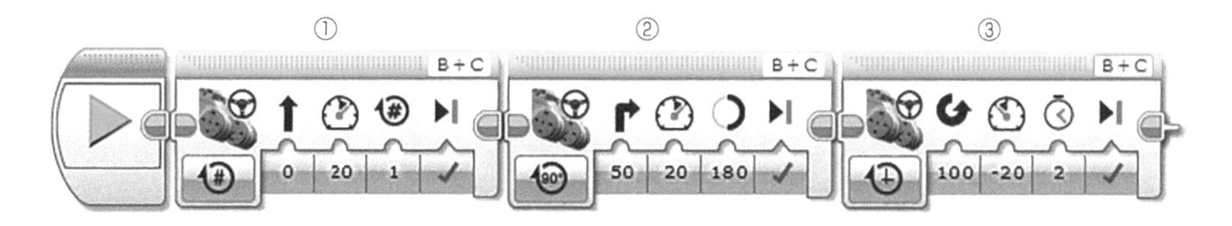

図 4.12　ステアリングブロックで 2 つのモーターを同時に回転させる EV3-SW のプログラム

それぞれのブロックでは以下の処理を行っています．

ブロック①：ステアリングブロックで，「モード：回転数」「ステアリング：0」「パワー：20」「回転：1」「ブレーキ方法：真」に設定すると，両モーターが1回転してロボットが前進します．その後，ブレーキがかかってピタッと止まります．

ブロック②：ステアリングブロックで，「モード：角度」「ステアリング：50」「パワー：20」「度：180」「ブレーキ方法：真」に設定すると，片側のモーターのみが180度だけ回転してロボットはピボットターンします．ピボットターンは止まっている車輪の位置を中心に回転します．

ブロック③：ステアリングブロックで，「モード：秒」「ステアリング：100」「パワー：−20」「秒：2」「ブレーキ方法：真」に設定すると，左右のモーターが別々の方向に2秒間だけ回転してロボットはスピンターンします．スピンターンは2つの車輪中心を結ぶ線分の中点を中心にして回転します．

2つのモーターのパワーを同時に調整してロボットを動かすにはタンクブロックを使うと便利です．EV3-SWでタンクブロックを使うプログラムは図4.13のようになります．

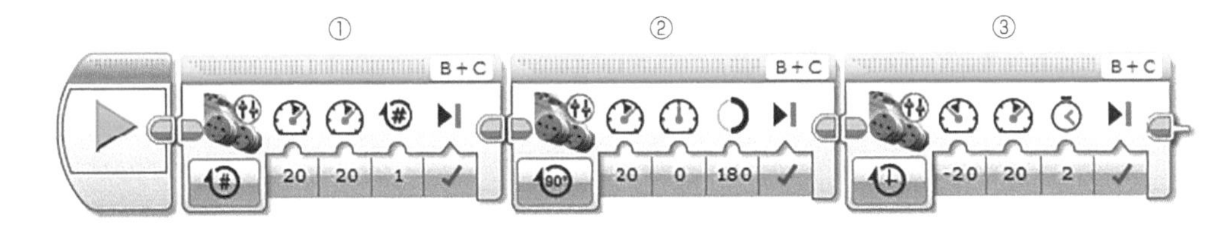

図4.13　タンクブロックで2つのモーターを同時に回転させるEV3-SWのプログラム

それぞれのブロックでは以下の処理を行っています．

ブロック①：タンクブロックで，「モード：回転数」「左側パワー：20」「右側パワー：20」「回転：1」「ブレーキ方法：真」に設定すると，両モーターが1回転してロボットが前進します．その後，ブレーキがかかってピタッと止まります．

ブロック②：タンクブロックで，「モード：角度」「左側パワー：20」「右側パワー：0」「度：180」「ブレーキ方法：真」に設定すると，左モーターのみが180度だけ回転するので，ロボットは右の車輪を中心にピボットターンします．

ブロック③：タンクブロックで，「モード：秒数」「左側パワー：−20」「右側パワー：20」「秒：2」「ブレーキ方法：真」に設定すると，左右のモーターが反対方向に2秒間だけ回転するので，ロボットは左にスピンターンします．

(2) Pythonによる記述

EV3MPにはステアリングブロックやタンクブロックと同等の命令はありませんが，その代わりにDriveBaseクラスが用意されています．DriveBaseクラスを使って2つのモーターを同時に回転させるプログラムはプログラムリスト4.10のようになります．

▶| プログラムリスト4.10 | DriveBaseクラスを使って2つのモーターを同時に回転させるPythonプログラム

```
1  #!/usr/bin/env pybricks-micropython
2  from common import *
3
4  # 左右のモーターのインスタンス
5  left_motor = Motor(Port.B)
6  right_motor = Motor(Port.C)
7
8  # タイヤの直径，mm単位
9  wheel_diameter = 56
10 # 左右のタイヤ間の距離 mm単位
11 axle_track = 118
12
13 # ロボットのインスタンス
14 robot = DriveBase(left_motor, right_motor, wheel_diameter, axle_track)
15
16 # 移動速度[mm/s]，移動加速度[mm/s/s]，旋回角速度[deg/s]，旋回角加速度[deg/s/s]を設
   定
17 robot.settings(100, 100, 100, 100)
18
19 # 100mm前進
20 robot.straight(100)
21 # 100mm後退
22 robot.straight(-100)
23
24 # 右に90degスピンターン
25 robot.turn(90)
26 # 左に90degスピンターン
27 robot.turn(-90)
```

このプログラムでは以下の処理を行っています．

5,6行目：Motorクラスのインスタンスを左右のモーターで作成しています．変数名はそれぞれleft_motor, right_motorとしています．

9,11行目：ロボットの車輪の直径と左右の車輪間の距離をそれぞれwheel_diameter,

axle_track という変数に設定しています．作成したロボットに合わせて数値は調整してください．

14 行目 ： DriveBase クラスは 2 輪タイプのロボットを動かすために用意されたクラスです．DriveBase クラスからインスタンス化するときには 4 つの引数が必要で

- 第 1 引数：左モーターのインスタンス
- 第 2 引数：右モーターのインスタンス
- 第 3 引数：車輪の直径（mm）
- 第 4 引数：左右の車輪間の距離（mm）

を指定します．ここでは第 1, 2 引数に 5, 6 行目で作成した各モーターのインスタンス，第 3, 4 引数に 9, 11 行目で宣言した車輪の直径と左右の車輪間の距離を与えています．

17 行目 ： DriveBase クラスの関数 setting() を使って，第 1〜4 引数で，ロボットの移動速度（mm/s），移動加速度（$\mathrm{mm/s^2}$），旋回角速度（deg/s），旋回角加速度 ($\mathrm{deg/s^2}$) をそれぞれ指定しています．

20 行目 ： DriveBase クラスの straight() メソッドを使うと 2 つのモーターを同時に回転させることができます．このメソッドの第 1 引数にはロボットの移動距離（mm）を指定します．ここでは第 1 引数に 100 を指定しているので，ロボットは 100 mm だけ前進します．（ブロック ①）

22 行目 ： robot.straight() の第 1 引数に −100 を指定しているので，ロボットは 100 mm だけ後退します．

25 行目 ： DriveBase クラスの turn() メソッドを使うとロボットを旋回させることができます．このメソッドの第 1 引数にはロボットの旋回角度（deg）を指定します．ここでは 90 を指定しているので，ロボットは右に 90 度スピンターンします．（ブロック ③）

27 行目 ： robot.turn() の第 1 引数に −90 を指定しているので，ロボットは左に 90 度スピンターンします．（ブロック ③）

Chapter 5

センサーを使って動かそう

本章では，ロボットのまわりの様子を観測するための装置（センサー）について説明します．まず，EV3で利用できるセンサーについて紹介します．その後，それぞれのセンサーからの測定値をもとに判断し，その判断の結果に応じて，ロボットにある動作をさせるプログラムの作成方法について説明します．

5.1 EV3で使用できるセンサー

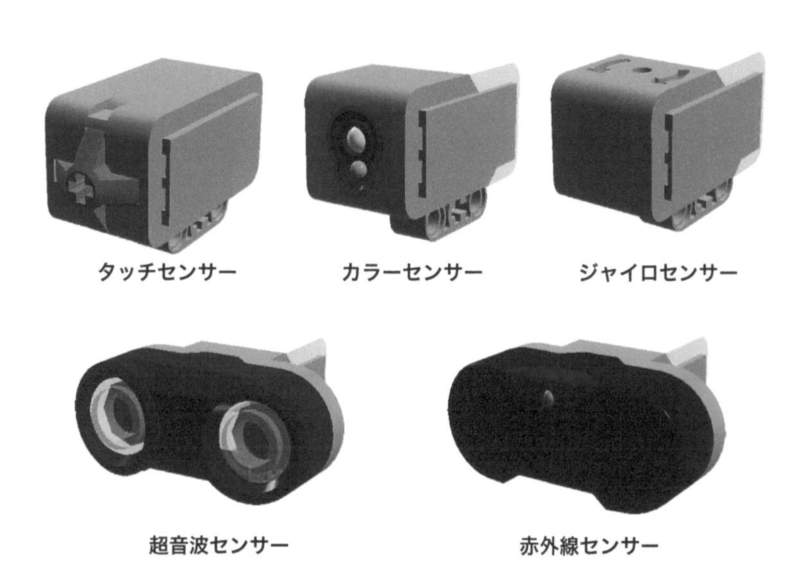

図 5.1　EV3 で使用できる主なセンサー

EV3では，タッチセンサー，カラーセンサー，ジャイロセンサー，超音波センサー，赤外線センサー，モーター回転センサーなどが使用できます（図 5.1）．ただし赤外線センサーは，教育版 EV3 の基本セット（# 45544）には付属されていませんが，リテール版（個人向け）EV3 のセット（# 31313）には標準で付属されています．また，図 5.1 にはモーター回転センサーが載っていません．モーター回転センサーは L モーターや M モーターの中に組み込まれているので，1 つのセンサー部品にはなっていません．これらのセンサーの中には，複数の測定モード（モードに応じて出力される値が異なる）を持つものがあります．これらのセンサーで設定できるモード名，測定できるものなどをまとめると，表 5.1 のようになります．

表 5.1　センサーとその測定モード

センサーの種類	測定モード	説明
タッチセンサー	スイッチの状態	スイッチが「押された・離れた」の状態を 0,1 の数値で出力します．
カラーセンサー	反射光の強さ	出力された光が反射して戻ったときの光の強さを 0 ～ 100% の数値で出力します．出力された光が戻ってこないとき 0%，すべて戻ってきたとき 100% になります．
	周囲光の強さ	周囲の光の強さを 0 ～ 100% の数値で出力します． 真暗な部屋の中で測定したとき 0%，太陽に向けて測定したとき 100% になります．
	色の種類	検出した色を 7 種類（黒，青，緑など）の中から 1 つの数値（1,2,3,4,5,6,7）にして出力します．色がないときは 0 が出力されます．
	R,G,B 成分の強さ	測定した色の R,G,B の各成分の強さを 0 ～ 100% の数値で出力します．
ジャイロセンサー	回転角度 (deg)	ジャイロセンサーの回転量（角度）をセンサーが最後にリセットされた時点からの正回転の合計として出力されます．正回転，逆回転は，それぞれ正，負の数値になります．360 度で 1 回転したことに相当します．
	角速度 (deg/s)	ジャイロセンサーの回転角速度（1 秒当たりの回転角度）を，−440 ～ 440 の範囲の数値で出力します．
超音波センサー	距離 (cm)	物体までの距離をセンチメートル単位で測定し 0 ～ 250 の範囲の数値で出力します．
	距離 (inch)	物体までの距離をインチ単位で測定し 0 ～ 100 の範囲の数値で出力します．
モーター回転センサー	回転角度 (deg)	モーターの回転量（角度）をセンサーが最後にリセットされた時点からの正回転の合計として出力されます．正回転，逆回転は，それぞれ正，負の数値になります．360 度で 1 回転したことに相当します．
	角速度 (deg/s)	モーターの回転角速度（1 秒当たりの回転角度）を数値で出力します．

ここで紹介したセンサー以外にも，NXT 用のセンサーや，HiTechnic 社が作っているいくつかのセンサーも EV3 で使用できます．

EV3-SW のプログラム中でセンサーを使用する方法には，センサーブロックで使用する方法と，ループ・スイッチ・待機ブロックの中で使用する方法があります．以下ではそれぞれの方法について説明します．

5.2 タッチセンサーを使おう

タッチセンサーをセンサーブロックで使用する場合と，ループ・スイッチ・待機ブロックの中で使用する場合における使用例をまとめると表 5.2 のようになります．この表を見ればわかるように，センサーブロック，待機ブロックなどのモードセレクターで設定されたモードに従って，さまざまな使い方ができます．

表 5.2　EV3-SW のいろいろなブロックにおけるタッチセンサーの使用例

ブロック	モード	使用例
センサーブロック	測定	現在のタッチセンサーの状態を他のブロックにデータワイヤーで出力する．
センサーブロック	比較	タッチセンサーが押されたか，離れたか，バンプ[*1] したかを他のブロックにデータワイヤーで出力する．
待機ブロック	比較	タッチセンサーが押された，離れた，バンプした状態になるまで待機する．
待機ブロック	変化	タッチセンサーの状態が変化するまで待機する．
ループブロック	比較	タッチセンサーが押された，離れた，バンプするまで，繰り返す．
スイッチブロック	比較	タッチセンサーが押された，離れた，バンプしたかどうかに応じて条件分岐する．

(1)　EV3-SW による記述

(a) センサーブロックでの使い方とプログラム例

タッチセンサーブロックにより，タッチセンサーからデータを取得できます．ブロックの最上部のポートセレクターで，タッチセンサーの接続されているインテリジェントブロックの入力ポート番号 (1, 2, 3, または 4) を設定します．タッチセンサーブロックのモードセレクターにより，センサーブロックのモードを設定します．設定できるモードは測定・比較モードです．図 5.2 は，それぞれのモー

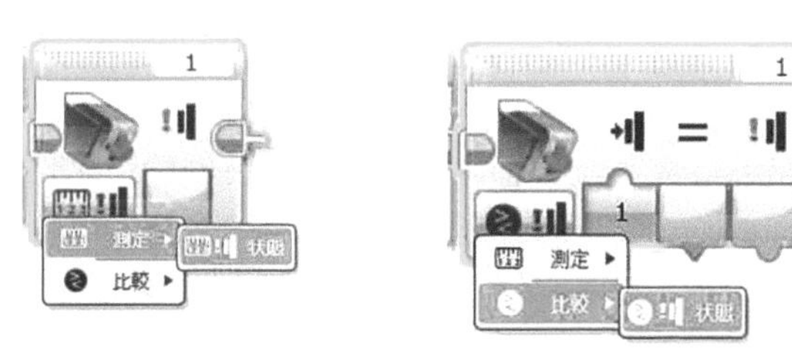

図 5.2　タッチセンサーブロックの使い方

[*1] タッチセンサーのボタンが押されて離れる一連の動作のことを**バンプ**と呼びます．

ドに設定したタッチセンサーブロックの様子を表しています．利用できる入力値と出力値はモードによって異なります．

例えば，タッチセンサーを測定モードに設定すると，出力値はタッチセンサーが離れている場合は0，押されている場合は1，バンプした場合は2となります．表5.3はタッチセンサーのモードと対応する出力値をまとめたものです．

表5.3　タッチセンサーのモードと出力値

モード	出力値
測定	状態（離れた：0，押された：1，バンプした：2）
比較	設定した状態の真・偽

タッチセンサーが押されていれば，インテリジェントブロックのステータスライトをオレンジ色に点灯させるプログラムを作成してみましょう．EV3-SWでのプログラム例は，図5.3のようになります．

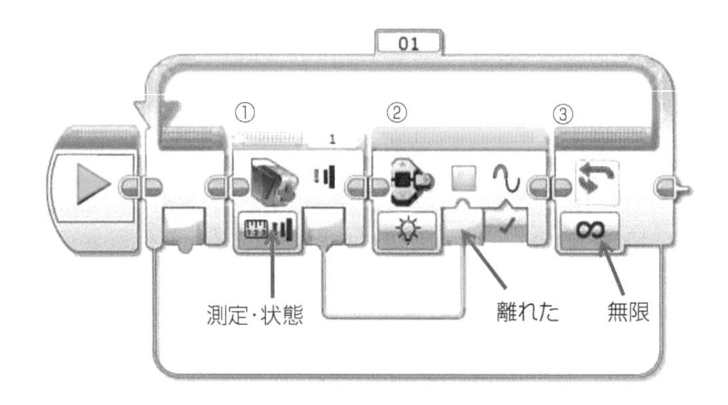

図5.3　タッチセンサーブロックを使ったプログラム例

それぞれのブロックでは以下の処理を行っています．

ブロック①：タッチセンサーブロックで「ポート：1」「モード：測定・状態」を設定します．これにより，「状態：タッチセンサーの状態（離れた：0，押された：1，バンプした：2)」を出力します．

ブロック②：インテリジェントブロック ステータスライトブロックで「モード：オン」を設定します．タッチセンサの状態の値をインテリジェントブロック ステータスライトブロックの色入力（0：緑，1：オレンジ，2：赤）へロジックデータワイヤーで接続します．これによりインテリジェントブロックのステータスライトが，タッチセンサの状態に対応した色で光ります．

ブロック③：ループブロックで「モード：無限」を設定します．これにより，ループブロック内のブロック①②の処理を無限に繰り返します．

(b) 待機ブロックでの使い方とプログラム例

待機ブロックのモードセレクターにより，タッチセンサーを使った待機ブロックを設定できます．図 5.4 の左，右は，それぞれタッチセンサーを「比較・状態」「変化・状態」のモードに設定した待機ブロックの様子を表しています．なお，ループ・スイッチブロックでタッチセンサーを使用する場合も，待機ブロックでタッチセンサーを使用する場合と同様に設定・使用できます．

ブロックの最上部のポートセレクターで，タッチセンサーの接続されているインテリジェントブロックの入力ポート番号を設定します．待機ブロックのモードセレクターにより，タッチセンサーのモードを設定します．このとき，状態の入力値には，タッチセンサーの状態を表す値（離れた：0，押された：1，バンプした：2）を設定します．これにより，タッチセンサーが離れた，押された，またはバンプの状態まで待機できます．

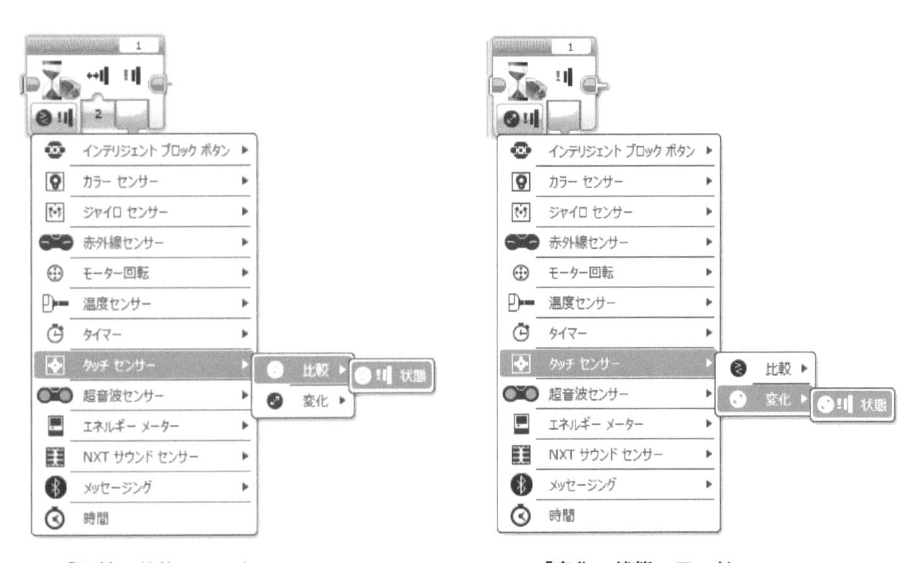

図 5.4　待機ブロックでの使い方

ロボットを前進させて手でタッチセンサーに触れるとその場で止まるプログラムを作成してみましょう．EV3-SW でのプログラム例は図 5.5 のようになります．

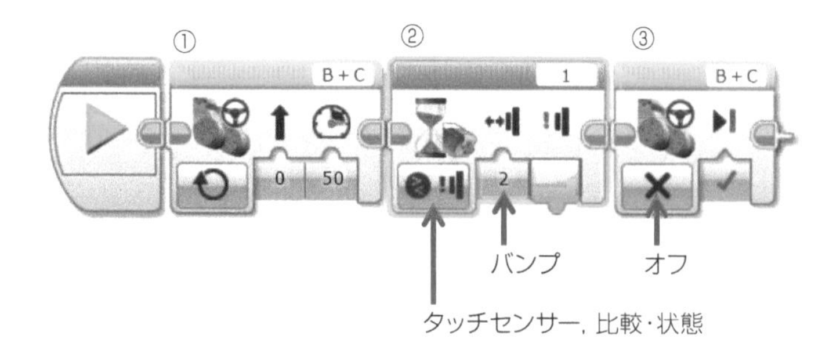

図 5.5　待機ブロック（タッチセンサーモード）を使ったプログラム例

それぞれのブロックでは以下の処理を行っています．

ブロック ①：ステアリングブロックで，「ポート：B,C」「モード：オン」「ステアリング：0」「パワー：50」を設定します．これによりロボットを前進させます．このとき，モーターは出力ポート B と C に接続しておきます．

ブロック ②：待機ブロックで，「ポート：1」「モード：タッチセンサー・比較・状態」「状態の値：2」を設定します．これにより入力ポート 1 に接続されたタッチセンサーがバンプするまで待機させます．

ブロック ③：ステアリングブロックで，「ポート：B,C」「モード：オフ」「ブレーキ方法：真」を設定します．これにより，タッチセンサーがバンプしたあとに，出力ポート B と C に接続してあるモーターにブレーキをかけてロボットを停止させます．

(2) Python による記述

図 5.3 で示した EV3-SW でのプログラムと同じ動作をするプログラムを Python で書くと，プログラムリスト 5.1 のようになります．

▶| プログラムリスト 5.1 | タッチセンサーによりステータスライトを点灯させる Python プログラム

```
 1 #!/usr/bin/env pybricks-micropython
 2 from common import *
 3
 4 ev3 = EV3Brick()
 5
 6 led_color = [Color.GREEN, Color.ORANGE]
 7 touch_sensor = TouchSensor(Port.S1)
 8
 9 while True:
10     ev3.light.on(led_color[int(touch_sensor.pressed())])
11     wait(10)
```

このプログラムでは以下の処理を行っています.

5 行目 : EV3 に搭載されているボタンを扱うため，ev3 という名前のインスタンスを生成をしています.

6 行目 : インテリジェントブロックのステータスライトで緑とオレンジを点灯させるために，それぞれ Color.GREEN，Color.ORANGE を配列 led_color に登録しておきます.

7 行目 : 入力ポート 1（Port.S1）に接続したタッチセンサーのインスタンスを生成し，それを touch_sensor で表します.（ブロック ①）

9 行目 : while 文の条件式を True にすることで無限に繰り返す処理を設定しています.（ブロック ③）

10 行目 : タッチセンサーの状態は touch_sensor.pressed() で取得できます．その値を int() で整数値に変換した後，配列 led_color の要素番号を指定する値として使います．ここまでの処理は，インテリジェントブロックのステータスライトを点灯させる ev3.light.on() の引数の中で行われています．タッチセンサーの状態を表す値に応じて ev3.light.on() によってインテリジェントブロックのステータスライトを点灯させています.（ブロック ②）

11 行目 : タッチセンサーの状態を安定して取得するために，wait() で 10 ミリ秒待機させています.

図 5.5 で示した EV3-SW でのプログラムと同じ動作をするプログラムを Python で書くと，プログラムリスト 5.2 のようになります.

▶| プログラムリスト 5.2 | 前進するロボットをタッチセンサーにより停止する Python プログラム

```
1  #!/usr/bin/env pybricks-micropython
2  from common import *
3
4  touch_sensor = TouchSensor(Port.S1)
5
6  left_motor = Motor(Port.B)
7  right_motor = Motor(Port.C)
8  robot = DriveBase(left_motor, right_motor, wheel_diameter=56, axle_track
   =118)
9
10 robot.drive(50, 0)
11
12 while not touch_sensor.pressed():
13     wait(10)
14
15 robot.stop(Stop.BRAKE)
```

```
16  wait(1000)
```

このプログラムでは以下の処理を行っています.

4 行目：入力ポート 1（Port.S1）に接続したタッチセンサーのインスタンスを生成し，それを touch_sensor で表しています.（ブロック ②）

6 行目：出力ポート B（Port.B）に接続された L モーターのインスタンスを生成して，それを left_motor で表しています. Port.B に接続された L モーターが左側（left）にあることを想定しています.

7 行目：出力ポート C（Port.C）に接続された L モーターのインスタンスを生成して，それを right_motor で表しています. Port.C に接続された L モーターが右側（right）にあることを想定しています.

8 行目：2 つのモーターを同時に動かしてハンドル操作の角度とモーターのパワーを指定するためのインスタンスを DriveBase() により生成して，それを robot で表しています.（ブロック ①）

10 行目：robot.drive() により，移動速度を 50 mm/s，旋回角速度を 0 deg/s に設定して，2 つのモーターを動かしています.（ブロック ①）

12, 13 行目：タッチセンサーが押されていない間，while 文により wait()（10 ミリ秒待機するという処理）だけが実行されます. このようにしてタッチセンサーが押されるか，バンプするまで待機します.（ブロック ②）

15 行目：robot.stop() により 2 つのモーターにブレーキをかけています. ブレーキをかける操作は Stop.BRAKE によって指定します.（ブロック ③）

5.3 カラーセンサーを使おう

カラーセンサーをセンサーブロックで使用する場合と，ループ・スイッチ・待機ブロックの中で使用する場合の使用例をまとめると表 5.4 のようになります. この表を見ればわかるように，センサーブロック，待機ブロックなどのモードセレクターで設定されたモードに従って，さまざまな使い方ができます.

(1) EV3-SW による記述

(a) センサーブロックでの使い方とプログラム例

カラーセンサーブロックにより，カラーセンサーからデータを取得できます. ブロックの最上部のポートセレクターで，カラーセンサーを接続しているインテリジェントブロックの入力ポート番号を設定します. モードセレクターによりセンサーブロックのモードを設定します. 設定できるモードは，

表 5.4　EV3-SW のいろいろなブロックにおけるカラーセンサーの使用例

ブロック	モード	使用例
カラーセンサー	測定・色	検出された色（0～7）を測定し，数値データワイヤーで結果を取得します.
カラーセンサー	測定・反射光の強さ	反射光の強さ（0～100）を測定し，数値データワイヤーで結果を取得します.
カラーセンサー	測定・周辺の光の強さ	周辺の光の強さ（0～100）を測定し，数値データワイヤーで結果を取得します.
カラーセンサー	比較・色	検出された色を選択した複数の色と比較し，ロジックデータワイヤーで結果を取得します（選択した色のいずれかと一致する場合は真）.
カラーセンサー	比較・反射光の強さ	反射光の強さをしきい値と比較し，ロジックデータワイヤーで結果を取得します.
カラーセンサー	比較・周辺の光の強さ	周辺の光の強さをしきい値と比較し，ロジックデータワイヤーで結果を取得します.
待機	カラーセンサー・比較・色	センサーが選択した色の 1 つを検出するため待機します.
待機	カラーセンサー・比較・反射光の強さ	反射光の強さが一定の値に到達するまで待機します.
待機	カラーセンサー・比較・周辺の光の強さ	周辺の光の強さが一定の値に到達するまで待機します.
待機	カラーセンサー・変化・色	検出された色が変化するまで待機します.
待機	カラーセンサー・変化・反射光の強さ	反射光の強さが一定量変化するまで待機します.
待機	カラーセンサー・変化・周辺の光の強さ	周辺の光の強さが一定量変化するまで待機します.
ループ	カラーセンサー ・色	選択した色の 1 つが検出されるまで処理を繰り返します.
ループ	カラーセンサー・反射光の強さ	反射光の強さが一定の値に到達するまで処理を繰り返します.
ループ	カラーセンサー・周辺の光の強さ	周辺の光の強さが一定の値に到達するまで処理を繰り返します.
スイッチ	カラーセンサー・測定・色	検出された色に応じて処理を切り替えます.
スイッチ	カラーセンサー・比較・色	選択した色の 1 つが検出されたかどうかにより，処理を切り替えます.
スイッチ	カラーセンサー・比較・反射光の強さ	反射光の強さに応じて処理を切り替えます.
スイッチ	カラーセンサー・比較・周辺の光の強さ	周辺の光の強さに応じて処理を切り替えます.

測定・比較・調整モードです．図5.6は，それぞれのモードに設定したセンサーブロックの様子です．利用できる入力値と出力値は，モードごとに異なります．表5.5は，カラーセンサーブロックのモードと対応する出力値をまとめたものです．また表5.6は，カラーセンサーブロックやカラーセンサーを使った待機ブロックで設定できる入力値をまとめたものです．

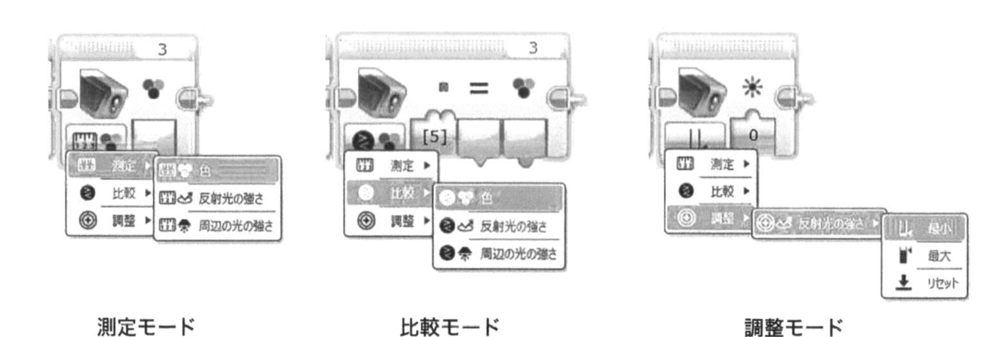

図5.6　カラーセンサーブロックの使い方

表5.5　カラーセンサーブロックのモードと出力値

モード	出力値
測定（色）	検出された色の色番号（0：色がない，1：黒，2：青，3：緑，4：黄，5：赤，6：白，7：茶）
測定（反射光の強さ）	光の強さをパーセント単位で出力します（0：反射しない，100：すべて反射する）．
測定（周辺光の強さ）	光の強さをパーセント単位で出力します（0：反射しない，100：すべて反射する）．
比較（色）	検出された色と設定した色との比較結果を真偽値で，検出された色を色番号で出力します．
比較（光の強さ）	検出された光の強さを設定した比較タイプでしきい値と比較します．比較結果を真偽値で，光の強さをパーセント単位で出力します．

表5.6　カラーセンサーで設定できる値

入力形式	可能な入力値
色のセット	0：色がない，1：黒，2：青，3：緑，4：黄，5：赤，6：白，7：茶
比較タイプ	0：=（～と等しい），1：≠（～と等しくありません），2：>（～超過），3：≥（～以上），4：<（～未満），5：≤（～以下）
しきい値	センサーデータと比較する値（0～100）
値	調整モードでの光の強さ（0～100）

カラーセンサーが色モードに設定されているときは，センサーに取り付けられている赤，緑，青のLEDがすべて点灯します．色モードで検出できる色は，黒，青，緑，黄，赤，白，茶の7色です．例えば，色モードのカラーセンサーを使うと，センサーを向けた方向にあるLEGOブロックの色を検出できます．これら7色でない色の物体は，「色がありません」として検出されるか，7色のうちの類似の色として検出される可能性があります．例えば，オレンジ色の物体は，オレンジ色の赤味の強弱によって赤または黄色として検出されたり，オレンジ色が暗い色調であったり，センサーからかなり離れている場合には茶や黒として検出される場合があります．

「反射光の強さ」モードのカラーセンサーは，センサーに入る光の強さを検出できます．光の強さは0から100の値で測定され，単位はパーセントです．0は極めて暗く，100は極めて明るい状態を表します．このモードのときは，センサー正面の赤色のLEDが点灯します．センサーの近くに物体がある場合には，この赤色が反射され，それをセンサーが検出します．色が濃ければセンサーに返ってくる赤色のLEDの反射が少なくなるので，物体の色の濃淡を測定できます．

「周辺の光の強さ」モードのカラーセンサーは，「反射光の強さ」モードのときと同様に，センサーに入る光の強さを検出します．光の強さは0から100のパーセント単位で測定され，0は極めて暗く，100は極めて明るい状態を表します．このモードのときは，センサー正面の青色のLEDが点灯します．このモードでは，室内光の輝度を検出したり，他のセンサーの光源が光る時点を検出することができます．これを利用して，室内のライトがオンになったことやロボットが強い光に照らされたことなどを検出できます．

「調整」モードのカラーセンサーは，プログラム内でカラーセンサーを調整できます．また，センサーの最小値や最大値を手動で入力できます．

カラーセンサーが検出した周辺の光の強さが10を超えたときに，インテリジェントブロックのステータスライトをオレンジ色に点灯させるプログラムを作成してみましょう．EV3-SWでのプログラム例は図5.7のようになります．

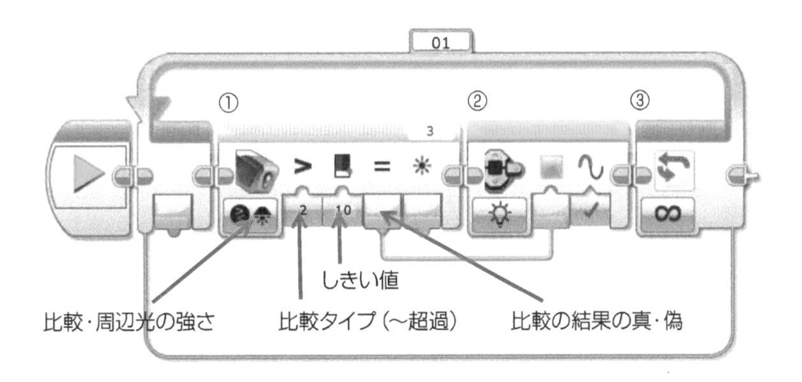

図 5.7　カラーセンサーブロックを使ったプログラム例

それぞれのブロックでは以下の処理を行っています．

ブロック①：カラーセンサーブロックで，「ポート：3」「モード：比較・周辺光の強さ」「比較タイプ：＞（超過）」「しきい値：10」を設定します．これにより，カラーセンサーが検出した周辺の光の強さが10を超えたときに，「比較結果：真」「照明：検出した光の強さ」が出力されます．

ブロック②：インテリジェントブロック ステータスライトブロックで「モード：オン」を設定します．比較の結果の真・偽の値をインテリジェントブロック ステータスライトブロックの色入力（0：緑，1：オレンジ，2：赤）へロジックデータワイヤーで接続します．これによりインテリジェントブロックのステータスライトが，比較の結果の真・偽の値に対応した色で光ります．

ブロック③：ループブロックで「モード：無限」を設定します．これにより，ループブロック内のブロック①②の処理を無限に繰り返します．

(b) 待機ブロックでの使い方とプログラム例

待機ブロックのモードセレクターにより，カラーセンサーを使った待機ブロックを設定できます．図5.8は，カラーセンサーを比較・変化のモードに設定した待機ブロックの様子です．なお，ループ・スイッチブロックでカラーセンサーを使う場合も，待機ブロックでカラーセンサーを使用する場合と同様に設定・使用できます．カラーセンサーの比較・変化のモードそれぞれにおいて，さらに，「色」「反射光の強さ」「周辺の光の強さ」モードが設定できるようになっています．ポートセレクターでカラーセンサーの接続されているインテリジェントブロックの入力ポート番号を設定します．

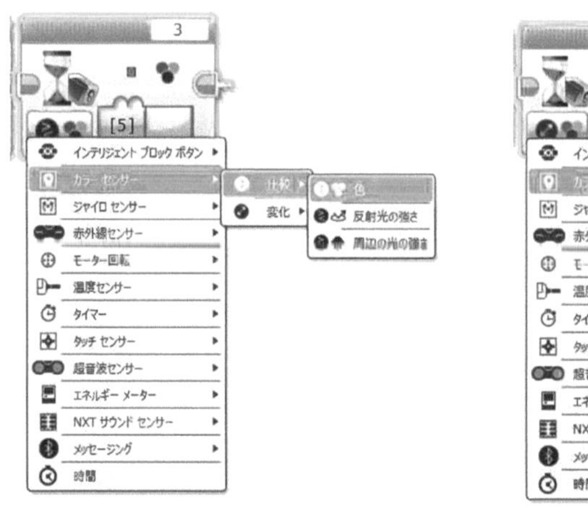

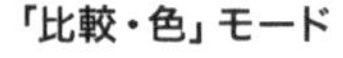
「比較・色」モード

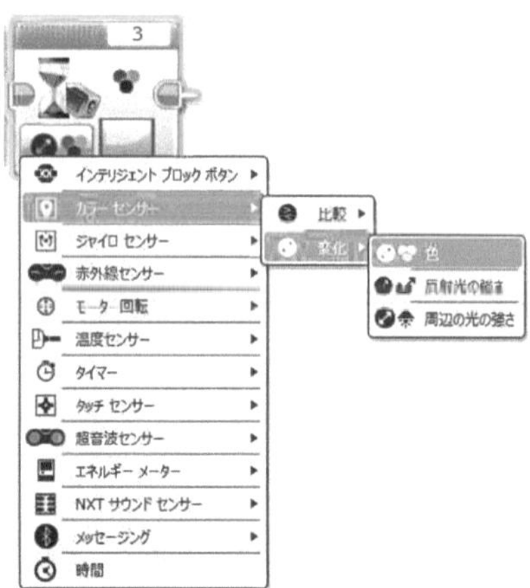

「変化・色」モード

図5.8　待機ブロックでの使い方

カラーセンサーを比較モードに設定し，さらにそのモードの中で「色」モードに設定すると，1つ以上の特定の色を検出するまで待機できます．比較タイプの入力のところで，1つ以上の色を設定すると，そのうちの1つが検出されるまで待機するようになります．また検出された色は，出力プラグから取り出すことができます．

待機ブロックの変化モードでは，センサーから継続的にデータを読み込み，それが異なる値に変化するか，指定した量だけ変化するまで待機します．このモードでは，ブロックの開始時点でセンサーの初期値を読み込み，センサーから継続的にデータを読み込みながら，その値が初期値から指定された変化量だけ変化するまで待機します．変化量，必要な変化の方向（増加，減少または両方向）を設定できます．また，最終的に測定されたセンサー値は，出力プラグから取り出すことができます．例えば，「カラーセンサー・変化・周辺光の強さ」モードでは，周辺の光の強さの値が 10 増加するまで待機できるようになります．

また「カラーセンサー・変化・色」モードでは，カラーセンサーにより検出された色番号が変化するまで待機できます．

ロボットを前進させて，ロボットがカラーセンサーで反射光の強さを測定し，その測定値が 50 よりも小さくなると，ロボットがその場で止まるプログラムを作成してみましょう．EV3-SW でのプログラム例，図 5.9 のようになります．ここでは，待機ブロックのモードセレクターで，「カラーセンサー・比較・反射光の強さ」モードに設定しています．

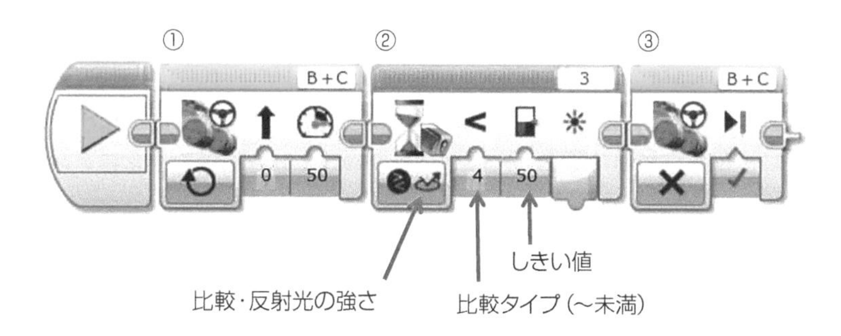

図 5.9　待機ブロック（カラーセンサーモード）を使ったプログラム例

それぞれのブロックでは以下の処理を行っています．

ブロック①：ステアリングブロックで，「ポート：B,C」「モード：オン」「ステアリング：0」「パワー：50」を設定します．これによりロボットを前進させます．このとき，モーターは出力ポート B と C に接続しておきます．

ブロック②：待機ブロックで，「ポート：3」「モード：カラーセンサー・比較・反射光の強さ」「比較タイプ：＜（未満）」「しきい値：50」を設定します．これにより入力ポート 3 に接続されたカラーセンサーで測定した反射光の強さが 50 よりも小さくなるまで待機させます．

ブロック③：ステアリングブロックで，「ポート：B,C」「モード：オフ」「ブレーキ方法：真」を設定します．これにより，カラーセンサーで測定した反射光の強さが 50 よりも小さくなると，ブレーキをかけて前進していたロボットを停止させます．

(2) Python による記述

図 5.7 で示した EV3-SW でのプログラムと同じ動作をするプログラムを Python で書くと，プロ

グラムリスト 5.3 のようになります．

▶| プログラムリスト 5.3 | カラーセンサーによりステータスライトを点灯させる Python プログラム

```
 1 #!/usr/bin/env pybricks-micropython
 2 from common import *
 3
 4 ev3 = EV3Brick()
 5
 6 color_sensor = ColorSensor(Port.S3)
 7
 8 while True:
 9     b_color = Color.ORANGE if color_sensor.ambient() > 10 else Color.GREEN
10     ev3.light.on(b_color)
11     wait(10)
```

このプログラムでは以下の処理を行っています．

4 行目：EV3 に搭載されているボタンを扱うため，ev3 という名前のインスタンスを生成をしています．

6 行目：入力ポート 3（Port.S3）に接続したカラーセンサーのインスタンスを生成し，それを color_sensor で表しています．（ブロック ①）

8 行目：while 文で無限に繰り返す処理を設定しています．（ブロック ③）

9 行目：if 文を 1 行で記述できる**三項演算子**（**条件演算子**）と呼ばれる書き方を使っています．この 1 行で，color_sensor.ambient() により取得したカラーセンサーの出力値が 10 を超えると，変数 b color に Color.ORANGE という値を，超えない場合は Color.GREEN という値を代入しています．インテリジェントブロックのステータスライトを点灯させる色（緑，オレンジ）を指定するために，それぞれ Color.GREEN，Color.ORANGE という値が用意されています．（ブロック ①）

10 行目：変数 b_color の値を使って，インテリジェントブロックのステータスライトを点灯させています．点灯させる命令は ev3.light.on() です．引数として，点灯させる色を指定します．（ブロック ②）

11 行目：カラーセンサーの出力値を安定して取得するために，wait() で 10 ミリ秒待機させています．

三項演算子

Python の条件文の書き方の 1 つで，これを使うと if 文を 1 行で記述でき，コードをすっきり書くことができます．三項演算子は，

条件式が真のときに評価される式 if 条件式 else 条件式が偽のときに評価される式

のように書きます．

例えば，変数 a が奇数か偶数かによって，奇数なら odd と表示，偶数から even と表示します．コードは，三項演算子を使って以下のように書けます．以下の例では，a=1 なので，「odd」と表示されます．

```
a = 1
result = 'even' if a % 2 == 0 else 'odd'
print(result)
```

三項演算子の部分を，通常の if 文での書き方で書くと，

```
if a % 2 == 0:
    print('even')
else:
    print('odd')
```

のようになります．

図 5.9 で示した EV3-SW でのプログラムと同じ動作をするプログラムを Python で書くと，プログラムリスト 5.4 のようになります．

▶| プログラムリスト 5.4 | 前進するロボットをカラーセンサーにより停止する Python プログラム

```
1  #!/usr/bin/env pybricks-micropython
2  from common import *
3
4  color_sensor = ColorSensor(Port.S3)
5
6  left_motor = Motor(Port.B)
7  right_motor = Motor(Port.C)
8  robot = DriveBase(left_motor, right_motor, wheel_diameter=56, axle_track
   =118)
9
10 robot.drive(50, 0)
11
```

```
12 while True:
13     if color_sensor.reflection() < 10 :
14         break
15
16 robot.stop(Stop.BRAKE)
17 wait(1000)
```

このプログラムでは以下の処理を行っています．

4 行目：カラーセンサーのインスタンスを作成しています．

6〜8 行目：ロボットの DriveBase インスタンスを作成しています．

10 行目：robot.drive() により，移動速度を 50 mm/s，旋回角速度を 0 deg/s に設定して，2 つのモーターを動かしています．（ブロック①）

12〜14 行目：while 文で無限に繰り返す処理を設定しています．if 文で「反射光の強さ」モードのカラーセンサーからの出力値が 10 未満になれば，14 行目の break 文により，while 文の無限ループから抜け出すように設定しています．（ブロック②）

16 行目：robot.stop() により 2 つのモーターにブレーキをかけています．ブレーキをかける操作は Stop.BRAKE によって指定します．（ブロック③）

5.4 ジャイロセンサーを使おう

ジャイロセンサーは，ある 1 つの軸まわりの回転運動を検出できます．図 5.10 のようにジャイロセンサーを，青色の軸を中心に緑色の矢印の向き（時計回り）に回転させると，単位 deg/s で正の値の回転角速度を出力します．意図した方向の回転運動を測定するためには，ジャイロセンサーの回転軸

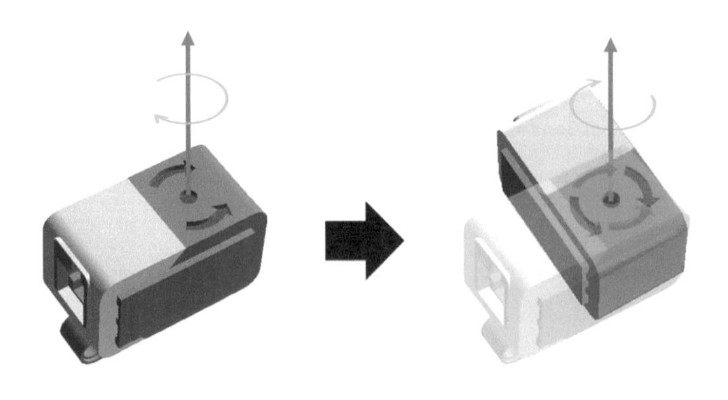

図 5.10 ジャイロセンサーで測定できる回転方向

に注意して，ロボットに装着する必要があります．さらに，ジャイロセンサーから得られた回転角速度を足し合わせて（**積分**して），回転角度を検出することもできます．例えば，ロボットがどの程度旋回したかを検出できます．

ジャイロセンサーを使うときには以下の点に注意してください．

- ジャイロセンサーをインテリジェントブロックに接続するときには，「ずれ」を最小化するため，静止した状態で接続しましょう．
- ジャイロセンサーの測定値は，時間の経過とともに正確さが失われていきます．正確な測定値を得るためには，測定したい運動の前にリセットしましょう．

(1) EV3-SW による記述

ジャイロセンサーをセンサーブロックで使用する場合と，ループ・スイッチ・待機ブロックの中で使用する場合における使用例をまとめると表5.7のようになります．また，表5.8は，ジャイロセンサーブロックやジャイロセンサーを使った待機ブロックで設定できる入力値をまとめたものです．

表 5.7 EV3-SW のいろいろなブロックにおけるジャイロセンサーの使用例

ブロック	モード	使用例
待機	ジャイロセンサー・比較	回転角度または回転角速度が一定の値に到達するまで待機します．
待機	ジャイロセンサー・変化	回転角度または回転角速度が一定量変化するまで待機します．
ループ	ジャイロセンサー	回転角度や回転角速度が一定の値に達するまでブロックの処理を繰り返します．
スイッチ	ジャイロセンサー	回転角度や回転角速度に基づいた2つのブロックの処理から選択します．
ジャイロセンサー	測定	回転角度や回転角速度を測定し，数値データワイヤーで結果を取得します．
ジャイロセンサー	比較	回転角度や回転角速度をしきい値と比較し，ロジックデータワイヤーで結果を取得します．
ジャイロセンサー	リセット	回転角度をゼロにリセットします．

表 5.8 ジャイロセンサーで設定できる値

入力形式	可能な入力値
比較タイプ	0：＝（〜と等しい），1：≠（〜と等しくありません），2：>（〜超過），3：≥（〜以上），4：<（〜未満），5：≤（〜以下）
しきい値	センサーデータと比較する値（0〜100）

(a) センサーブロックでの使い方とプログラム例

ジャイロセンサーブロックは，ジャイロセンサーからのデータを取得できます．ブロックの最上部にあるポートセレクターに，ジャイロセンサーが接続されているインテリジェントブロックの入力ポート番号を入力します．センサーブロックのモードを選択するために，モードセレクターを使用します．ジャイロセンサーのモードには，「測定」「比較」「リセット」モードがあります．図 5.11 は，それぞれのモードに設定された状態のセンサーブロックの様子を表しています．利用できる入力値と出力値は，モードごとに異なります．これらのモードの中で，さらにモードの設定ができるようになっています．

「測定」モードの中には「角度」「角速度」「角度および角速度」モードがあります．表 5.9 は，ジャイロセンサーブロックの測定・比較モードにおける出力値をまとめたものです．

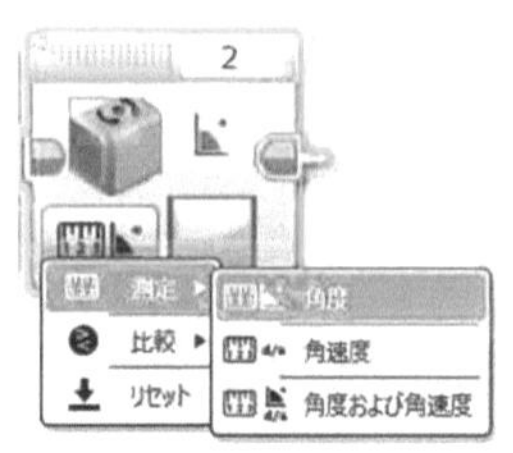

測定モード

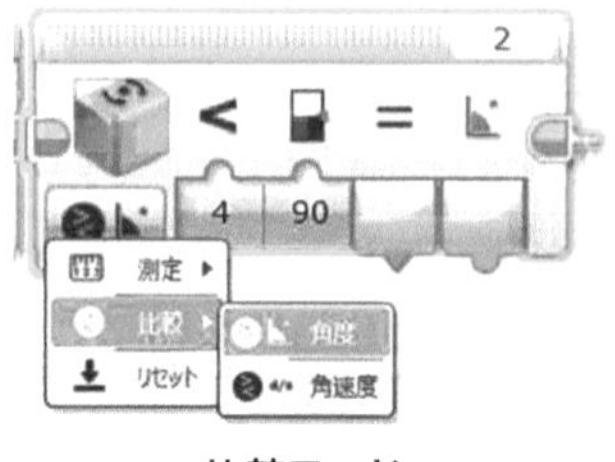

比較モード

リセットモード

図 5.11　ジャイロセンサーブロックの使い方

表 5.9　ジャイロセンサーブロックのモードと出力値

モード	タイプ	出力値
角度	数値	回転角度を出力します．最後にリセットしたときからの回転角度を測定します．
角速度	数値	回転角速度を出力します．
比較結果	ロジック	比較モードにおける真・偽の結果を出力します．

- 「測定・角度」モードは，回転角度を出力します．回転角度はセンサーがリセットされた時点から測定が開始されます．
- 「測定・角速度」モードは，回転角速度を出力します．
- 「測定・角度とおよび角速度」モードは，回転角度と回転角速度を出力します．

「比較」モードの中には，「角度」「角速度」モードがあります．

- 「比較・角度」モードは，設定した比較タイプで回転角度をしきい値と比較して，真・偽の結果と回転角度を出力します．
- 「比較・角速度」モードは，設定した比較タイプで回転角速度をしきい値と比較して，真・偽の結果と回転角速度を出力します．

「リセット」モードは，センサーの回転角度を 0（ゼロ）にリセットします．回転角度の測定では，測定開始時に必ずこのモードを設定して，回転角度を 0 にリセットする必要があります．

ジャイロセンサーが 90 deg/s を超える回転角速度を検出すれば，インテリジェントブロックのステータスライトをオレンジ色に点灯させるプログラムを作成してみましょう．EV3-SW でのプログラム例は図 5.12 のようになります．

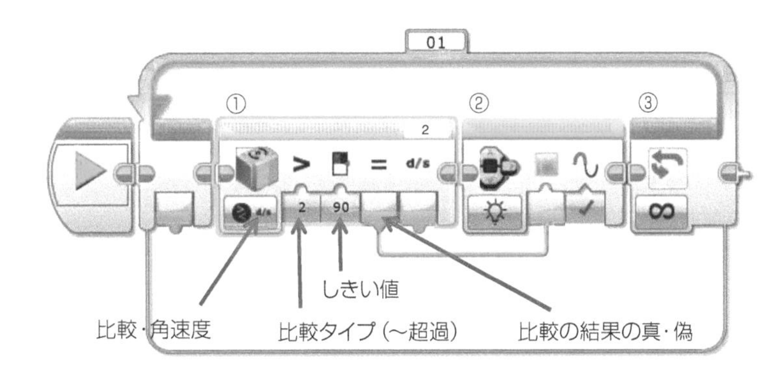

図 5.12　ジャイロセンサーブロックを使ったプログラム例

それぞれのブロックでは以下の処理を行っています．

ブロック ①：ジャイロセンサーブロックで，「ポート：2」「モード：比較・角速度」「比較タイプ：＞（超過）」「しきい値：90」を設定します．これにより，ジャイロセンサーが検出した回転角速度が 90 deg/s を超えたときに，「比較結果：真」「角速度：測定した回転角速度 (deg/s)」が出力されます．

ブロック ②：インテリジェントブロック ステータスライトブロックで「モード：オン」を設定します．比較の結果の真・偽の値をインテリジェントブロック ステータスライトブロックの色入力（0：緑，1：オレンジ，2：赤）へロジックデータワイヤーで接続します．これによりインテリジェントブロックのステータスライトが，比較の結果の真・偽の値に対応した色で光ります．

ブロック ③：ループブロックで「モード：無限」を設定します．これにより，ループブロック内のブロック ①②の処理を無限に繰り返します．

(b) 待機ブロックでの使い方とプログラム例

待機ブロックのモードセレクターにより，ジャイロセンサーを使った待機ブロックを設定できます．図 5.13 は，ジャイロセンサーを比較・変化のモードに設定した待機ブロックの様子を表しています．なお，ループ・スイッチブロックでジャイロセンサーを使用する場合も，待機ブロックでジャイロセンサーを使用する場合と同様に設定・使用できます．ジャイロセンサーの比較・変化のモードそれぞ

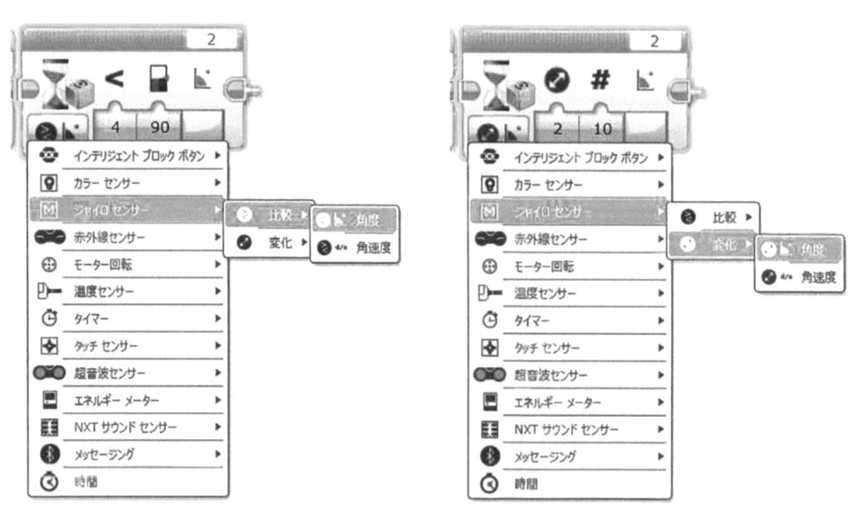

図 5.13　待機ブロックでの使い方

れにおいて，さらに「角度」「角速度」モードが設定できるようになっています．

例えば，ジャイロセンサーを比較モードに設定し，さらにそのモードの中で「角度」モードに設定して，比較タイプの入力で「<」を選択し，しきい値の入力で「ある角度の値」を設定すると，回転角度がある設定した角度になるまで待機できます．

ロボットをその場で回転させて，ロボットの向きが 90 度変わるとその場で止まるプログラムを作成してみましょう．EV3-SW でのプログラム例は図 5.14 のようになります．ジャイロセンサーを変化モードに設定し，さらにそのモードの中で「角度」モードに設定して，方向の入力で「両方向」を選択し，量の入力で「90」を設定すると，回転角度が 90 度変化するまで待機します．

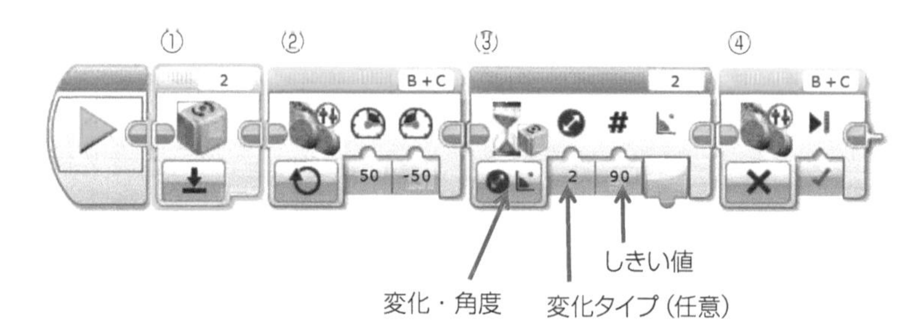

図 5.14　待機ブロック（ジャイロセンサーモード）を使ったプログラム例

それぞれのブロックでは以下の処理を行っています．

ブロック ①：ジャイロセンサーブロックで，「ポート：2」「モード：リセット」を設定します．これにより，測定した回転角度を 0 deg にリセットします．

ブロック ②：タンクブロックで，「ポート：B,C」「モード：オン」「左側パワー：50」「右側パワー：

−50」を設定します．これによりロボットをその場で回転させます．このとき，モーターは出力ポートBとCに接続しておきます．

ブロック③：待機ブロックで，「ポート：2」「モード：ジャイロセンサー・変化・角度」「変化タイプ：2（任意）」「しきい値：90」を設定します．これにより入力ポート2に接続されたジャイロセンサーにより測定された角度が90度変化するまで待機させます．

ブロック④：タンクブロックで，「ポート：B,C」「モード：オフ」「ブレーキ方法：真」を設定します．これにより，測定された角度が90度変化したあとに，モーターにブレーキをかけてロボットを停止させます．

(2) Pythonによる記述

図5.12で示したEV3-SWでのプログラムと同じ動作をするプログラムをPythonで書くと，プログラムリスト5.5のようになります．

▶| プログラムリスト5.5 | ジャイロセンサーによりステータスライトを点灯させるPythonプログラム

```
1  #!/usr/bin/env pybricks-micropython
2  from common import *
3
4  ev3 = EV3Brick()
5
6  gyro_sensor = GyroSensor(Port.S2)
7
8  while True:
9      b_color = Color.ORANGE if gyro_sensor.speed() > 90 else Color.GREEN
10     ev3.light.on(b_color)
11     wait(10)
```

このプログラムでは，以下の処理を行っています．

4行目：EV3に搭載されているボタンを扱うため，ev3という名前のインスタンスを生成をしています．

6行目：入力ポート2（Port.S2）に接続したジャイロセンサーのインスタンスを生成し，それをgyro_sensorで表します．（ブロック①）

8行目：while文で無限に繰り返す処理を設定しています．（ブロック③）

9行目：三項演算子を使って，gyro_sesnsor.speed()により取得したジャイロセンサーからの回転角速度の出力値が90を超えると，変数b_colorにColor.ORANGEという値が，超えない場合は，Color.GREENという値を代入しています．（ブロック①）

10行目：変数b_colorの値を使って，インテリジェントブロックのステータスライトを点灯させています．点灯させる命令はev3.light.on()です．引数として，点灯させる色を

指定します．（ブロック ②）

11 行目：ジャイロセンサーの出力値を安定して取得するために，wait() で 10 ミリ秒待機させています．

図 5.14 で示した EV3-SW でのプログラムと同じ動作をするプログラムを Python で書くと，プログラムリスト 5.6 のようになります．

▶| プログラムリスト 5.6 | その場で回転するロボットをジャイロセンサーにより停止する Python プログラム

```
 1 #!/usr/bin/env pybricks-micropython
 2 from common import *
 3
 4 gyro_sensor = GyroSensor(Port.S2)
 5
 6 left_motor = Motor(Port.B)
 7 right_motor = Motor(Port.C)
 8 robot = DriveBase(left_motor, right_motor, wheel_diameter=56, axle_track
   =118)
 9
10 gyro_sensor.reset_angle(0)
11
12 robot.drive(0, 45)
13
14 while True:
15     if gyro_sensor.angle() > 90 :
16         break
17
18 robot.stop(Stop.BRAKE)
19 wait(1000)
```

このプログラムでは以下の処理を行っています．

4 行目：ジャイロセンサーのインスタンスを生成しています．（ブロック ①）

6〜8 行目：ロボットの DriveBase インスタンスを生成しています．（ブロック ②）

10 行目：gyro_sensor.reset_angle() によって，ジャイロセンサーからの回転角速度の初期値を 0 にしています．ブロック ① をモードセレクターによりリセットモードに設定していることに相当します．

12 行目：robot.drive() により，移動速度を 0 mm/s，旋回角速度を 45 deg/s に設定して，2 つのモーターを動かし，その場で回転させています．（ブロック ②）

14〜16 行目：while 文で無限に繰り返す処理を設定しています．gyro_sensor.angle() により取得した「変化・角度」モードのジャイロセンサーからの出力値が 90 より大きくなれば，16 行目の break 文により，while 文の無限ループから抜け出すように設定しています．（ブロック ③）

18 行目： robot.stop() により 2 つのモーターにブレーキをかけています．ブレーキをかける操作は Stop.BRAKE によって指定します．（ブロック ④）

5.5 超音波センサーを使おう

超音波センサーは，超音波を使ってセンサーの正面にある物体までの距離を測定します．物体までの距離は，音波を送信し，その音が反射してセンサーに戻ってくるまでの時間から測定しています．送信される音波の周波数は，人間には聞こえないくらいの高周波の音（**超音波**）になっています．超音波センサーを使うことで，例えば，ロボットを壁から一定の距離で停止させることができます．また，付近で別の超音波センサーが作動しているかどうかを検出することもできます．

(1) EV3-SW による記述

超音波センサーをセンサーブロックで使用する場合と，ループ・スイッチ・待機ブロックの中で使用する場合における使用例をまとめると表 5.10 のようになります．また，表 5.11 は，超音波センサーブロックや超音波センサーを使った待機ブロックで設定できる出力をまとめたものです．

(a) センサーブロックでの使い方とプログラム例

ブロックの最上部にあるポートセレクターに，超音波センサーが接続されているインテリジェントブロックの入力ポート番号を入力します．センサーブロックのモードを選択するために，モードセレクターを使用します．超音波センサーのモードには，「測定」「比較」モードがあります．これらのモードの中で，さらにモードの設定ができるようになっています．

「測定」モードの中に，さらに「距離（cm）」「距離（インチ）」「存在」「拡張機能」モードがあります．図 5.15 は，それぞれのモードに設定された状態のセンサーブロックの様子を表しています．利用できる入力値と出力値は，モードごとに異なります．表 5.12 はセンサーブロックの測定・比較モードにおける入力値をまとめたものです．

- 「測定・距離（cm）」モードは，距離をセンチメートル単位で出力します．
- 「測定・距離（インチ）」モードは，距離をインチ単位で出力します．
- 「測定・存在」モードは，他の超音波センサーの超音波信号を探査します．センサーブロックの出力は，超音波信号が検出された場合は真となり，そうでない場合は偽となります．
- 「測定・拡張機能・センチメートル」モードは，測定モードの入力で，信号を単一に送信するか，連続に送信するかを選択して，距離をセンチメートル単位で出力します．
- 「測定・拡張機能・インチ」モードは，測定モードの入力で，信号を単一に送信するか，連続に送信するかを選択して，距離をインチ単位で出力します．

表 5.10　EV3-SW のいろいろなブロックにおける超音波センサーの使用例

ブロック	モード	使用例
待機	超音波センサー・比較・距離	距離が一定の値に達するまで待機します．
待機	超音波センサー・比較・存在	「探査専用」モードで，超音波シグナルが検出されるまで待機します．
待機	超音波センサー・変化・距離	距離が一定量変化するまで待機します．
ループ	超音波センサー・比較・距離	距離が一定の値に達するまで，ブロックの処理を繰り返します．
ループ	超音波センサー・比較・存在	超音波シグナルが「探査専用」モードで検出されたかどうかにより，ブロックの処理を繰り返します．
ループ	超音波センサー・変化・距離	距離が一定量変化するまで，ブロックの処理を繰り返します．
スイッチ	超音波センサー・比較・距離	距離によって，2 つのブロックの処理から選択します．
スイッチ	超音波センサー・比較・存在	「探査専用」モードで超音波シグナルが検出されたかどうかによって，2 つのブロックの処理から選択します．
超音波センサー	測定・距離	距離を測定し，数値データワイヤーで結果を取得します．
超音波センサー	測定・存在	「探査専用」モードで他の超音波シグナルを探査し，ロジックデータワイヤーで結果を取得します．
超音波センサー	比較・距離	「探査専用」モードで他の超音波シグナルを探査し，ロジックデータワイヤーで結果を取得します．
超音波センサー	比較・存在	「探査専用」モードで他の超音波シグナルを探査し，ロジックデータワイヤーで結果を取得します．
超音波センサー	測定・拡張機能	「測定 - 距離」モードと似た機能ですが，複数の超音波センサーを使う場合には干渉を避けるため ping モードを選択します．

表 5.11　超音波センサーブロックのモードと出力値

モード	タイプ	出力値
距離 (cm)	数値	距離（cm）（0〜255 cm）を出力します．
距離（インチ）	数値	距離（インチ）（0〜100インチ）を出力します．
存在	ロジック	超音波シグナルが検出された場合は真，そうでない場合は偽を出力します．
比較結果	ロジック	比較モードの真・偽の結果を出力します．

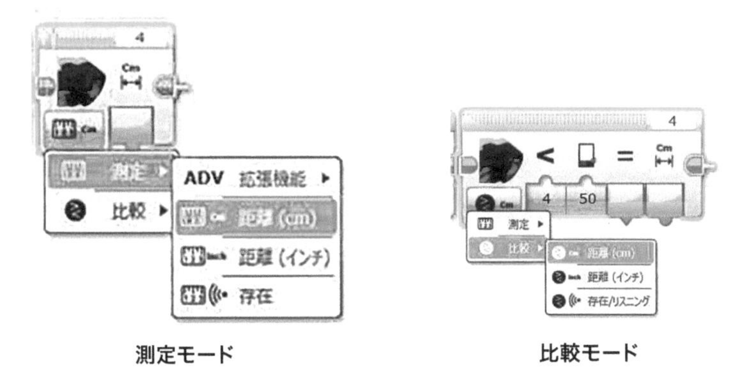

図 5.15　超音波センサーブロックの使い方

表 5.12　超音波センサーで設定できる値

入力形式	可能な入力値
比較タイプ	0：＝ (～と等しい)，1：≠ (～と等しくありません)，2：>(～超過)，3：≥ (～以上)，4：<(～未満)，5：≤ (～以下)
しきい値	センサーデータと比較する値（0～100）

なお，「測定・距離（cm)」モードと「測定・距離（インチ)」モードでは，センサーは常に超音波信号を送信しています．

「比較」モードの中に，さらに「距離（cm)」「距離（インチ)」「存在／リスニング」モードがあります．

- 「比較・距離（cm)」モードは，設定した比較タイプを使って距離（cm）をしきい値と比較し，真・偽の結果と，距離をセンチメートル単位で出力します．
- 「比較・距離（インチ)」モードは，設定した比較タイプを使って距離（インチ）をしきい値と比較し，真・偽の結果と，距離をインチ単位で出力します．
- 「比較・存在／リスニング」モードは，自分から超音波を出さずに他のセンサーからの超音波信号を探査します．信号が検出された場合は真を，そうでない場合は偽を出力します．

超音波センサーが 50 より小さい距離を検出すれば，インテリジェントブロックのステータスライトをオレンジ色に点灯させるプログラムを作成してみましょう．EV3-SW でのプログラム例は図 5.16 のようになります．

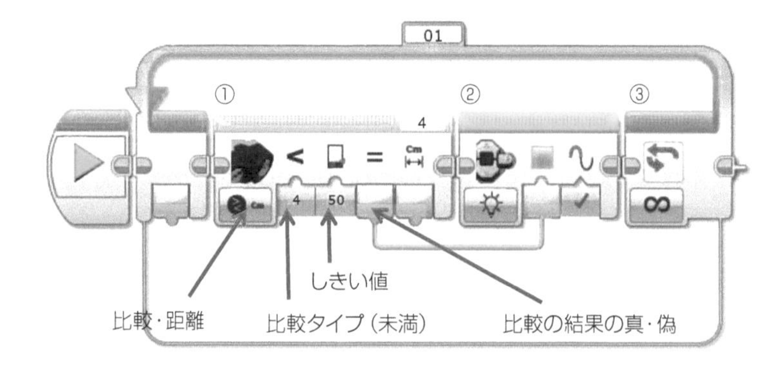

図 5.16　超音波センサーブロックを使ったプログラム例

それぞれのブロックでは以下の処理を行っています．

ブロック ①：超音波センサーブロックで，「ポート：4」「モード：比較・距離」「比較タイプ：<（未満）」「しきい値：50」を設定します．これにより，超音波センサーで測定した距離が 50 cm を超えたときに，「比較結果：真」「距離：測定した距離 (cm)」が出力されます．

ブロック ②：インテリジェントブロック ステータスライトブロックで「モード：オン」を設定します．比較の結果の真・偽の値をインテリジェントブロック ステータスライトブロックの色入力（0：緑，1：オレンジ，2：赤）へロジックデータワイヤーで接続します．これによりインテリジェントブロックのステータスライトが，比較の結果の真・偽の値に対応した色で光ります．

ブロック ③：ループブロックで「モード：無限」を設定します．これにより，ループブロック内のブロック ①②の処理を無限に繰り返します．

(b) 待機ブロックでの使い方とプログラム例

待機ブロックのモードセレクターにより，超音波センサーを使った待機ブロックを設定できます．図 5.17 は，超音波センサーを比較・変化のモードに設定した待機ブロックの様子を表しています．なお，ループ・スイッチブロックで超音波センサーを使う場合も，待機ブロックで超音波センサーを使用する場合と同様に設定・使用できます．超音波センサーの「比較」モードでは，さらに，「距離（cm）」「距離（インチ）」「存在／リスニング」モードが設定できるようになっています．超音波センサーの「変化」モードでは，さらに，「距離（cm）」「距離（インチ）」モードが設定できるようになっています．

超音波センサーを比較モードに設定し，さらにそのモードの中で「存在」モードに設定すると，超音波センサーは近くの別の超音波センサーからのシグナルを検出するまで待機できます．

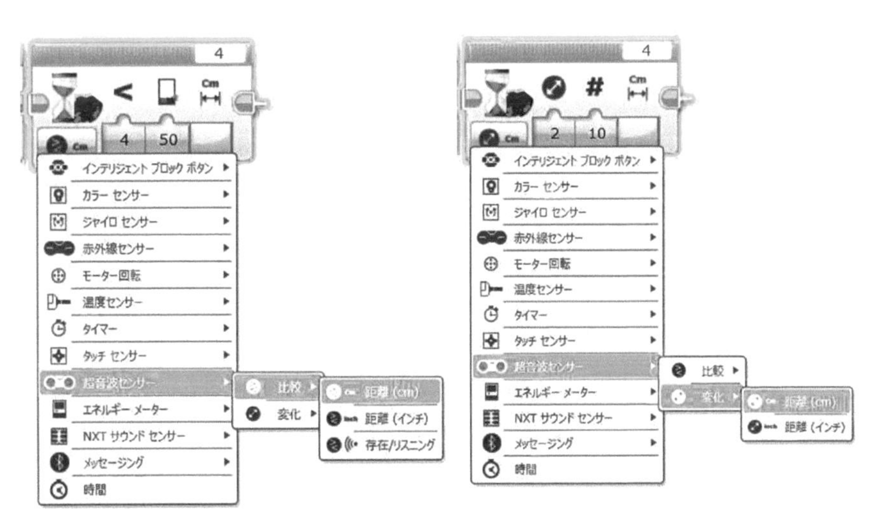

図 5.17　待機ブロックでの使い方

ロボットを前進させて，ロボットが超音波センサーでロボットの前方にある物体までの距離を測定し，その測定値が 50 cm よりも小さくなると，ロボットがその場で止まるプログラムを作成してみましょう．EV3-SW でのプログラム例は図 5.18 のようになります．

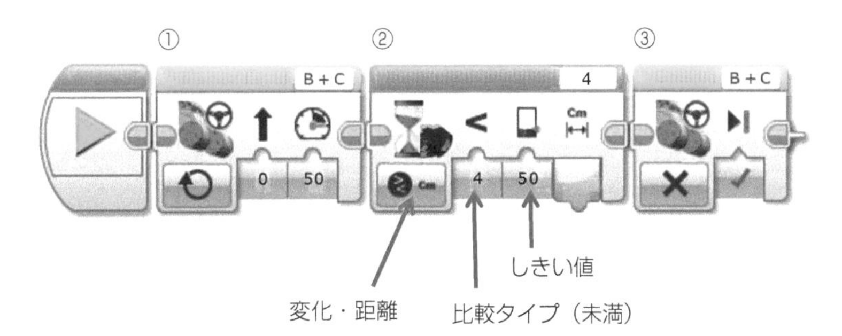

図 5.18　待機ブロック（超音波センサーモード）を使ったプログラム例

それぞれのブロックでは以下の処理を行っています．

ブロック ①： ステアリングブロックで，「ポート：B,C」「モード：オン」「ステアリング：0」「パワー：50」を設定します．これによりロボットを前進させます．このとき，モーターは出力ポート B と C に接続しておきます．

ブロック ②： 待機ブロックで，「ポート：4」「モード：超音波センサー・変化・距離」「比較タイプ：＜（未満）」「しきい値：50」を設定します．これにより入力ポート 3 に接続された超音波センサーで測定された距離が 50 cm 未満の間，待機させます．

ブロック ③： ステアリングブロックで，「ポート：B,C」「モード：オフ」「ブレーキ方法：真」を設定します．これにより，超音波センサーで測定した距離が 50 cm 以上になると，モーターにブレーキをかけてロボットを停止させます．

(2) Python による記述

図 5.16 で示した EV3-SW でのプログラムと同じ動作をするプログラムを Python で書くと，プログラムリスト 5.7 のようになります．

▶| プログラムリスト 5.7 | 超音波センサーによりステータスライトを点灯させる Python プログラム

```
 1 #!/usr/bin/env pybricks-micropython
 2 from common import *
 3
 4 ev3 = EV3Brick()
 5
 6 ultrasonic_sensor = UltrasonicSensor(Port.S4)
 7
 8 while True:
 9     b_color = Color.ORANGE if ultrasonic_sensor.distance() > 500 else Color.
       GREEN
10     ev3.light.on(b_color)
11     wait(10)
```

このプログラムでは，以下の処理を行っています．

4 行目：EV3 に搭載されているボタンを扱うため，ev3 という名前のインスタンスを生成をしています．

6 行目：超音波センサーのインスタンスを作成しています．（ブロック ①）

8 行目：while 文で無限に繰り返す処理を設定しています．（ブロック ③）

9 行目：三項演算子を使って，ultrasonic_sesnsor.distance() により取得した超音波センサーからの出力値が 500 mm を超えると，変数 b_color に Color.ORANGE という値を，越えない場合は，Color.GREEN という値を代入しています．

10 行目：変数 b_color の値（超音波センサーの状態を表す値）を使って，インテリジェントブロックのステータスライトを点灯させています．点灯させる命令は ev3.light.on() で，引数として点灯させる色を指定します．（ブロック ②）

11 行目：超音波センサーの出力値を安定して取得するために，wait() で 10 ミリ秒待機させています．

図 5.18 で示した EV3-SW でのプログラムと同じ動作をするプログラムを Python で書くと，プログラムリスト 5.8 のようになります．

▶| プログラムリスト 5.8 | 前進するロボットを超音波センサーにより停止する Python プログラム

```
1  #!/usr/bin/env pybricks-micropython
2  from common import *
3
4  ultrasonic_sensor = UltrasonicSensor(Port.S4)
5
6  left_motor = Motor(Port.B)
7  right_motor = Motor(Port.C)
8  robot = DriveBase(left_motor, right_motor, wheel_diameter=56, axle_track
   =118)
9
10 robot.drive(50, 0)
11
12 while True:
13     if ultrasonic_sensor.distance() < 500 :
14         break
15
16 robot.stop(Stop.BRAKE)
17 wait(1000)
```

このプログラムでは，以下の処理を行っています．

4 行目 ： 入力ポート 4（Port.S4）に接続した超音波センサーのインスタンスを生成し，それを gyro_sensor で表しています．（ブロック ②）

6〜8 行目 ： ロボットの DriveBase インスタンスを生成しています．（ブロック ①）

10 行目 ： robot.drive() により，移動速度を 50 mm/s，旋回角速度を 0 deg/s に設定して，2 つのモーターを動かし，前進させています．（ブロック ①）

12 行目 ： while 文で無限に繰り返す処理を設定しています．

13, 14 行目 ： ultrasonic_sensor.distance() により取得した「測定・距離」モードの超音波センサーからの出力値が 500 未満になれば，14 行目の break 文により，while 文の無限ループから抜け出すように設定しています．このようにして超音波センサーの出力値が条件を満たすまで待機します．（ブロック ②）

16 行目 ： robot.stop() により 2 つのモーターにブレーキをかけています．ブレーキをかける操作は Stop.BRAKE によって指定します．（ブロック ③）

5.6 モーター回転センサーを使おう

モーター回転センサーは，モーターがどれだけ回転したかを測定できます．EV3では，モーター回転センサーはMモーター，Lモーターに内蔵されています．これらのモーターのセンサーは，回転の量（角度）を測定できます．また，モーター回転センサーを使って，現在，モーターが動いているパワーレベルを測定できます．モーター回転センサーを使用するときは，インテリジェントブロック（A，B，C，またはD）の出力ポートにモーターを接続しておかなければなりません．

モーター回転センサーは，いつでも測定値を0にリセットでき，リセットした時点からの回転量を測定値として出力します．モーターが正回転しているときは正の数値が，逆回転しているときは負の数値が回転量に足されます．

(1) EV3-SWによる記述

モーター回転センサーをセンサーブロックで使用する場合と，ループ・スイッチ・待機ブロックの中で使用する場合における使用例をまとめると表5.13のようになります．また表5.14は，モーター回転センサーブロックやモーター回転センサーを使った待機ブロックで設定できる出力をまとめたものです．

(a) センサーブロックでの使い方とプログラム例

ブロックの最上部にあるポートセレクターに，測定したいモーターが接続されているインテリジェントブロックの出力ポート（A，B，C，またはD）を入力します．モーター回転センサーブロックはセンサーとして機能しますが，出力ポートに接続されているモーターとともに使用する必要がありま

表5.13 EV3-SWのいろいろなブロックにおけるモーター回転センサーの使用例

ブロック	モード	使用例
待機	モーター回転・比較	回転センサーが一定の値（角度，回転数，または現在のパワー）に達するまで待機します．
待機	モーター回転・変化	回転センサーが一定の量（角度，回転数，または現在のパワー）だけ変化するまで待機します．
ループ	モーター回転	回転センサーが一定の値（角度，回転数，または現在のパワー）に達するまで，ブロックの処理を繰り返します．
スイッチ	モーター回転	回転センサー（角度，回転数，または現在のパワー）に従って，2つのブロックの処理から選択します．
モーター回転	測定	回転センサー（角度，回転数，または現在のパワー）を読み込み，数値データワイヤーで結果を取得します．
モーター回転	比較	回転センサー（角度，回転数，または現在のパワー）をしきい値と比較し，ロジックデータワイヤーで結果を取得します．
モーター回転	リセット	回転センサーの値（角度，回転数）を強制的に0にします．

表 5.14　モーター回転センサーブロックのモードと出力値

モード	タイプ	出力値
度	数値	回転角度を出力します．最後にリセットしたときからの回転角度を測定します．
回転	数値	回転数を出力します．最後にリセットしたときからの回転数を測定します．
現在のパワー	数値	現在のモーターのパワーレベル（−100〜100）です．
比較結果	ロジック	比較モードの真・偽の結果を出力します．

す．つまり，入力ポートにモーター回転センサーを接続することはできません．

センサーブロックのモードを選択するために，モードセレクターを使用します．モーター回転センサーのモードには，「測定」「比較」「リセット」モードがあります．図 5.19 は，それぞれのモードに設定された状態のセンサーブロックの様子を表しています．表 5.15 はセンサーブロックの測定・比較・リセットモードにおける入力値をまとめたものです．これらのモードの中で，さらにモードの設定ができるようになっています．

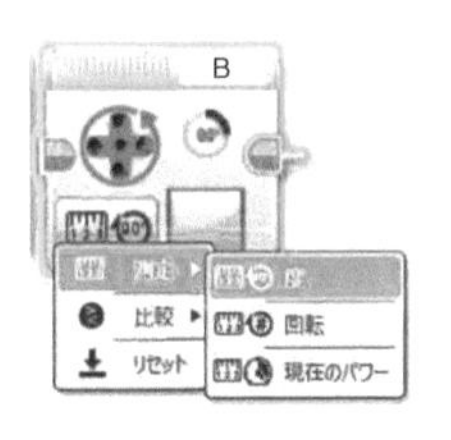

測定モード

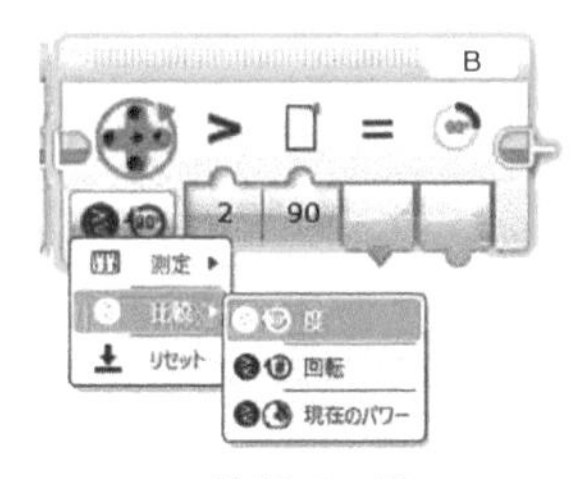

比較モード

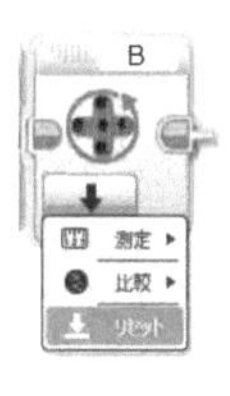

リセットモード

図 5.19　モーター回転センサーブロックの使い方

表 5.15　モーター回転センサーで設定できる値

入力形式	可能な入力値
比較タイプ	0 : = (〜と等しい)，1 : ≠(〜と等しくありません)，2 : >(〜超過)，3 : ≥ (〜以上)，4 : <(〜未満)，5 : ≤ (〜以下)
しきい値	センサーデータと比較する値 (0 〜 100)

「測定」モードの中は「度」「回転」「現在のパワー」モードがあります．

- 「測定・角度」モードは，現在のモーター回転量を回転角度として出力します．リセットモードでリセットしたときからの総回転量を出力します．
- 「測定・回転」モードは，現在のモーター回転量を回転数として出力します．リセットモードでリセットしたときからの総回転数を出力します．
- 「測定・現在のパワー」モードは，モーターの現在のパワーレベルを出力します．

「比較」モードは，センサーデータの種類（度，回転，現在のパワー）を選択できるようになっており，しきい値と比較できます．真・偽の結果は比較結果に出力され，センサーデータには選択したセンサーデータの種類の値が出力されます．

「リセット」モードは，回転量をゼロ（0 度または回転数 0）にリセットします．モーター回転センサーを使ったモーターの回転量の測定は，リセットされた位置からの変化量として測定されます．モーター回転センサーをリセットしても，パワーレベルやモーターの位置には影響を与えません．モーター回転センサーからの出力値だけが影響を受けます．

モーター回転センサーが 90 を超える角度を検出すれば，インテリジェントブロックのステータスライトをオレンジ色に点灯させるプログラムを作成してみましょう．EV3-SW でのプログラム例は図 5.20 のようになります．

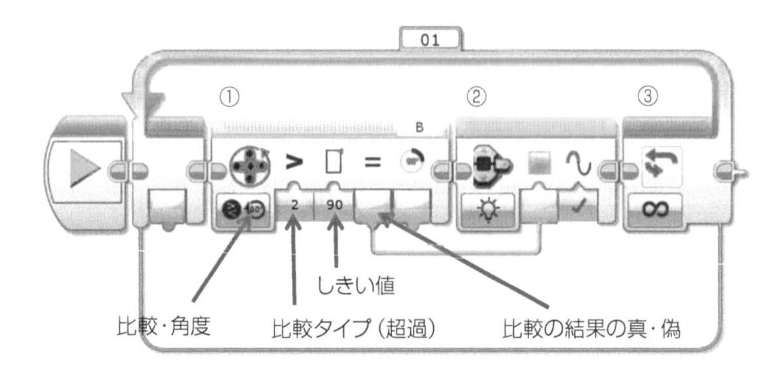

図 5.20　モーター回転センサーブロックを使ったプログラム例

それぞれのブロックでは以下の処理を行っています．

ブロック ①：モーター回転センサーブロックで，「ポート：B」「モード：比較・角度」「比較タイプ：>（超過)」「しきい値：90」を設定します．これにより，モーター回転センサーで測定した角度が 90 度を超えたときに，「比較結果：真」「距離：測定した角度 (deg)」が出力されます．

ブロック ②：インテリジェントブロック ステータスライトブロックで「モード：オン」を設定します．比較の結果の真・偽の値をインテリジェントブロック ステータスライトブロックの色入力（0:緑，1:オレンジ，2:赤）へロジックデータワイヤーで接続します．これによりインテリジェントブロックのステータスライトが，比較の結果の真・偽の値に対応した色で光ります．

ブロック ③：ループブロックで「モード：無限」を設定します．これにより，ループブロック内のブロック ① ② の処理を無限に繰り返します．

(b) 待機ブロックでの使い方とプログラム例

待機ブロックのモードセレクターにより，モーター回転センサーを使った待機ブロックを設定できます．モードセレクターでは最初に「モーター回転」を選択します．図 5.21 は，モーター回転センサーを比較・変化のモードに設定した待機ブロックの様子を表しています．なお，ループ・スイッチブロックでモーター回転センサーを使う場合も，待機ブロックでモーター回転センサーを使用する場合と同様に設定・使用できます．

モーター回転センサーの「比較」・「変化」モードでは，それぞれのモードにおいてさらに，「度」「回転」「現在のパワー」モードが設定できます．ブロックの最上部のポートセレクターで，モーター回転センサー（モーター）の接続されているインテリジェントブロックの出力ポート（A，B，C，または D）を設定します．

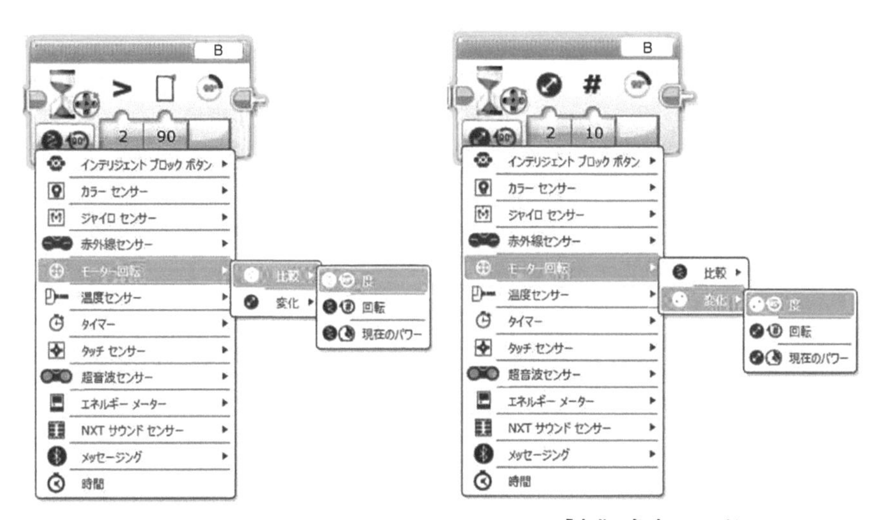

図 5.21　待機ブロックでの使い方

ロボットを前進させて，ロボットの車輪が 1 回転した時点で，ロボットがその場で止まるプログラムを作成してみましょう．EV3-SW でのプログラム例は図 5.22 のようになります．

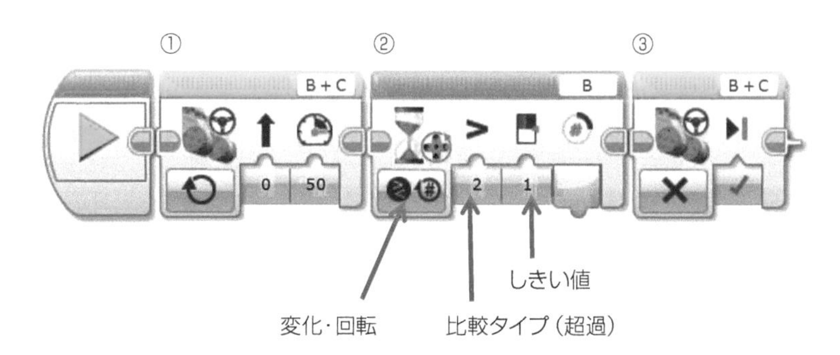

図 5.22　待機ブロック（モーター回転センサーモード）を使ったプログラム例

それぞれのブロックでは以下の処理を行っています.

ブロック ①：ステアリングブロックで,「ポート：B,C」「モード：オン」「ステアリング：0」「パワー：50」を設定します. これによりロボットを前進させます. このとき, モーターは出力ポート B と C に接続しておきます.

ブロック ②：待機ブロックで,「ポート：B」「モード：モーター回転センサー・変化・回転」「比較タイプ：>（超過）」「しきい値：1」を設定します. これにより出力ポート B に接続されたモーター回転センサーで測定された回転数が 1 よりも小さい間, 待機させます.

ブロック ③：ステアリングブロックで,「ポート：B,C」「モード：オフ」「ブレーキ方法：真」を設定します. これにより, モーター回転センサーで測定した回転数が 1 以上になると, モーターにブレーキをかけてロボットを停止させます.

(2) Python による記述

図 5.20 で示した EV3-SW でのプログラムと同じ動作をするプログラムを Python で書くと, プログラムリスト 5.9 のようになります.

▶| プログラムリスト 5.9 | モーター回転センサーによりステータスライトを点灯させる Python プログラム

```
 1 #!/usr/bin/env pybricks-micropython
 2 from common import *
 3
 4 ev3 = EV3Brick()
 5
 6 motor = Motor(Port.B)
 7
 8 motor.reset_angle(0)
 9 motor.stop()
10
11 while True:
12     b_color = Color.ORANGE if motor.angle() > 90 else Color.GREEN
13     ev3.light.on(b_color)
14     wait(10)
```

このプログラムでは, 以下の処理を行っています.

4 行目 ：EV3 に搭載されているボタンを扱うため, ev3 という名前のインスタンスを生成をしています.

6 行目 ：出力ポート B（Port.B）に接続した L モーターのインスタンスを生成し, それを motor

で表しています．（ブロック ①）

8 行目 ： L モーターのモーター回転センサーの値を motor.reset_angle() で 0 にリセットしています．

9 行目 ： motor.stop() によりモーターが回転しないように止めています．Stop.COAST を指定することで，モーターを手で回すことができます．

11 行目 ： while 文で無限に繰り返す処理を設定しています．（ブロック ③）

12 行目 ： 三項演算子を使って，motor.angle() により取得した L モーターのモーター回転センサーからの出力値が 90 度を超えると，変数 b_color に Color.ORANGE という値を，超えない場合は，Color.GREEN という値を代入しています．

13 行目 ： 変数 b_color の値（モーターの回転センサーの値）を使って，インテリジェントブロックのステータスライトを点灯させています．点灯させる命令は ev3.light.on() で，引数として点灯させる色を指定します．（ブロック ②）

14 行目 ： モーター回転センサーからの出力値を安定して取得するために，wait() で 10 ミリ秒待機させています．

図 5.22 で示した EV3-SW でのプログラムと同じ動作をするプログラムを Python で書くと，プログラムリスト 5.10 のようになります．

▶| プログラムリスト 5.10 | 前進するロボットをモーター回転センサーにより停止する Python プログラム

```
1  #!/usr/bin/env pybricks-micropython
2  from common import *
3
4  left_motor = Motor(Port.B)
5  right_motor = Motor(Port.C)
6  robot = DriveBase(left_motor, right_motor, wheel_diameter=56, axle_track
   =118)
7
8  left_motor.reset_angle(0)
9
10 robot.drive(50, 0)
11
12 while True:
13     if left_motor.angle() > 360 :
14         break
15     wait(10)
16
17 robot.stop(Stop.BRAKE)
18 wait(1000)
```

このプログラムでは，以下の処理を行っています．

4〜6 行目 ： ロボットの DriveBase インスタンスを生成しています．（ブロック ①）

8 行目 ： 左側の L モーターのモーター回転センサーの値を left_motor.reset_angle() で 0 にリセットしています．

10 行目 ： robot.drive() により，移動速度を 50 mm/s，旋回角速度を 0 deg/s に設定して，2 つのモーターを動かし前進させています．（ブロック ①）

12 行目 ： while 文で無限に繰り返す処理を設定しています．

13〜15 行目 ： left_motor.angle() により取得された L モーターのモーター回転センサーの出力値が 360 より大きくなった（モーターが 1 回転した）ときに，14 行目の break 文により，while 文の無限ループから抜け出すように設定しています．このようにしてモーター回転センサーの出力値が条件を満たすまで待機します．（ブロック ②）

17 行目 ： robot.stop() により 2 つのモーターにブレーキをかけています．ブレーキをかける操作は Stop.BRAKE によって指定します．（ブロック ③）

Chapter 6 オリジナルロボットを作ろう

オリジナル（自分だけの）ロボットを作る・動かすには，「力学」や「機構」についての知識が必要になります．またそれらの知識を理解するためには，数学に関するいくつかの知識も必要になります．本章では，これらの知識について説明します．

6.1 ロボット製作のための力学・機構

ロボットは，複数の剛体（変形しない物体）が組み合わされて作られています．ロボットが動く様子を数式で表すことを考えるときには，変形しない物体がどのように運動するかを数式で表さなければいけません．運動の様子を表すためには，物体の移動量と移動方向だけでなく，速度や加速度についても重要になりますが，これら物体の動きの変化はすべて物体に働く力によって生み出されます．このようなことを扱う学問分野は，**力学**（正確には，剛体の力学）になります．したがって，ロボットを正確に動かすためには，力学の知識が必要になります．また，ロボットを組み立てるときにも力学の知識が必要になります．例えば，車輪で移動するロボットが移動中に車輪が空回りしてしまうような場合に，車輪と床の間の摩擦を増やすために何かを工夫する必要があります．車輪と床の間の摩擦力を増やすための工夫としては，車輪につけたタイヤ表面の材質や形状を変える方法もあれば，車輪の垂直方向に加わる力を変える方法もあります．このような解決策を検討する場合に力学の知識が必要になります．

さらに，目的の作業を遂行できるロボット（機械）を作るには，その目的を実現できるような動きができるようにしなければいけません．このような機械の動きを作るしくみのことを**機構**といいます．私たちの身のまわりにあるいろいろな機械（時計，洗濯機，エアコン，プリンタ，自動車など）の中には，いろいろな機構が組み込まれています．目的の動きを作り出せる機構を決定するために，いくつかの基本的な機構についての知識が必要になります．

6.2 力学・機構のための数学的準備

6.2.1 ベクトル

力学について学ぶときに，まず必要となる数学的な道具は**ベクトル**です．力を数学的に表すためには，力の大きさだけでなく，力の働く向きも表さなければなりません．つまり力はベクトルによって表すことができます．ベクトルは大きさと向きを持った量です．ベクトルに対して，その大きさだけを表す量を**スカラー**といいます．高校で学ぶ物理では，「速さ」はスカラーで「速度」はベクトルで表すものと決められています．

図 6.1 のように，ベクトルを図で示すときには矢印を使います．矢印の長さがベクトルの大きさを表し，矢印の向きがベクトルの向きを表します．

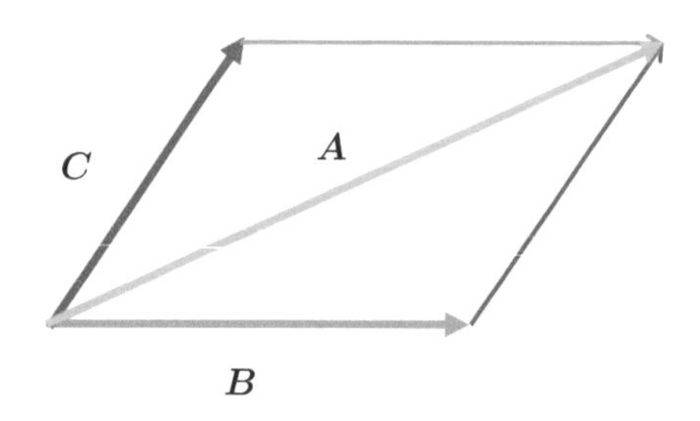

図 6.1　ベクトルの表し方

ベクトルを数学の記号で表すときは $\boldsymbol{A}$ のように太字にするか，$\vec{A}$ のように文字の上に矢印をつけた記号で表します．高校までは矢印をつけた記号で習いますが，この書き方は大学以降では使わず，$\boldsymbol{A}$ を使うことが一般的です．そのため，本書では $\boldsymbol{A}$ を使って説明します．ベクトルの大きさだけを表すときには，$|\boldsymbol{A}|$ のように表します．ベクトル $\boldsymbol{A}$ と大きさが同じで向きが平行で反対向きのベクトルを $-\boldsymbol{A}$ と表します．ベクトル $\boldsymbol{A}$ の大きさが k 倍で，平行で同じ向きのベクトルを $k\boldsymbol{A}$ と表します．2 つのベクトルは平行四辺形の法則によって合成（加算）できます．2 つのベクトル $\boldsymbol{B}, \boldsymbol{C}$ の起点を合わせて平行四辺形を描いたときにできる対角線が，合成（加算）されたベクトル $\boldsymbol{A}$ を表しています．あるベクトルから別のあるベクトルを減算するときは，基準となるベクトルの先端から他方のベクトルの先端へ矢印を引くと，その矢印が減算されたベクトルを表しています．ベクトルの合成の方法を逆に考えると，1 つのベクトルは，平行四辺形の法則によって 2 つのベクトルに分解できます．

6.2.2 角度の表記

角度を表す方法は，**度数法**，**弧度法**という 2 種類があります．度数法では，1 回転の角度が 360 度となるように表し（単位は deg や ° で，「度」という），弧度法では，1 回転の角度が 2π rad（単位は rad で，**ラジアン**という）となるように表します．つまり，

$$2\pi\,\mathrm{rad} = 360°$$

となります．弧度法では，半径 r の円を描いたときに，その円周上に半径と同じ長さ r の円弧の円周角が，1 rad になります．したがって，中心角 θ rad に対する半径 r の扇形の弧の長さは，図 6.2 のように $r\theta$ になりますし，この扇形の面積は $\frac{1}{2}r^2\theta$ になります．このように，弧度法で角度を表すと角度を数そのもので表せて，扇形の弧の長さや面積を簡単な式で表せるようになります．

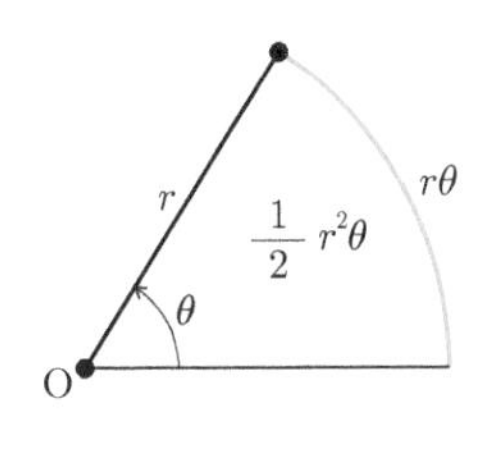

図 6.2　弧度法

6.2.3 三角関数

三角関数は，ロボットアームの関節角度からロボットアームの手先や姿勢を求めるときに必要です．三角関数には，sin（サイン），cos（コサイン），tan（タンジェント）があります．図 6.3 のように半径 1 の円があるときに，x 軸から反時計回りに角度 θ となる円周上の点の座標が $(\cos\theta, \sin\theta)$ となります．つまり $\cos\theta, \sin\theta$ は，それぞれ半径 1 の円周上の x 座標，y 座標になっています．

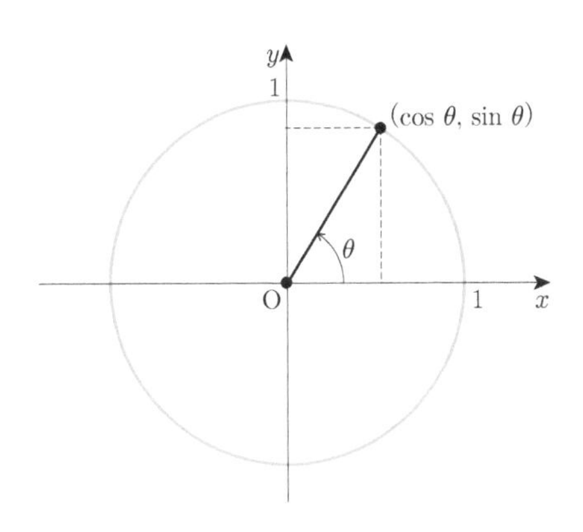

図 6.3　三角関数

6.2.4 三平方の定理

図 6.4 のような直角三角形において，斜辺（一番長い辺）の長さ c の 2 乗は，残りの 2 辺の長さ a と b のそれぞれの 2 乗の和に等しいというのが**三平方の定理**の公式です．

$$a^2 + b^2 = c^2$$

これは，2点間の距離を求める計算式と同じです．このときの2点間は斜辺の両端の点に相当します．

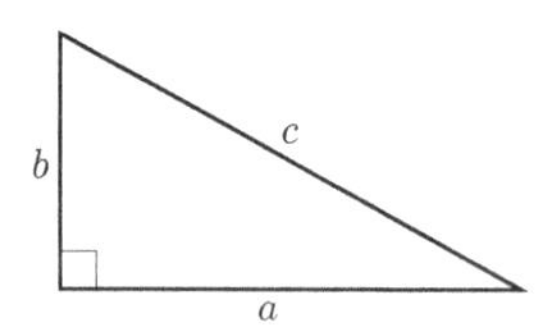

図 6.4　三平方の定理

6.2.5 余弦定理

2つの力の合力の大きさは，**余弦定理**を工夫して使うと求めることができます．余弦定理は，三角形の辺の長さと内角の余弦（コサイン）の間に成り立つ関係を表します．この定理は「2辺の長さとその間の角度」から「残り1辺の長さ」を求めたり，「3辺の長さ」から「3つの角度」を求めるために使います．また，簡単な構造のロボットアームの逆運動学[*1]の計算にも使います．

それでは余弦定理を証明します．図6.5のような三角形の3つの頂点をA,B,Cとします．頂点Aは，xy 座標系の原点に置きます．また三角形の3辺の長さをそれぞれ $\mathrm{AB} = c, \mathrm{AC} = b, \mathrm{CB} = a$ とします．

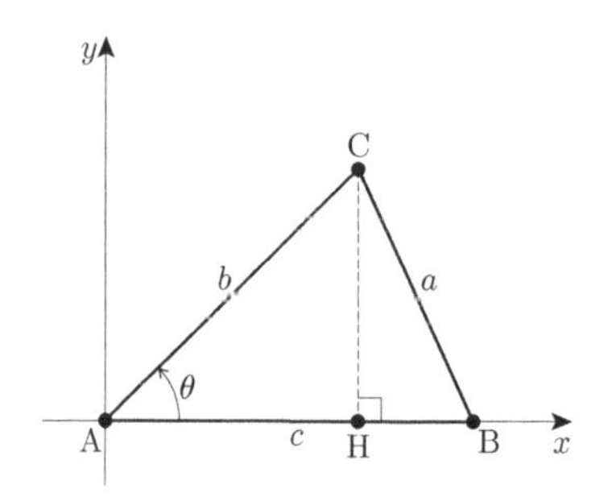

図 6.5　余弦定理の証明

さらに，$\angle \mathrm{CAB} = \theta$ とすると，3つの頂点の座標はそれぞれ $\mathrm{A}(0,0), \mathrm{B}(c,0), \mathrm{C}(b\cos\theta, b\sin\theta)$ となります．頂点Cから x 軸へ垂線を下して，その交点をHとします．三角形CHBに注目して三平方の定理を用いると，

$$\begin{aligned} a^2 &= (c - b\cos\theta)^2 + (b\sin\theta)^2 \\ &= c^2 - 2bc\cos\theta + b^2(\cos^2\theta + \sin^2\theta) \end{aligned}$$

[*1] 目標の位置にロボットアームの手先を移動させるために必要な関節の角度を求める計算．

となり，$\cos^2\theta + \sin^2\theta = 1$ より，

$$a^2 = b^2 + c^2 - 2bc\cos\theta$$

となります．この定理を用いることで位置を与えて角度を求めることができるようになり，ロボットアームの逆運動学の計算ができるようになります．

6.3 力学の基礎

ここではロボットを動かすときに必要な力学に関する基本的な知識について説明します．

6.3.1 力

物体に力が働くことによって，物体が変形したり動く速度が変化したりします．力が働かなければ，物体は変形もしないし，速度も変化しません．また，地球上にあるすべての物体には重力が働いています．つまり，物体のさまざまな現象を探るには力の働きについて理解しなければなりません．

力には，重力，ひもが物を引っ張る張力，物を引きずるときに感じる摩擦力，水の中の物体を持ち上げようとする浮力，ばねによる弾性力，荷電粒子の間に働く静電気力（クーロン力），磁石同士が引き合う磁気力，床から押し返される垂直抗力などの種類があります．このように力にはいろいろな名前がついていますが，元をたどると重力か電磁気力の 2 種類の力に分類できます．

6.3.2 力の表し方

力を表すときは，その大きさだけでなく，向きも表さなければなりません．つまり，力はベクトルで表すことができます．記号で表すときは $\boldsymbol{F}$ で表します．

図 6.6 に示すように，力を図で示すときは，矢印の長さで力の大きさを示し，矢印の向きで力の向きを示します．このとき，力が作用する点を示すことが重要で，その点が矢印の始点となるように図示します．この点を**作用点**といい，作用点を通り力の方向に引いた直線を**作用線**といいます．力の大きさ，向き，作用点（もしくは作用線）を**力の三要素**といいます．

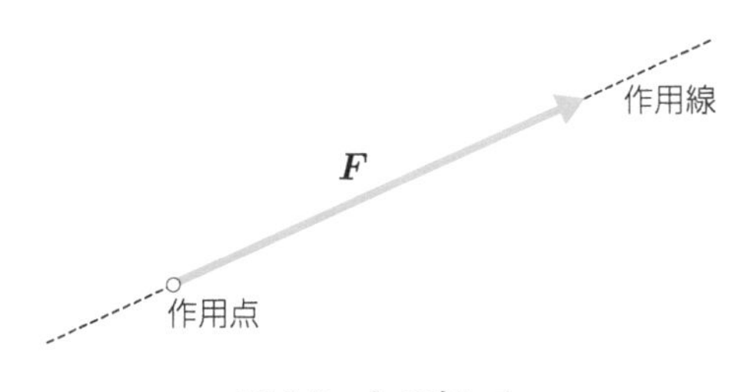

図 6.6　力の表し方

力の単位には N（ニュートン）が用いられます．あの有名な科学者のアイザック・ニュートンが語源になっています．1.0 N は質量 1.0 kg の物体に 1.0 m/s^2 の加速度を生じさせるような力と定義されています．これは運動方程式というものから導き出されるもので，物体に力を加えると速度が増すという式 $ma = F$ において質量 $m = 1.0$ kg，加速度 $a = 1.0$ m/s^2 のときの力が $F = 1.0$ N と定められています．

先述したように，地球は重力という力によって地球上のあらゆる物体を引っ張っています．この加速度は約 9.8 m/s^2 で，これを**重力加速度**といいます．

6.3.3 力の合成・分解

1 つの物体に複数の力が働くとき，物体はそれぞれの力から影響を受けます．これらの力を別々に扱うのではなく，複数の力をまとめて 1 つの力にして扱う方が力の影響を考えるのが楽になります．このように複数の力を合わせて 1 つの力とみなすことを**力の合成**といいます．

同じ作用線上にあって同じ方向を向いている力同士の合成なら簡単に考えることができます．一般的な場合，力はベクトルであり，どれもが同じ方向を向いているとは限りません．異なる方向を向く力同士の合成は，ベクトルの加法と同じように考えることができます．例えば図 6.7 のように，異なる方向を向く 2 つの力 $\boldsymbol{F}_1, \boldsymbol{F}_2$ がある場合，数学のベクトルの加法にならって，これら 2 つの力を 2 辺とする平行四辺形の対角線 $\boldsymbol{F}$ が，2 つの力が合成された力（**合力**）となります．

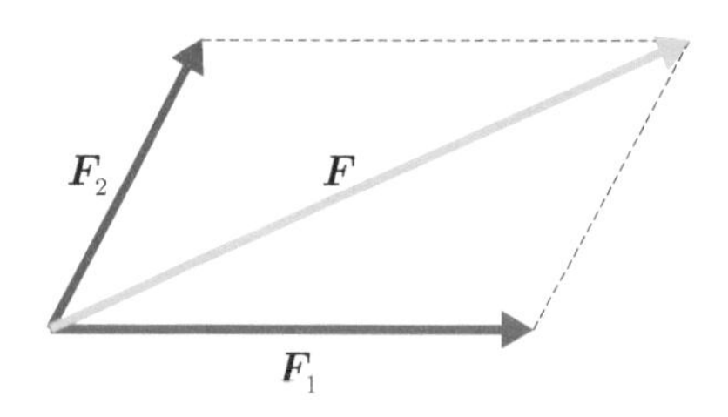

図 6.7　力の合成・分解

力が 3 つ以上ある場合は，まず力 $\boldsymbol{F}_1$ と力 $\boldsymbol{F}_2$ を合成して，次にその合力と $\boldsymbol{F}_3$ を合成して……というように，一つ一つ合成して考えることができます．

2 つの力を 1 つにするのが力の合成なら，1 つの力を 2 つにするのが**力の分解**です．力の分解を考えなければならない場面は，物体に「斜め方向の力」が働く場合です．一般的に物体の運動を調べるときは，「縦（鉛直方向）と横（水平方向）に分けて考える」ことが重要になってきます．平行四辺形の対角線を分解する力と考えた場合，平行四辺形の 2 つの辺が分解された 2 つの力となります．このようにして分解した力を**分力**といいます．

6.3.4 力のつり合い

ある物体に複数の力が働いているのに動かない場合，これらの力の合力が 0 になっているからで，このとき複数の力が**つり合っている**といいます．また，物体が動かない場合だけでなく，等速度運動（一定の速度で進んでいる状態）しているような場合も力がつり合っているといいます．つまり，複数の力が働いているのに物体の運動の状態が変化しないような場合，力がつり合っているといいます．

2 つの力がつり合うときの条件を考えてみましょう．2 つの力が同一作用線上にあり，向きが逆で大きさが等しければ 2 つの合力が 0 になります．これをベクトルを使った式で書くと，$\boldsymbol{F}_1 = -\boldsymbol{F}_2$，または $\boldsymbol{F}_1 + \boldsymbol{F}_2 = 0$ となります．2 つの力が同一作用線上にないと物体が動いてしまう（運動の状態が変化してしまう）ので，力のつり合いを考える場合，同一作用線上にあるかどうかについて注意しなければなりません．

図 6.8 のように 3 つの力がつり合っている状態では，3 つの力の作用線が 1 点で交わります．3 つの力がつり合っていることを式で書くと $\boldsymbol{F}_1 + \boldsymbol{F}_2 = -\boldsymbol{F}_3$，または，$\boldsymbol{F}_1 + \boldsymbol{F}_2 + \boldsymbol{F}_3 = 0$ となります．

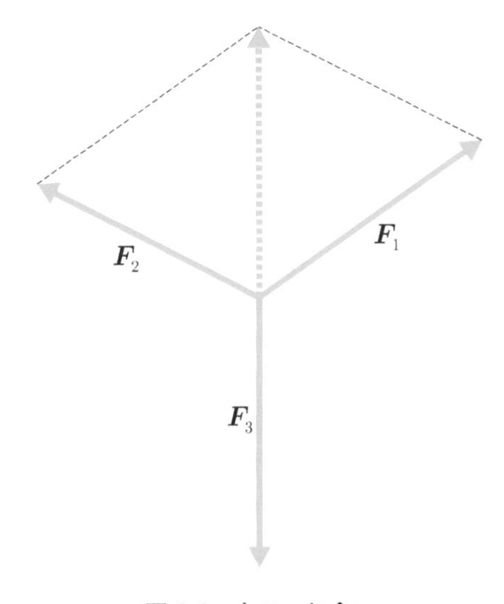

図 6.8　力のつり合い

6.3.5　剛体

物体には質量と大きさがあるものですが，物理の分野では大きさがなく質量だけがあるものを**質点**といい，大きさも質量もあるとみなしたものを**剛体**といいます．

物理の分野では，物体がどのくらいの速さで動くか，どのくらいの力が加わったかなどについて考えます．物体を剛体として扱う場合は，その物体が回転しているかどうかについても考えなければいけません．一方，物体を質点として扱う場合は，物体の回転については考えなくても良いのです．つまり，剛体と質点の大きな違いは，物体の運動について回転を考えるかどうかです．回転を考慮することが剛体の運動を分析するうえでの重要な点になります．

ある力が質点に働いている場合，その力の作用線は自動的に質点の重心を通り，質点は回転しません．そもそも質点については，重心とか回転などについて考える必要はありません．一方，ある力が剛体に働いている場合，その力の作用線が剛体の重心とずれていると，その剛体は回転します．

質点に働く複数の力は，自動的に，その作用線が1点で交わります．一方，剛体に働く複数の力は，作用線が1点で交わるとは限りません．

6.3.6 モーメント・トルク

物体を回そうとする力の作用のことを**力のモーメント**といいます．また，力のモーメントのことを，**トルク**，**回転力**，**力の能率**，**回す力**などともいうこともありますが，「力」そのものではないので注意しなければいけません．力のモーメントは「力×長さ」で計算できます．例えば，ある回転軸を持つ棒に，ある力が働いているとき，その力が2倍になれば，回転軸を回転させるための力の作用も2倍になります．また，力のモーメントは，作用する力の向きに大きく左右されます．回転軸から力の作用点までの向きと作用する力の向きが垂直であるとき，モーメントに対して力が最大の影響を及ぼし，平行に作用するときはその影響はなくなります．

作用する力の大きさが $F\,\mathrm{N}$ で，回転軸から力の作用点までの距離を $r\,\mathrm{m}$，回転軸から力の作用点までの向きと作用する力の向きが垂直であるとすると，力のモーメント M は，

$$M = Fr$$

と表すことができます．

剛体に働く複数の力を $F_1, F_2, F_3, \cdots$ とし，任意の点のまわりの F_1 による力のモーメントを M_1，F_2 による力のモーメントを M_2，F_3 による力のモーメントを M_3，$\cdots$ とすると，複数の力が働いている剛体のつり合いの条件は以下のように表すことができます．

$$F_1 + F_2 + F_3 + \cdots = 0$$

$$M_1 + M_2 + M_3 + \cdots = 0$$

6.3.7 摩擦

床の上に置かれた物体を動かそうとすると，通常，それに抵抗する力が働きます．その力は床と物体の間の接触面に働きます．この力を**摩擦力**といいます．摩擦力は物体が動く向きと逆向きに働きます．摩擦は動きに抵抗するものなので，動かそうとしているものがなければ摩擦はありません．

表面がつるつるの床（例えばスケートリンクや，潤滑油が塗られた床）の上に置かれた物体は，小さな力で動かすことができます．一方，表面がざらざらの床（例えばコンクリートの床）の上に置かれた物体は，大きな力でないと動かすことができません．

また，床面に押し付ける力が強い（重い物体）ほど摩擦力は強くなります．物体が水平の床に置かれている場合の押し付ける力は，物体に働く重力と同じ大きさです．この物体を上から手で押さえ付けたりすれば，その力はさらに大きくなります．斜面の上では押し付ける力は小さくなります．つま

り，押し付ける力の向きというのは接触面に垂直な向きになります．このように，摩擦力の大きさは，接触面の状態と押し付ける力の 2 つの要素で決まります．

接触面の状態がどれだけ摩擦力に影響を及ぼすかという指標が**摩擦係数**です．通常，摩擦係数は記号 μ（ミュー）で表します．その大きさは，物体の素材等で決まります．また，摩擦係数には**静止摩擦係数**と**動摩擦係数**があります．例えば，鉄と鉄と間の静止摩擦係数が 0.8 くらいで，動摩擦係数はもうちょっと小さく，さらに，その接触面に潤滑油を塗った場合はさらに大幅に小さくなります．金属同士の摩擦係数は，多くの場合 0.3 ～ 0.9 くらいです．

図 6.9 のように，押し付ける力に対抗する力は，物理の分野では**垂直抗力**といい，$\boldsymbol{N}$ で表します．押し付ける力と垂直抗力は作用・反作用の関係にあり，大きさが同じで向きが逆です．摩擦力 $\boldsymbol{F}$ は摩擦係数 μ と垂直抗力 $\boldsymbol{N}$ を使って，

$$\boldsymbol{F} = \mu \boldsymbol{N}$$

と表せます．

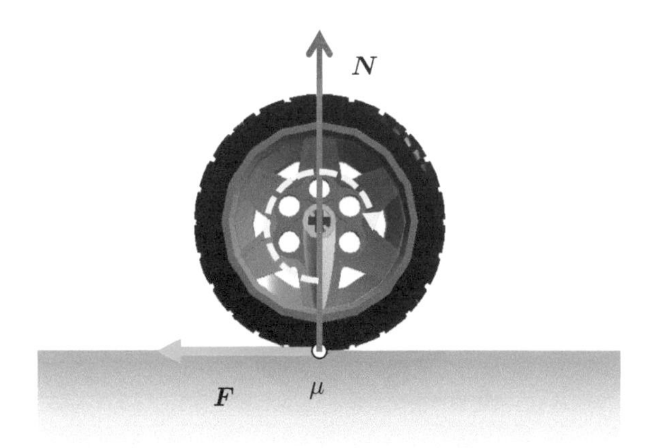

図 6.9　摩擦力

EV3 で作られたロボットは，大抵の場合，車輪のついた移動ロボットになっていると思います．もし車輪と地面の間に摩擦がなければ，その場で車輪が空回りするだけになります．車輪に使う車輪の素材を変えたり，表面の凹凸を増やしたりすることで車輪と地面の間の摩擦を増大させることができます．摩擦は，機械の中のいろいろな場所で発生していて，それがないと困ることもあれば，それがあることで困ることもあります．したがって，ロボットを動かすときには，このような摩擦をうまく取り扱う必要があります．

6.3.8 作用・反作用の法則

押すと押し返され，引っ張ると引っ張り返されることを**作用・反作用の法則**といいます．このとき，対になっている 2 つの力は，大きさが等しく，向きが反対で，同一作用線上にあります．前に述べた，力のつり合いの条件と同じです．作用・反作用の法則は重要な原理で，この原理から**運動量保存の法則**というものが導き出されたり，そもそも力というものが定義されたりします．この法則は，物理の分野において，非常に根本的な原理の 1 つです．作用・反作用の法則は**運動の第 3 法則**とも呼ばれており，アイザック・ニュートンが発見しました．

6.3.7 節で，車輪と地面の間に摩擦力が働かないと車輪で移動するロボットは前に進まないと説明しました．「摩擦力によってロボットが走る」というと不思議に聞こえるかもしれませんが，作用・反作用の法則を使って考えるとそのしくみがわかってきます．図 6.10 のようにモーターによって車輪が回転すると，摩擦力が働いて車輪が地面を後方に押しやります．このとき作用・反作用の法則により，地面が車輪を前方に押す力（摩擦力）が働きます．この摩擦力が，ロボットの駆動力となっているのです．ロボットに限らず，人間が歩くときも同じです．足が地面を摩擦力で押すと，その反作用の力を地面から受けて前に進むことができているのです．

図 6.10　作用・反作用の法則

6.3.9 重心

物体の**重心**とは，その物体の重さ（重力）を考慮したときにその点を支えると全体を支えることができる点のことです．ある物体の重心は，必ず 1 つだけです．剛体を小部分に分割した各部分には，それぞれの部分に小さな重力が作用しています．この各部分の重力を合成した力と，大きさが同じで向きが逆の力を重心に作用させると，その物体を支える（静止させる）ことができることになります．

x 軸の座標値 x_1 の位置に質量 m_1 の物体，x_2 の位置に質量 m_2 の物体があるとき，この 2 つの物体の重心の位置 x_G を求めてみます．図 6.11 に示すように，この重心の位置に架空の上向きの力が働いて，2 つの物体の重力とつり合って静止しているとします．

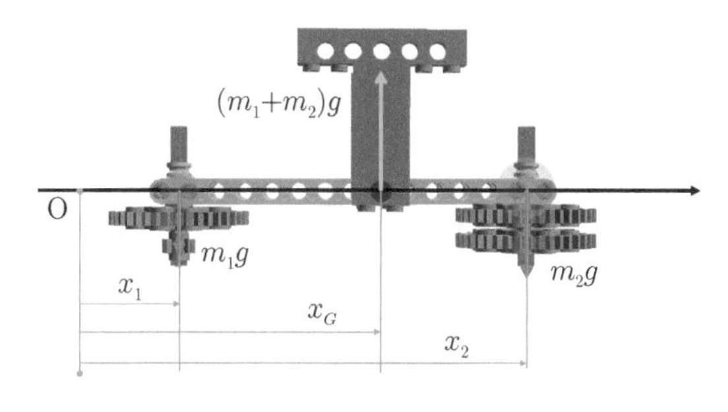

図 6.11 重心の位置

この重心の位置まわりの力のモーメントは 0 である（重心の位置を支点とした天秤が左右でつり合っている）ことから，

$$m_1g(x_G - x_1) = m_2g(x_2 - x_G)$$

が成り立ちます．この式を整理すると，

$$(m_1 + m_2)x_G = m_1x_1 + m_2x_2$$

つまり，2 つの物体の重心の位置は，

$$x_G = \frac{m_1x_1 + m_2x_2}{m_1 + m_2}$$

となります．物体の数が n 個になっても同様に考えることができます．また，x 軸方向だけでなく，y 軸方向の重心位置の座標値 y_G についても同様に考えることができます．

(1) 剛体の重心の位置の調べ方

まず，剛体の 1 点を糸で吊るして静止させます．すると，重心は糸の張力の作用線上のどこかに必ず存在します．なぜなら，もし重心が作用線上になければ，つり合いがとれず剛体が動いてしまうからです．次に，糸を結ぶ位置をずらして，剛体をもう一度糸で吊るして静止させます．このときも，重心はずらして結んだ糸の張力の作用線上のどこかに必ず存在します．

以上から，先ほどの作用線と，現在の作用線の交点が重心の位置になります．なぜなら，2 つのそれぞれの作用線の上に重心があるという条件を満たす位置は，その 2 つの作用線の交点だけだからです．

(2) ロボットの重心

ロボットの重心は，ロボットを構成するすべての部品の「中心位置」と考えることができます．例えば，あるロボットがある物体を収集したり，保持したりすると，それらの物体とロボットの両方の重さと，保持した物体の位置の影響を受けて，物体を保持した前後で，ロボットの重心位置は変わります．保持した物体を操作するような場合を考えると，操作中にロボットの重心位置は時々刻々と変化することになります．そのため，例えば，腕を持つロボットが腕を持ち上げたり，腕を伸ばしたりすると，その動きに合わせてロボットの重心が変化することになります．

重心は重さと位置の両方の影響を受けるので，重い物体ほどロボットの重心位置を大きく変化させることになり，ロボットの重心位置より遠くにある物体は，近くにある物体よりもロボットの重心位置を変化させる効果が大きくなります．

ロボットによって何らかの物体を操作する場合には，このようなことを考えたうえで，ロボットの動かし方を決めなければいけません．

6.4 基本的な機構

オリジナルロボットを作るうえで重要で基本的な部品（専門用語では機械要素と呼びます）や機構（歯車，リンク，カム）について紹介します．ここで紹介する基本的な部品や機構を組み合わせることで目的の動きを作り出せるロボットが製作できるようになります．

6.4.1 歯車

歯車は，主に一対で組み合わせて使用して，次のような3つのことを実現するために使用されます．

1. 回転運動や回転力を伝える
2. 回る向きやその速さを変える
3. 回転伝達の向きを変える

これらのことを実現するために，歯車にはさまざまな形状があり，主に歯の形状の違いによって，それぞれに異なる名称がつけられています．歯車は，単体で使われることはなく，複数の歯車を組み合わせて使われます．2つの歯車を組み合わせたときに，それぞれの軸の位置関係が平行となるものや，交差するものなどがあります．

複数の歯車を利用した機械で身近なものとしては，自転車の変速機があります．自転車はペダルの部分と後輪で使用されている歯車の大きさ（歯数）が異なります．自転車は変速機を使って後輪の歯車の大きさを変更します．歯車を後輪の回転数が最も少なくなる大きな歯車にすれば，ペダルが軽くなるので自転車のスピードは遅くなりますが，坂道でも楽に上れるようになります．つまり，異なる歯数の歯車を組み合わせることで，回転力を増加させることができます．

モーターに複数の歯車を組み合わせると，モーターの回転力を増加させることができます．例えば，歯数が異なる歯車を組み合わせて，モーターの回転数を10分の1にすると，モーターの回転力は10倍になります．

EV3で用意されているモーターは，DCモーターと複数の歯車が組み合わされた状態で作られており，組み合わされる歯車の違いによって，回転力は大きいが回転数は小さいもの，回転力は小さいが回転数が大きいものが用意されています．回転する物体の回転角速度は，通常，rpmという単位で表します．これは 1 分あたりの回転数で回転角速度を表すということになります．モーターが 1 rpm で回転しているということは，モーターの回転軸が 1 分間に 1 回転していることを表しています．EV3 のモーターは 100 rpm 以上で回転できます．

図 6.12 に示すように，歯車にはさまざまな形状があり，主に歯の形状の違いによって，以下のようにそれぞれに異なる名称がつけられています．

1. 平歯車
   歯を回転軸に平行に切った歯車です．平歯車は，おそらく「歯車」という言葉を聞いたときにほとんどの人が思い描く歯車の種類です．
2. ベベルギヤ（かさ歯車）
   円錐面上に歯を刻んだ歯車で，広げた傘のような形状をしていることから，このように呼ばれています．平行ではなく角度がついた軸の間で動力を伝達するときに使います．
3. クラウンギヤ
   かさ歯車の一種で歯が回転軸に対し垂直につけられたもので，歯の形状が王冠に似ていることから，このように呼ばれています．かさ歯車や，平歯車と組み合わさせて使います．
4. ウォームギヤ
   円柱にネジ状に歯を切ってある「ウォーム（ネジ歯車）」と，このウォームに合うように円弧上に歯を切られた「ウォームホイール（はす歯歯車）」を組み合わせた機構です．このような組み合わせで，大きな減速比が得られ，他の歯車の組み合わせに比べて騒音が少ないという特徴があります．
5. ラック（半径無限大の平歯車）
   歯車の一種で，主に，回転運動を直線運動に変換するために使います．ピニオンと呼ばれる小半径の円形歯車と，平板状の棒に歯がつけられたもの（ラックと呼ぶ）を組み合わせたものです．ピニオンに回転力を加えると，ラックが，歯がつけられた末端まで水平方向に動きます．

ギヤ比とは，2 つの歯車（ギヤ）の歯数の比率のことで，歯車比ともいいます．それら 2 つの歯車は，図 6.13 に示すような駆動装置につながっている歯車と，その歯車にかみ合っている歯車です．ここで，駆動装置につながっている歯車を駆動歯車，それにかみ合っている歯車を従動歯車といいます．

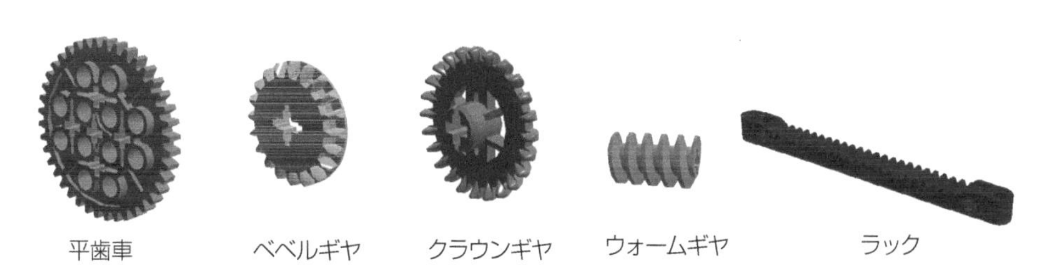

図 6.12　歯車の種類

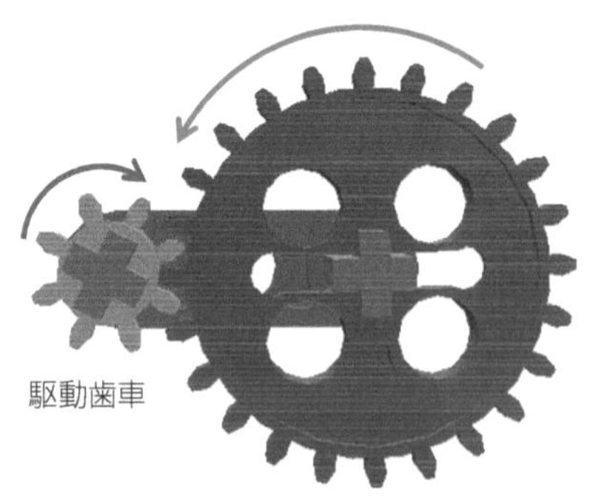

図 6.13　2 つの歯車

このとき，ギヤ比は以下のような式で計算されます．

$$
\text{ギヤ比} = \frac{\text{従動歯車の歯数}}{\text{駆動歯車の歯数}}
$$

例えば，自転車のギヤ比について考えてみます．自転車のペダルにつながっている歯車が駆動歯車で，自転車の後輪につながっている歯車が従動歯車となります．自転車の場合は，駆動歯車と従動歯車は互いにかみ合わず，チェーンによって 2 つの歯車が接続されています．自転車の場合のギヤ比が 2（高い）の場合，ペダルを 2 回転させることで車輪が 1 回転するということになります．このとき，自転車は楽な力でペダルをこぐことができますが，速度はあまり出ません．逆に，ギヤ比が低い場合，ペダルをこぐのに大きな力が必要になりますが，その分，速度が出るようになります．

もう一度，ギヤ比の計算方法について考えてみます．各歯車の歯の間の間隔は等しいので，歯数が増えれば歯車の円周の長さは長くなります．つまり，歯数は歯車の円周長に比例します．円周長が大きいほど歯数も多くなるため，歯車比は 2 つの歯車の周長の比で表すこともできます．図 6.14 に示すように，d を従動歯車の直径，D を駆動歯車の直径，G_r をギヤ比とすると，$G_r = \dfrac{\pi d}{\pi D} = \dfrac{d}{D}$ となります．r を従動歯車の半径，R を駆動歯車の半径とすると，$G_r = \dfrac{r}{R}$ と表すこともできます．

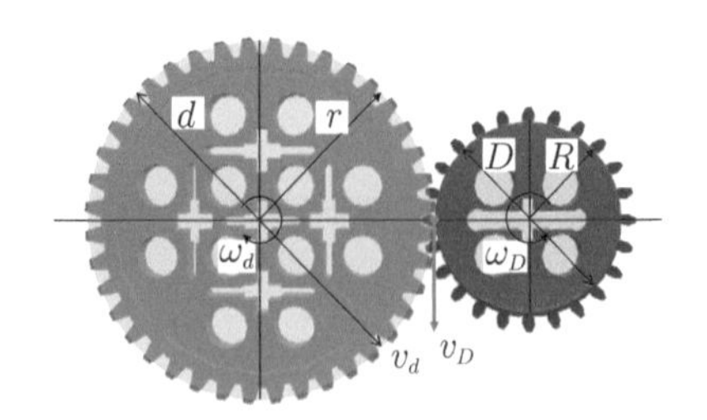

図 6.14　ギヤ比

駆動歯車と従動歯車の接触点における周速度は等しいので，従動歯車の周速度を v_d，駆動歯車の周速度を v_D，それぞれの歯車の回転角速度を ω_d, ω_D とすると，$v_d = v_D \;\Rightarrow\; \omega_d r = \omega_D R \Rightarrow \dfrac{r}{R} = \dfrac{\omega_D}{\omega_d}$

つまり，ギヤ比は歯車の回転角速度の比によって $G_r = \dfrac{\omega_D}{\omega_d}$ となります．この式から，ギヤ比が高いと従動歯車の回転角速度が駆動歯車の回転角速度よりも小さくなり（回転角速度が遅くなる），ギヤ比が低いと従動歯車の回転角速度が駆動歯車の回転角速度よりも大きくなります（回転角速度が速くなる）．

また，駆動歯車と従動歯車の接触点における力 F は等しいので，従動歯車のトルクを T_d，駆動歯車のトルクを T_D とすると，$T_d = F \times r$，　$T_D = F \times R$ なので，$\dfrac{r}{R} = \dfrac{T_D}{T_d}$ と表せます．この式から，ギヤ比が高いと従動歯車のトルクが駆動歯車のトルクよりも大きくなり，ギヤ比が低いと従動歯車のトルクが駆動歯車のトルクよりも小さくなります．

例として，歯数 8 の駆動歯車と歯数 24 の従動歯車を考えます．ギヤ比は 3 になります．つまり，駆動歯車が 3 回転すると，従動歯車が 1 回転します．つまり，従動歯車の回転角速度は駆動歯車の回転角速度の 1/3 倍になりますが，従動歯車のトルクは駆動歯車のトルクの 3 倍になります．

便利な Motor クラス

Motor クラスでは，駆動歯車，従動歯車の歯数を直接指定することで，従動歯車を指定した角度だけ動かすことができるようになっています．

ロボットを作成する場合には，モーターと歯車を組み合わせた機構を作ることがよくあります．例えば，下図のようなモーターに駆動・従動歯車をつけた機構です．

L モーターに駆動・従動歯車をつけた機構の例

上図の左側は駆動歯車数 36, 従動歯車数 12 の場合の機構，右側は駆動歯車数 12, 従動歯車数 36 の場合の機構です．実際の使用の場面では，従動歯車側に車輪をつけたり，リンクをつけたりして，車輪やリンクを指定した角度だけ動かします．このようなとき，通常は，従動歯車を指定した角度だけ動くように，ギヤ比を考えてモーターに与える回転角度や回転角速度を変えなければなりません．

これに対して，EV3MP を使ってプログラムを作成する場合，モーターのインスタンスを生成するときに，自分が作った機構に応じて，駆動歯車から従動歯車へと順番に歯車数を書いて並べておく（この例では，[36, 12] とか [12, 36]）だけで，従動歯車を指定した角度だけ動かすことができるので非常に便利です．

▶| プログラムリスト 6.1 | 従動歯車を指定した角度だけ動かす Python プログラム

```
1  #!/usr/bin/env pybricks-micropython
2  from common import *
3
4  #駆動歯車数 36, 従動歯車数 12の場合
5  geared_motor = Motor(Port.A, Direction.CLOCKWISE, [36, 12])
6
7  #駆動歯車数 12, 従動歯車数 36の場合
8  #geared_motor = Motor(Port.A, Direction.CLOCKWISE, [12, 36])
9
10 #回転角速度 100 deg/s で, 90 度回転させる
11 geared_motor.run_angle(100,90)
```

5 行目では，出力ポート Port.A に接続された L モーターのインスタンスを生成して，それを geared_motor で表しています．このとき，Direction.CLOCKWISE によって正の回転コマンドが与えられたときに時計回りするように，L モーターのモーター出力軸に取り付けられている歯車数が 36，その歯車によって動く従動歯車数が 12 に指定されています．8 行目には，L モーターのモーター出力軸に取り付けられている歯車数が 12，その歯車によって動く従動歯車数が 36 に指定されている場合の L モーターの設定が書かれています．11 行目では，回転角速度 100 deg/s で，90 度だけ従動歯車が回転するように指定しています．実際にプログラムを動かすときには，作成した機構の違い（駆動歯車数 36, 従動歯車数 12 の場合か，駆動歯車数 12, 従動歯車数 36 の場合か）に応じて，5 行目，8 行目のどちらかを使用してください．

6.4.2 リンク機構

リンク機構は，産業用ロボット，自動車のワイパー，電車のパンタグラフ，傘の骨組みなど，さまざまな機械に使われています．リンク機構の最小の構成要素は，**リンク**と呼ばれる部材と**関節**がペアになったものです．一般的には，このペアが複数組み合わされてリンク機構が作られていて，リンク機構の構造は，図 6.15 に示すような**オープンループ構造**と**クローズドループ構造**の 2 種類に大別されます．

- オープンループ構造
  リンクと関節のペアが直列的に組み合わされている構造で，シリアルリンク機構とも呼ばれ，主に産業用ロボットのマニピュレータなどに使われています．
- クローズドループ構造
  リンクと関節のペアが環状に組み合わされている構造で，ある関節によって 1 つのリンクを動か

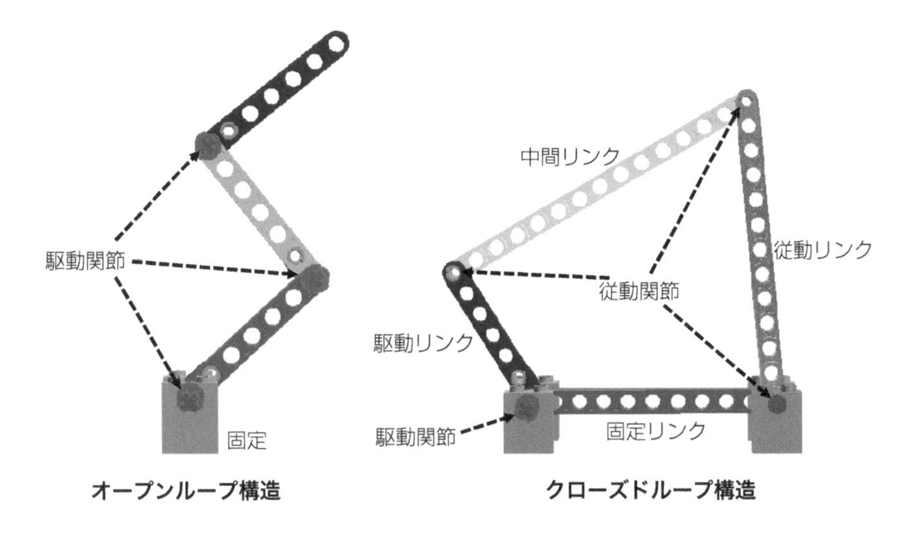

図 6.15 リンク機構の種類

すことで他のリンクが追従して動きます．1つの関節の動きで複雑な動作を生成できるため，OA機器などの製品では，内部でこの構造を使った機構が使われています．

以下ではクローズドループ構造のリンク機構について紹介します．オープンループ構造のリンク機構については，説明の都合上，6.6 節で紹介します．

クローズドループ構造のリンク機構

クローズドループ構造のリンク機構の代表的なものは，**四節リンク機構**と**スライダクランク機構**です．以下ではこれら 2 つの機構について紹介します．

四節リンク機構はリンク機構の中で最も汎用性が高く利用されています．四節リンク機構の身近な例としては，航空機に見られる車輪格納機構があります．この格納機構では，四節リンク機構のある決まった動作を繰り返す特性を利用しています．四節リンク機構のリンクの長さや形状，支点の配置を変えることで，単純な動作から，複雑でユニークな動作まで，さまざまな動作を実現できます．

四節リンク機構の構造

四節リンク機構は，モーターなどの駆動装置（**アクチュエーター**と呼ぶ）によって駆動力が与えられる**駆動リンク**と，その駆動リンクに押されたり引っ張られたりして，従動的に動く**従動リンク**，駆動リンクと従動リンクを接続し動く**中間リンク**，動かない**固定リンク**，リンク同士をつなぐ関節によって形作られます．アクチュエーターとは，「動作させるもの」という意味の英語がもとになっている用語で，一般的に，電気エネルギーを運動に変換する装置のことを表します．

まず簡単な四節リンク機構の例として，この機構を使って揺動（ようどう）運動する機構について紹介します．揺動とは，「ゆれ動くこと．または，ゆり動かすこと」です．

図 6.15 の右では，駆動リンクも従動リンクも 1 回転以上することなく動作させ，駆動側に接続する

アクチュエーターの回転方向を正逆に切り替えながら断続的に動作させることで揺動運動が実現できます．

四節リンク機構を構成する4つのリンクの長さの違いによって，いろいろな揺動動作を作ることができます．以下では，そのいくつかの例について考えてみます．

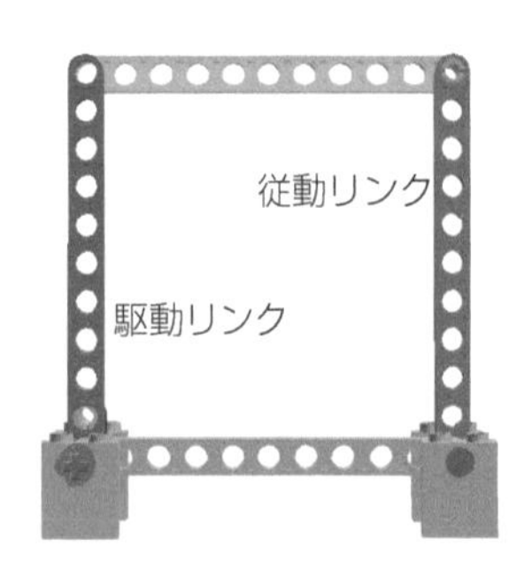

(a)駆動，従動，中間リンクがすべて同じ長さの場合

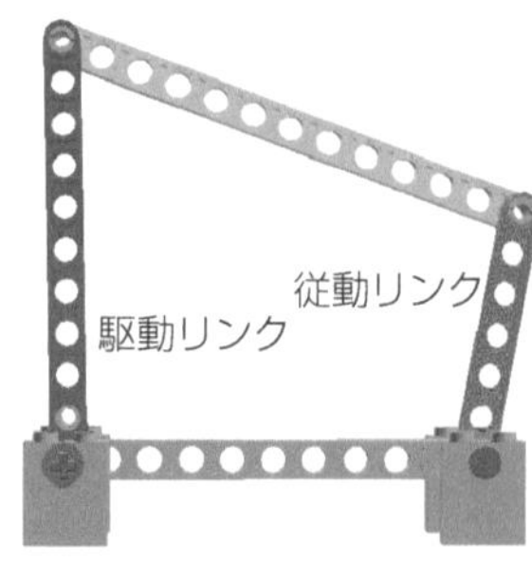

(b)駆動リンクが従動リンクよりも長い場合

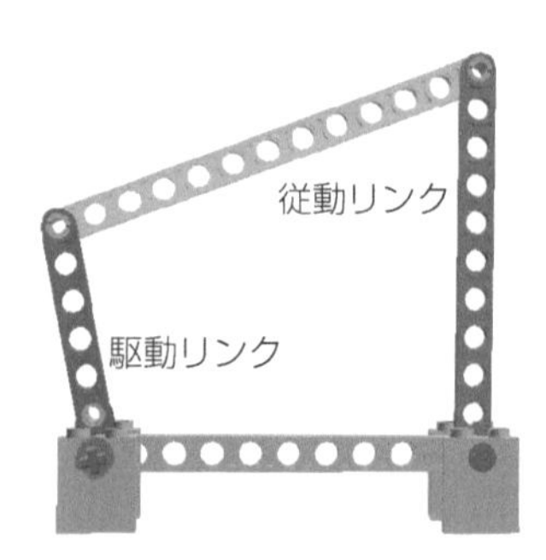

(c)駆動リンクが従動リンクよりも短い場合

図 6.16　四節リンク機構

(a) 駆動リンク，従動リンク，中間リンク，固定リンクのすべてが同じ長さの場合（図 6.16(a)）

- 駆動リンクが時計回り・反時計回りするのに関係なく，従動リンクも同じ角度で揺動する．
- 駆動リンクと従動リンクは，必ず対称性を持って揺動をする．

このように対向するリンクが等長のとき，駆動リンクと従動リンクは同期して同じ角度だけ移動し，対称性を保ちながら左右に揺動します．

(b) 駆動リンクと対向する従動リンクの長さが異なり，かつ駆動リンクの方が長い場合（図 6.16(b)）

- 駆動リンクの回転角度に対して従動リンクの回転角度が小さい．
- 駆動リンクの回転方向によっては，従動リンクが途中から反転するポイントがある．
- 駆動リンクと従動リンクは対称性を持って揺動しない．

(c) 駆動リンクと対向する従動リンクの長さが異なり，かつ駆動リンクの方が短い場合（図 6.16(c)）

- 駆動リンクの回転角度に対して従動リンクの回転角度が大きい．
- 駆動リンクの回転方向によっては，わずかな動作角度にかかわらず中間リンクと従動リンクが突っ張り，動作できないポイントがある．
- 駆動リンクと従動リンクは対称性を持って揺動しない．

Lモーターとブロックを組み合わせることで，図6.17に示すような四節リンク機構を作成できます．

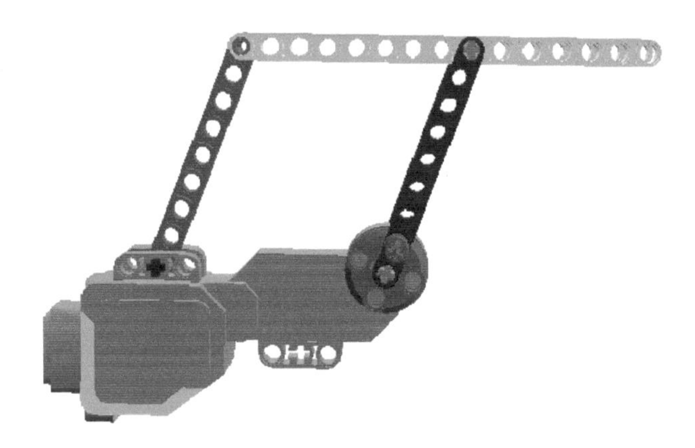

図6.17　四節リンク機構

スライダクランク機構の構造

四節リンク機構のジョイントのうち，1つのジョイントを滑り対偶（たいぐう）（スライド構造）としたスライダクランク機構を紹介します．駆動リンクが回転すると，中間リンクに引っ張られたり押されたりして支点が長穴で規制された溝の中を直線運動する構造です．アクチュエーターによって駆動リンクを連続的に同一方向に回転させ続けることで，支点が一定の動作を繰り返します．

図6.18に示すようなスライダクランク機構の駆動リンクが時計でいう12時の位置（垂直位置）を基準として回転させると考えると，9時の位置のストローク（基準位置からの支点の移動距離）Xと3時の位置のストロークYでは，$X < Y$という関係になります．その理由を以下で説明します．

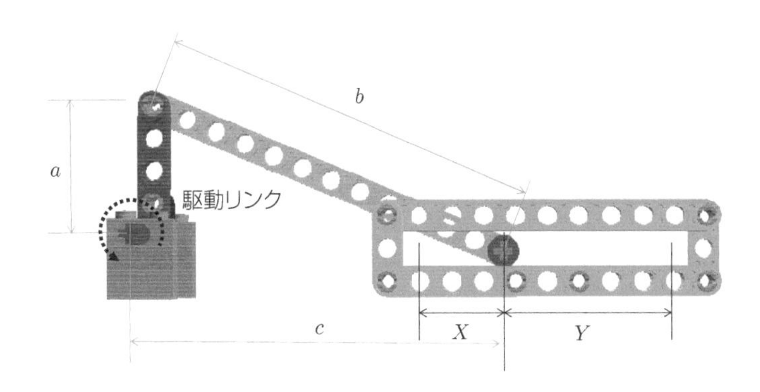

図6.18　スライダクランク機構

まず，初期位置でのリンクは直角三角形をなしています．引き込み位置におけるピン中心点の移動距離Xは，次のように表されます．

$$X = a + c - b$$

押し出し位置におけるピン中心点の移動距離 Y は，次のように表されます．

$$Y = a + b - c$$

また，直角三角形では，必ず b（斜辺の長さ）$> c$ となるので，$X < Y$ となることがわかります．

スライダクランク機構を実用化した代表的な機構に，自動車のエンジンがあります．これまでの説明では，クランクの支点にモーターなどのアクチュエーターが動力を与えることで従動リンクのスライド運動を実現させています．一方，自動車のエンジンの場合，シリンダーの中に噴射した燃料に着火・爆発させることでピストン側（スライダクランク機構における支点）から動力を得て，クランク（スライダクランク機構における駆動リンク）を回転させます．

6.4.3 カム機構

カム機構は，カムとフォロワを組み合わせて作られています．カムは，回転軸に取り付けられる機械要素です．その形が非対称な輪郭を持つ板状の物や，立体形状の物などがあり，カムを回転させることで，カムに接触したフォロワといわれる機械要素に，いろいろな運動をさせることができます（速度・加速度・躍度[*2]などの運動特性を任意に実現できます）．ブロックを使ってカム機構を作成すると，図 6.19 のようなものができます．カムは他のものを動かすことから，カムのことを原動節または原節といい，フォロワのように他の原動節の動きによって動きを与えられるものを，従動節または従節といいます．

カムの輪郭曲線を平面曲線で表せるものを平面カムといい，輪郭曲線が平面内になく，輪郭曲線が 3 次元曲線で表せるものを立体カムといいます．さらに，平面カムには，直進型と回転型のものがあります．また，立体カムには，端面型・円筒型・円錐型・鼓型のものがあります．カム本体とフォロアの拘束方法としては，カム自身の形態による拘束（溝案内・リブ案内など）と外部拘束（ばね，重力などでフォロワをカムに押し付ける）があります．

図 6.20 は，L モーターを使ってカム機構を作成した例です．このカム機構の例では，フォロワは，その重さによってカムに押し付けられていて，L モーターが回転するとフォロワに取り付けられた棒が上下に運動します．

*2 単位時間あたりの加速度の変化率．

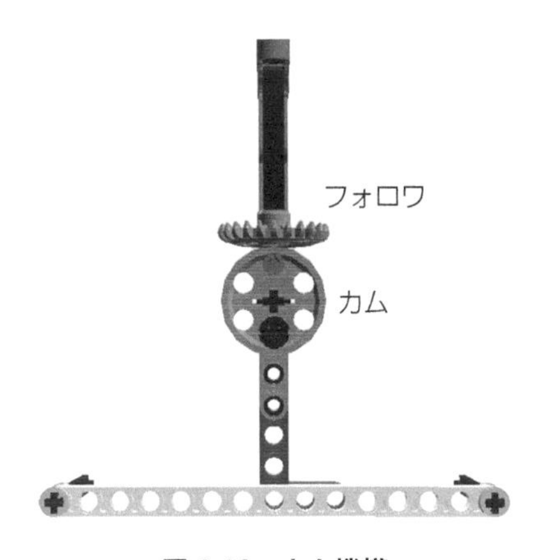

図 6.19　カム機構

図 6.20　L モーターを使ったカム機構

6.5 車輪移動機構

ロボットを移動させる機構として車輪を使用する場合，車輪が回転することによってロボット本体が移動します．ロボット本体に，最低限 2 個のモーターに，それぞれ車輪を取り付けて，その回転を制御すれば平面上を自由に走り回ることができるようになります．例えば，脚による移動機構に比べると，**車輪移動機構**は，車輪を回転させるだけで効率の良い移動ができます．

一方で，特殊な車輪を使用する場合を除いて，車輪移動は移動方向に大きな制限があります．通常の自動車や自転車は，前後には簡単に移動できますし，曲線的に走行することもできますが，車軸の方向（真横）には瞬時に移動できません．そのため，自動車や自転車は，真横に移動するには切返しなどの操作が必要になります．

以下では，車輪移動機構の運動を数式で表すために必要な知識について紹介します．

6.5.1 車輪のモデル化

車輪移動機構は，ロボットを支えている車輪が地面の上を転がることによって行われます．このとき重要なのは，すべての車輪が地面に対して「滑らない」という条件です．

車輪が滑らないという前提では，次のようなことがいえます．

- 車輪は車軸に垂直な方向（図 6.21 内の y 軸方向）にしか転がらず，車軸方向（図 6.21 内の x 軸方向）には移動できません．このため，車輪の半径を r，車輪の回転角度を θ とすると，車輪は y 軸方向に $r\theta$ の距離だけ移動することになります．
- 車輪移動機構が運動しているとき，各瞬間ごとにどこかに**旋回中心**という点が存在して，すべて車輪の回転軸はこの点を通っています．図 6.22 は，いろいろな車輪移動機構における旋回中心の位置を示しています．図 6.22(c) のような，2 つの車輪が平行で固定されているような機構では旋

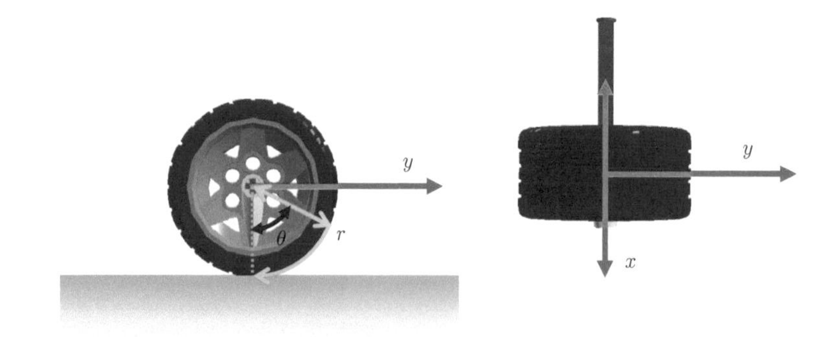

図 6.21　車輪のモデル

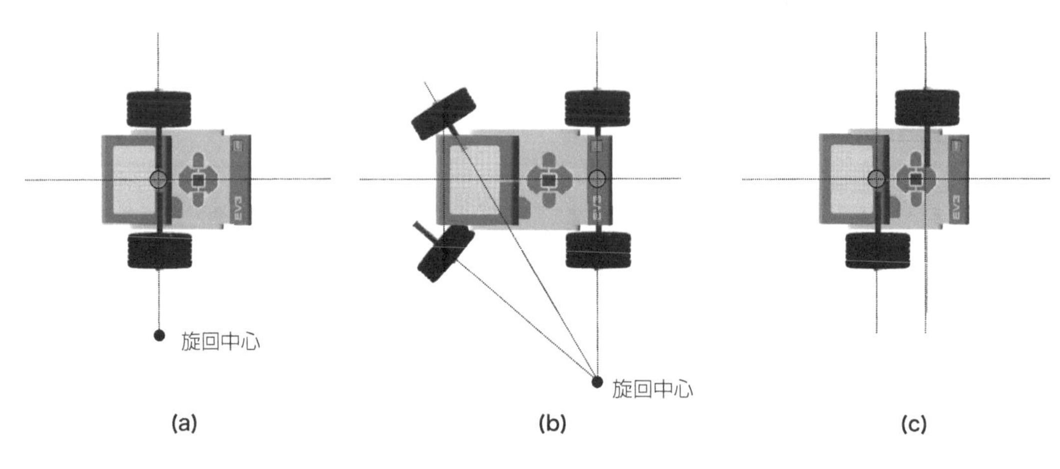

図 6.22　旋回中心

回中心は存在しません．また，各瞬間ごとに，各車輪，車輪移動機構はこの旋回中心を中心とする円運動を行っています．この瞬間的な円運動の半径を回転半径（または曲率半径）といいます．

6.5.2 車輪移動機構の種類

車輪移動機構本体への車輪の取り付け方によって，その機構全体の運動の様子が変わります．車輪移動機構として，代表的なものとして，舵取り型，独立駆動輪型車輪移動機構があります．

舵取り型は，駆動のための車輪と，舵取り（ステアリング）のための車輪を持たせたものがこのタイプです．このタイプの代表例が，自転車や通常の自動車になります．自動車では，エンジンで作り出した動力で 2 つの車輪を駆動し，2 つの車輪の向きを変えることで自動車の走行する方向を決めることができます．

独立駆動輪型は，2 個の車輪を左右対称に移動機構本体に取り付け，それぞれを独立に駆動します．2 輪だけでは地面上で安定しないので，追加で，キャスター（補助輪）を取り付けます．

この機構は，以下の理由から多くの車輪移動型のロボットで利用されています．

- 作成が簡単．最も簡単な構造では，2 個のモーターにそれぞれ車輪をつけて，それぞれの車輪を外向きに直線上に 2 つ並べるだけで，作れてしまいます．
- 機構の動きを数学的に表すことが簡単．つまり，軌道を計画することも容易になります．
- 左右の車輪の回転角速度・回転方向，車輪間の長さを使った旋回半径の計算が簡単．左右の車輪の回転角速度が同じで，回転方向を逆にすると，両車輪の中点を中心に旋回します（つまり，旋回半径は 0 です）．旋回半径は左右の車輪の回転角速度の差で決まります．また，旋回中心は両輪の軸上のどこかにあります．

図 6.23 に示すようなトレーニングモデルも独立駆動輪型です．

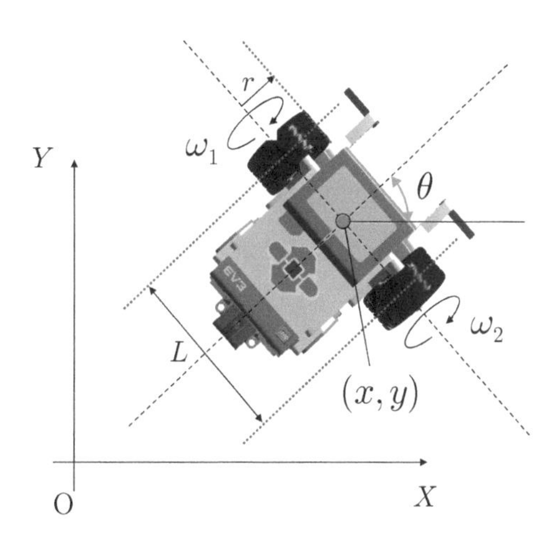

図 6.23　独立駆動輪型車輪移動機構

6.6 ロボットアームとエンドエフェクター

ロボットアームは，各関節にアクチュエーター・減速機・エンコーダーが配置されて，先端のリンクによって対象物を操るために使用されます．アクチュエーターの代表例はモーターで，EV3 で使われているアクチュエーターもモーターです．また，それ以外にも，油圧や空気圧，磁力などを運動に変換するアクチュエーターなども世の中には存在します．減速機はモーターの力を増幅させるための複数の歯車から作られている装置です．モーター単体で出せる力（トルク）に限りがあるので，大きなトルクを出すために，モーターは減速機と組み合わせて使われるのが一般的です．例えば，歯車の数が異なるギヤを組み合わせて減速機を作り，モーターの回転数を 10 分の 1 に落とすと，モーターの出せる力は 10 倍になります．エンコーダーは，モーターの回転軸の位置（角度）を検出するための装置です．EV3のモーター回転センサーの中には，このエンコーダーが入っています．エンコーダーによって，モーターは正確な位置や速度の制御を実現できるようになります．また，関節に取り付けられたエンコーダーによってロボットがどの方向にどれだけ動いたのか計算することもできます．

一般的に，ロボットアームと呼ばれる機構は，リンクと関節の組み合わせが基本的な構造です．このような構造は人間の体に対応づけることができ，肘や肩など自由に曲がる部分が関節，その間をつなぐ骨の部分がリンクということになります．関節を動かしてリンクで力を伝えるという動かし方は，人間もロボットも同じです．また，付け根の部分から先端のリンクまで複数のリンクが直列的に連結されているロボットアームを**シリアルリンクロボット**といい，6.4.2節で説明したリンク機構のオープンループ構造が使われています．

以下では，シリアルリンクロボットの最も簡単な例として，2リンクのロボットアームの2つの関節の角度と先端の位置との間に成り立つ関係について考えてみます（図6.24）．2つの腕（リンク）の長さはl_1, l_2とします．また，2つの関節の角度はθ_1, θ_2とします．このとき，2つ目のリンクの先の位置$\mathrm{P}(x, y)$は，次の式のように表せます．

$$x = l_1 \cos\theta_1 + l_2 \cos(\theta_1 + \theta_2)$$
$$y = l_1 \sin\theta_1 + l_2 \sin(\theta_1 + \theta_2)$$

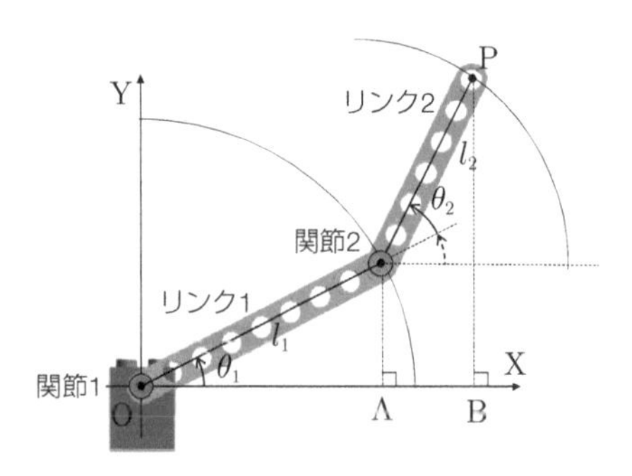

図6.24　2リンクのロボットアーム

人間は道具を使っていろいろな作業を行うことができます．ロボットアームでは，手首の先端に取り付ける装置を交換することで，さまざまな作業に対応しています．この先端に取り付ける装置は**エンドエフェクター**と呼ばれ，物体を持ち上げるためのハンドや吸着装置，溶接用や塗装用の各種工具などさまざまなものが世の中には存在します．ロボットアームが実現する柔軟な動きと，作業用途別のエンドエフェクターが追加する機能を組み合わせることで，ロボットは非常に幅広い作業を行うことができるようになります．図6.25は，ブロックで作られたエンドエフェクターの例です．特に，つかむ動作をするようなエンドエフェクターのことを**グリッパー**と呼びます．このグリッパーは，Mモーター1個で手の開閉ができるような構造になっています．

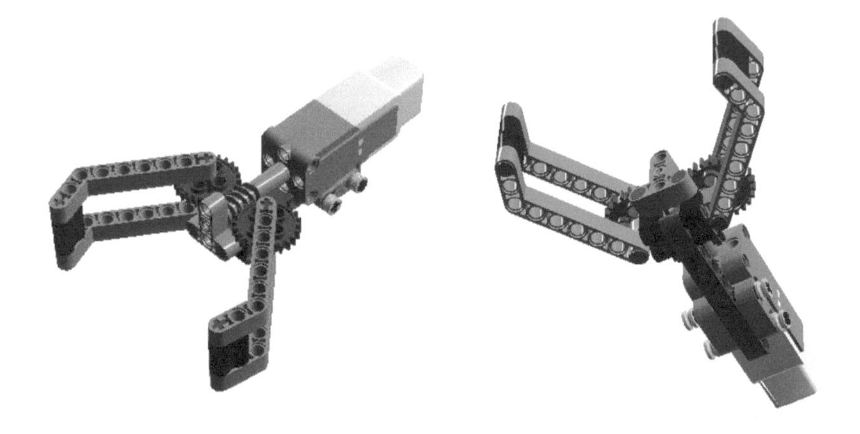

図 6.25　グリッパーの例

Chapter 7 実践してみよう

本章ではこれまで学んできたことを組み合わせて，複雑な動作を実現するプログラムを説明します．

7.1 ボタンを押してすぐに実行する

時間を競うロボットコンテストでは，開始の合図に合わせてすぐにプログラムを実行しなければなりません．しかし普通に実行するとロボットが動き出すまでに 10 秒程度もかかってしまい，大きなタイムロスが出てしまいます．これを解決するにはプログラムの最初の部分でボタン入力待ち状態を作り，インテリジェントブロックボタンのどれかが押されたら主要な処理を実行するようにすれば良いでしょう．

▶| プログラムリスト 7.1 | ボタンを押してすぐに実行する Python プログラム

```
1  #!/usr/bin/env pybricks-micropython
2  from common import *
3
4  ev3 = EV3Brick()
5
6  # ボタン入力待ち
7  while not any(ev3.buttons.pressed()):
8      wait(10)
9
10 ev3.speaker.set_volume(100)
11 ev3.speaker.beep()
```

7, 8 行目 ： いずれかのボタンが押されるまで繰り返す処理をしています．not は真偽値を反転させる命令で，any() は引数のいずれかの要素が真であるかを判定する関数です．

10, 11 行目 ： 最大音量でビープ音を鳴らします．

7.2 複雑な動作をプログラミングするためのテクニック

7.2.1 変数を使う

タッチセンサーが3回押されたら音を鳴らすプログラムを作ってみましょう．

(1) EV3-SW による記述

EV3-SW では図7.1のようなプログラムになります．

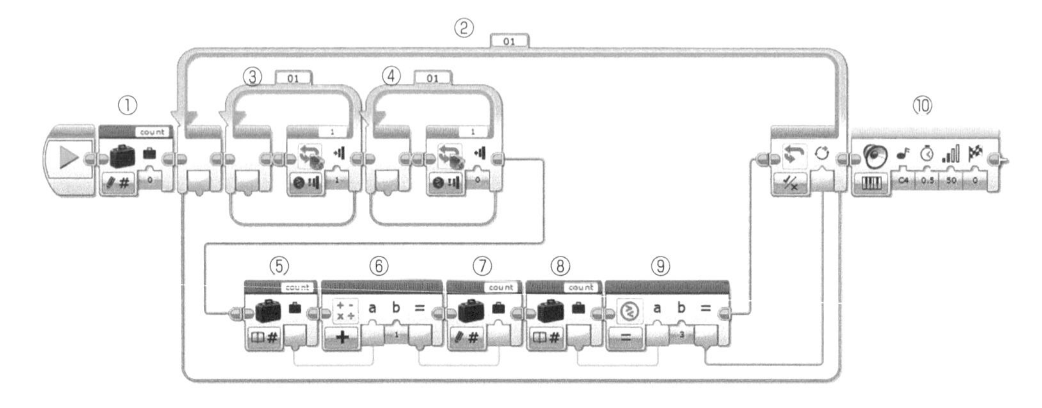

図7.1 3回タッチしたら音を鳴らす

それぞれのブロックでは以下の処理を行っています．

ブロック①：まず変数ブロックを用意し，count という数値の変数を作成しています．この変数 count にタッチセンサーが押された回数を代入していきます．

ブロック②：ループブロックの中では，タッチセンサーが押して離された数を数えて，3になればループを抜けるようにしています．

ブロック③④：タッチセンサーが押されるのを検出するためのループと，その後にタッチセンサーが離されるのを検出するループを作成しています．

ブロック⑤〜⑦：変数 count の値を取り出して，count+1 した値を変数 count に代入しています．

ブロック⑧⑨：変数 count の値を取り出して，count の値が3と等しいかをチェックして，真偽値を②の条件式に渡しています．

ブロック⑩：②のループブロックを抜けたら，0.5秒間だけドの音を鳴らしています．

(2) Python による記述

この処理を Python で書くと，プログラムリスト7.2のようになります．処理の状況をわかりやすくするため，count の値をディスプレイに表示させています．

▶| プログラムリスト 7.2 | 3 回タッチしたら音を鳴らす Python プログラム

```
 1  #!/usr/bin/env pybricks-micropython
 2  from common import *
 3
 4  ev3 = EV3Brick()
 5
 6  touch_sensor = TouchSensor(Port.S1)
 7
 8  # 変数count を用意して 0 で初期化
 9  count = 0
10
11  # 音量を 50%に設定
12  ev3.speaker.set_volume(50)
13
14  # count の値が 3 未満の間，繰り返す
15  while count < 3:
16      # count の値を表示
17      ev3.screen.print(str(count))
18
19      # タッチセンサーが押されるまで繰り返す
20      while not(touch_sensor.pressed()):
21          wait(10)
22
23      # タッチセンサーが離されるまで繰り返す
24      while touch_sensor.pressed():
25          wait(10)
26
27      # count に 1 を加算
28      count = count + 1
29
30  # 音を鳴らす
31  ev3.speaker.beep()
```

このプログラムでは以下の処理を行っています．

9 行目 ： 変数 count を用意して 0 で初期化しています．（ブロック ①）

15〜28 行目 ： while 文の中でタッチセンサーが押して離された数を数えて count に代入しています．count の値が 3 未満の間，ループを繰り返しています．（ブロック ②⑧⑨）

17 行目 ： count の値を画面に表示させています．count は数値なので，str 命令で文字列に変換しています．

20, 21 行目 ： タッチセンサーが押されるまで繰り返す処理をしています．not は真偽値を反転させる命令です（ブロック ③）．

24, 25 行目 ： タッチセンサーが離されるまで繰り返す処理をしています．（ブロック ④）

28 行目 ：count に 1 だけ加算して，count に代入しています．（ブロック ⑤～⑦）

31 行目 ： ビープ音を鳴らしています．（ブロック ⑩）

7.2.2 乱数を使う

(1) EV3-SW による記述

乱数を使用して，ロボットをランダムに移動させてみましょう．EV3-SW では図 7.2 のようなプログラムになります．

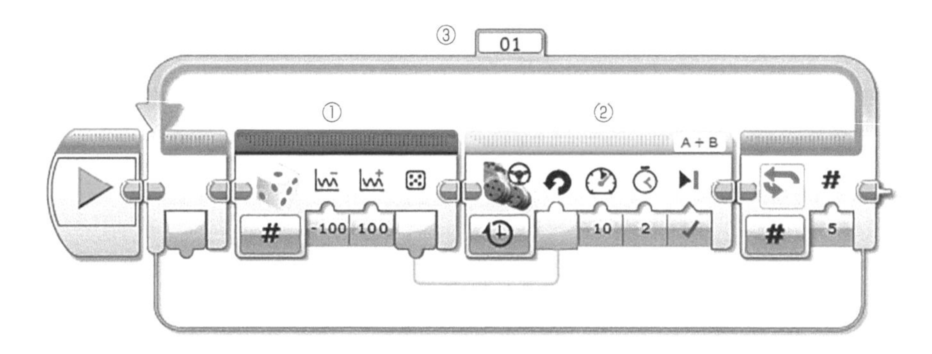

図 7.2 ランダムに移動させる EV3-SW のプログラム

それぞれのブロックでは以下の処理を行っています．

ブロック ① ： ランダムブロックで，下限を −100, 上限を 100 に設定して，−100～100 の値を出力しています．

ブロック ② ： ステアリングブロックのモードを秒数に設定して，ランダムブロックの値からデータワイヤーを引き出して，ステアリングにつないでいます．パワーは 10，秒数は 2，ブレーキ方法は真としています．これでランダムに向きを変えながらロボットを移動させています．

ブロック ③ ： ①② をループブロックの中に入れ，5 回でループを終わるようにしています．

(2) Python による記述

この処理を Python で書くとプログラムリスト 7.3 のようになります．

▶| プログラムリスト 7.3 | ランダムに移動させる Python プログラム

```
1  #!/usr/bin/env pybricks-micropython
2  from common import *
3  import random
4
5  # 左右のモーターのインスタンス
6  left_motor = Motor(Port.B)
7  right_motor = Motor(Port.C)
8
9  # 車輪の直径, mm 単位
10 wheel_diameter = 56
11 # 左右の車輪間の距離 mm 単位
12 axle_track = 118
13
14 # ロボットのインスタンス
15 robot = DriveBase(left_motor, right_motor, wheel_diameter, axle_track)
16
17 for n in range(5):
18     # -100～100の乱数を発生させる
19     steering = random.randrange(-100, 100)
20     # 移動速度 100mm/s, 旋回角速度 steering で 1000 ミリ秒間だけ移動
21     robot.drive(100, steering)
22     wait(1000)
23     robot.stop()
```

このプログラムでは以下の処理を行っています．

3 行目：あとで乱数を使うため，random モジュールをインポートしています．

5～15 行目：ロボットの DriveBase インスタンスを作成しています．

17 行目：for 文で繰り返し処理を作っています．range(5) としているので 18～21 行目の命令は 5 回繰り返されます．

19 行目：Random クラスの randrange で乱数を発生させています．2 つの引数で発生させたい乱数の範囲を指定することができます．ここでは -100, 100 を指定しているので，-100 から 100 の間の乱数が得られます．得られた乱数は steering という変数に代入しています．

21～23 行目：前のプログラムでも使った robot.drive(), wait(), robot.stop() を使ってロボットを動かしています．移動速度 100 mm/s，旋回角速度 steering で 1000 ミリ秒間だけ移動しますが，steering は乱数で決まるため，いろいろな方向に移動します．

7.2.3 マイブロックや関数を使う

プログラムを書いていると，何度も繰り返し実行される一連の処理が出てきます．このような処理をまとめて記述する機能を，EV3-SW では**マイブロック**，Python では**関数**と呼びます．マイブロックや関数を使うことでプログラムをすっきりと書くことができることをみてみましょう．

(1) EV3-SW による記述

EV3-SW では図 7.3 のようなプログラムになります．

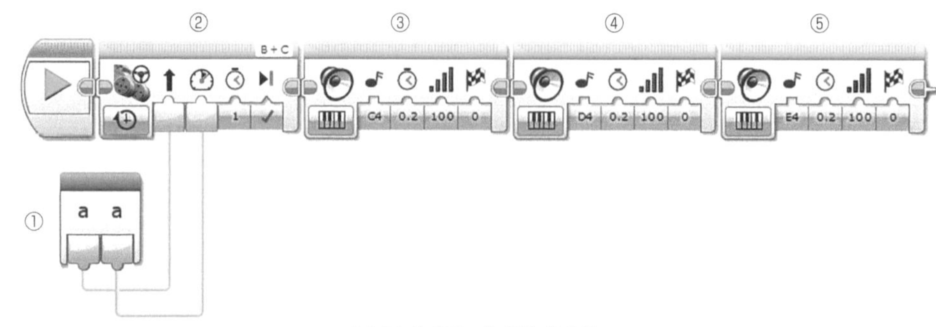

(a) マイブロックを作成する

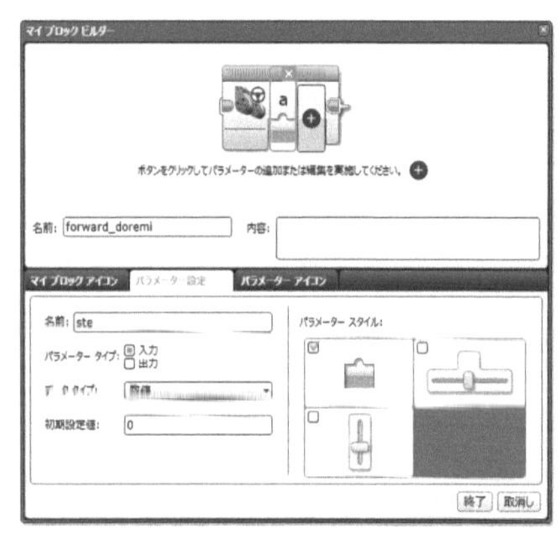

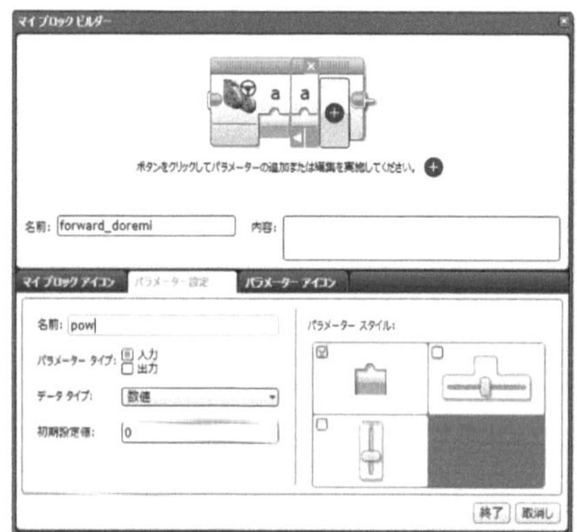

(b) マイブロックのパラメーターを設定する

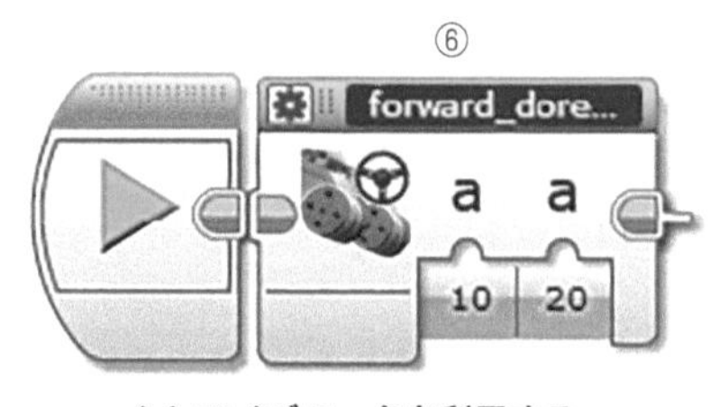

(c) マイブロックを利用する

図 7.3　関数を作成して利用する EV3-SW のプログラム

それぞれのブロックでは以下の処理を行っています.

ブロック ①〜④ ： ステアリングブロックと音ブロックを3つつなげて，移動した後にドレミを鳴らすように設定しています．ブロック ①〜④ をすべて選択した状態で，メニュー＞ツール＞マイブロックビルダーをクリックします．名前に forward_doremi と入力して，パラメーターの追加（＋ボタン）をクリックします．パラメーターの設定タブを開いて，名前に ste を入力します．同様に，もう一度パラメーターの追加（＋ボタン）をクリックし，パラメーターの設定タブを開いて，名前に pow を入力します（図 7.3(b)）．完了したら，終了をクリックします．

ブロック ⑤ ： プロジェクトに新しいタブ forward_doremi が現れて，先ほど選択していたブロックがこちらに移ります．また，2つのデータハブを持った灰色のブロックが現れます．左のデータハブが ste の値，右のデータハブが pow の値になります．ste のデータハブとステアリングブロックのステアリングをデータワイヤーで接続します．同様に，pow のデータハブとステアリングブロックのパワーをデータワイヤーで接続します．

ブロック ⑥ ： 元のタブをクリックすると，forward_doremi という名前のマイブロックができていますので，左のデータハブ（ste）に 10，右のデータハブ（pow）に 20 を入力します．これで実行すると，マイブロックが実行されて，ロボットは右にカーブしながら前進した後にドレミと音を鳴らします．

(2) Python による記述

この処理を Python で書くと，プログラムリスト 7.4 のようになります．関数を作成するには，def という命令を使います．

▶| プログラムリスト 7.4 | 関数を作成して利用する Python プログラム

```
1  #!/usr/bin/env pybricks-micropython
2  from common import *
3
4  ev3 = EV3Brick()
5
6  # 左右のモーターのインスタンス
7  left_motor = Motor(Port.B)
8  right_motor = Motor(Port.C)
9
10 # タイヤの直径，mm 単位
11 wheel_diameter = 56
12 # 左右のタイヤ間の距離，mm 単位
```

```
13 axle_track = 123
14
15 # ロボットのインスタンス
16 robot = DriveBase(left_motor, right_motor, wheel_diameter, axle_track)
17
18 # 関数forward_doremi の定義
19 def forward_doremi(pow, ste):
20     # 前進速度 pow mm/s, 旋回角速度 ste deg/s で 1000 ミリ秒間だけ移動
21     robot.drive(pow, ste)
22     wait(1000)
23     robot.stop()
24
25     # 音量 100で 200ミリ秒間ずつ, ドレミの音を鳴らす
26     ev3.speaker.set_volume(100)
27     ev3.speaker.beep(262, 200)
28     ev3.speaker.beep(294, 200)
29     ev3.speaker.beep(330, 200)
30
31 # 関数forward_doremi の呼び出し
32 forward_doremi(200, 100)
```

このプログラムでは以下の処理を行っています.

7〜16 行目 : ロボットの DriveBase インスタンスを生成しています.

19〜29 行目 : def で関数を作成しています. def の後ろに書かれた foward_doremi が関数の名前になり, その後ろの (pow, ste) が引数になります. (ブロック ①〜⑤)

21 行目 : robot.drive() の引数に pow, ste を設定している点に注目してください. これにより, 移動速度 pow mm/s, 旋回角速度 ste deg/s でロボットを移動させています. (ブロック ①②)

26〜29 行目 : 音量 100 で 200 ミリ秒間ずつ, ドレミの音を鳴らしています. (ブロック ③〜⑤)

32 行目 : 作成した関数 foward_doremi() を使っています. 引数を 200, 100 としているので, ロボットはゆっくりと右にカーブしながら前進した後にドレミと音を鳴らします. (ブロック ⑥)

7.2.4 マルチスレッドを使う

プログラムにおいて複数の処理を同時に実行することを**マルチスレッド処理**といいます. ここで, スレッドとはプログラムの実行単位 (例えば関数で表現した一連の処理) を表します. モーターの動作とセンサー値の処理をマルチスレッドで処理するプログラムを作ってみましょう.

(1) EV3-SW による記述

EV3-SW では図 7.4 のようなプログラムになります．開始ブロックからもう 1 本の線を引き出すことでマルチスレッド処理が実現できます．

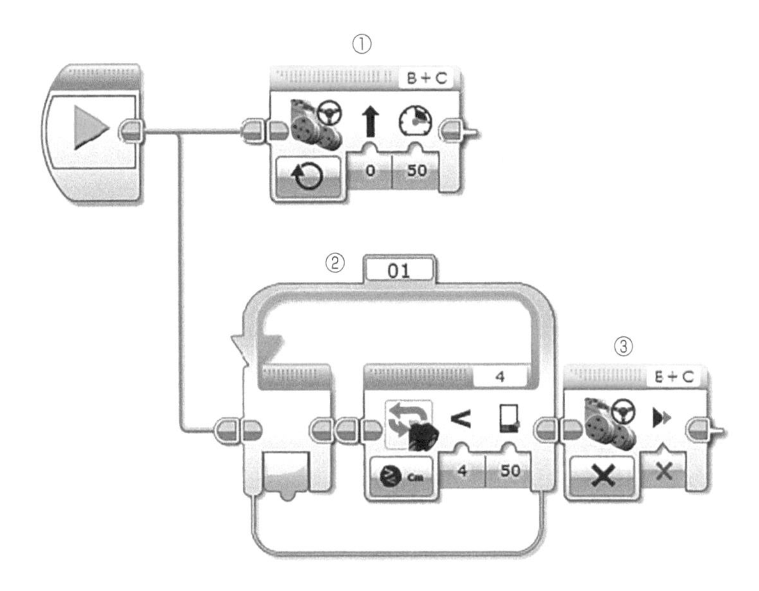

図 7.4　マルチスレッド処理

それぞれのブロックでは以下の処理を行っています．

ブロック①：ステアリングブロックでモーターを回転させ続ける処理（スレッド）です．もう 1 つのスレッドからモーターを停止させる命令が来るまで，モーターは回転し続けます．

ブロック②③：超音波センサーから値を取得して，距離が 50 cm 未満になればモーターを停止させる命令を出す処理（スレッド）です．

(2) Python による記述

この処理を Python で書くと，プログラムリスト 7.5 のようになります．スレッドを使うためには_thread モジュールを読み込む必要があります．超音波センサーの値に応じてモーターを停止させる関数 check_distance を作成しています．作成した関数を_thread.start_new_thread の引数で渡すことでスレッドが始まります．

▶| プログラムリスト 7.5 | マルチスレッド処理を使った Python プログラム

```
1 #!/usr/bin/env pybricks-micropython
2 from common import *
3 import _thread
```

```
 4
 5 ev3 = EV3Brick()
 6
 7 # 左右のモーターのインスタンス
 8 left_motor = Motor(Port.B)
 9 right_motor = Motor(Port.C)
10
11 # タイヤの直径，mm 単位
12 wheel_diameter = 56
13 # 左右のタイヤ間の距離，mm 単位
14 axle_track = 118
15
16 # ロボットのインスタンス
17 robot = DriveBase(left_motor, right_motor, wheel_diameter, axle_track)
18
19 # 超音波センサーのインスタンス
20 us_sensor = UltrasonicSensor(Port.S4)
21
22 # 壁に近づいたかを表すフラグ
23 flg = 0
24
25 # 超音波センサーの値を取得して比較する関数
26 def check_distance():
27     global flg
28     while True:
29         # distance の値を表示
30         distance = us_sensor.distance()
31         ev3.screen.print(str(distance))
32
33         if distance < 50:
34             break
35     flg = 1
36     return
37
38 # スレッドの開始
39 _thread.start_new_thread(check_distance, ())
40
41 # ロボットを前進させ続け，壁に近づいたら止める
42 robot.drive(100, 0)
43 while True:
44     if flg == 1:
```

```
45          break
46  robot.stop()
```

このプログラムでは以下の処理を行っています.

3 行目：_thread モジュールをインポートしています.
8〜17 行目：ロボットの DriveBase インスタンスを生成しています.
20 行目：超音波センサーのインスタンスを生成しています.
23 行目：壁に近づいたかを表す変数 flg を用意して 0 で初期化しています.
26〜36 行目：超音波センサーの値を取得して比較する関数 check_distance を作成しています. 壁との距離が 50 未満になると変数 flg に 1 を代入して終了するように設定しています.
39 行目：作成した関数 check_distance() をスレッドで実行しています.
42〜46 行目：flg の値が 1 になるまでロボットを前進させ続けています.

7.3 ライントレース

ロボットコンテストに出場するために必要な技術の 1 つとして, **ライントレース**があります. ライントレースは, 白いフィールド上に引かれた黒い線に沿ってロボットを動かすという技術です. 上手にライントレースさせるには, 適切な**制御**が必要です. JIS 規格では, 制御とは「ある目的に適合するように対象となっているものに所要の操作を加えること」と定められています. 制御したい対象を**制御対象**と呼び, 制御したい出力と外部からの入力が必要です. 制御したい出力を**制御量**, 外部からの入力を**操作量**と呼びます. また, ある目的とする値を**目標値**, 操作量と目標値の差を**偏差**と呼びます.

本章のライントレースでは, 制御対象はロボット, 制御量はステアリング量, 操作量はカラーセンサーの測定値, 目標値はカラーセンサの測定値が 50 %（黒：0 %と白：100 %の中間）とします. ロボットが動く環境によっては目標値を調整する必要がありますので, 実際にプログラムを作るときには, まず黒と白の反射光の強さを調べ, その中間の値に目標値を設定するようにしてください.

7.3.1 ON-OFF 制御によるライントレース

偏差に応じて 2 種類の制御量だけで制御する方法を **ON-OFF 制御**といいます. ON-OFF 制御でライントレースすると, 図 7.5 に示すようにライン上から始めて, カラーセンサーの測定値が 50 %以下なら右の車輪のみを回転させて車体を左に振り, 50 %より大きければ左の車輪のみを回転させて車体を右に振ります. このように制御することで, ロボットはラインの境界をジグザグに前進するようになります. 例として, ステアリング量を 30 と −30 の 2 種類に設定したときの操作量と制御量の変化

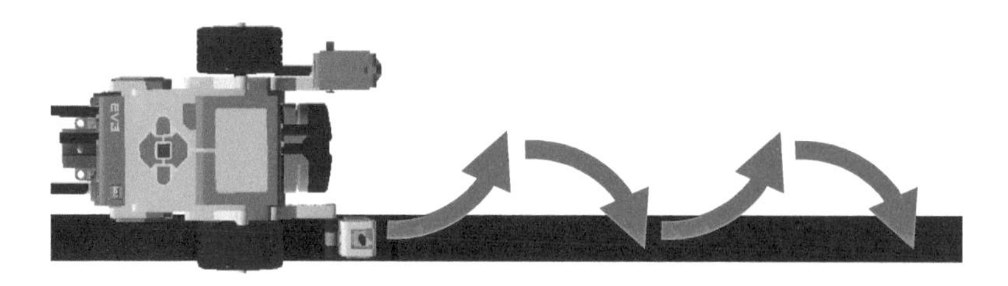

図 7.5　ON-OFF 制御によるライントレース

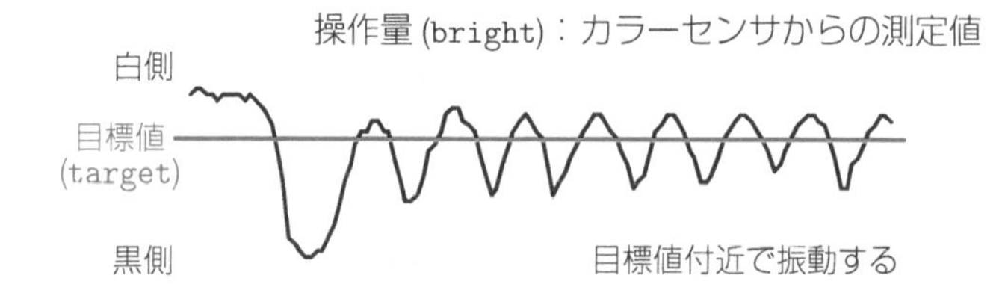

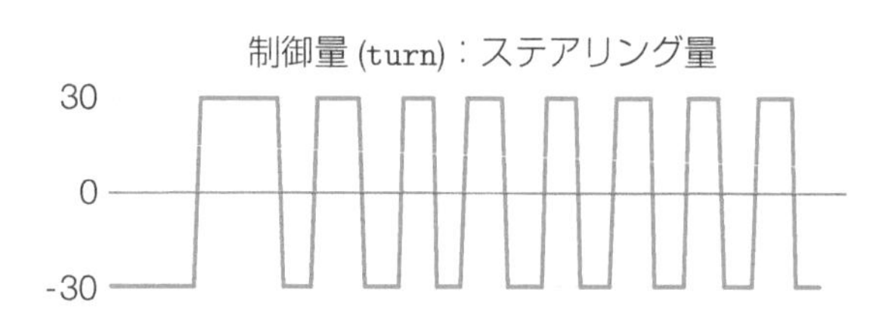

図 7.6　ON-OFF 制御における操作量と制御量の変化の様子

の様子を図 7.6 に示します．

(1)　EV3-SW による記述

このアルゴリズムの EV3-SW でのプログラム例は図 7.7 のようになります．ロボットに取り付けられたカラーセンサーの値によってステアリングを右か左に切るという単純なプログラムです．

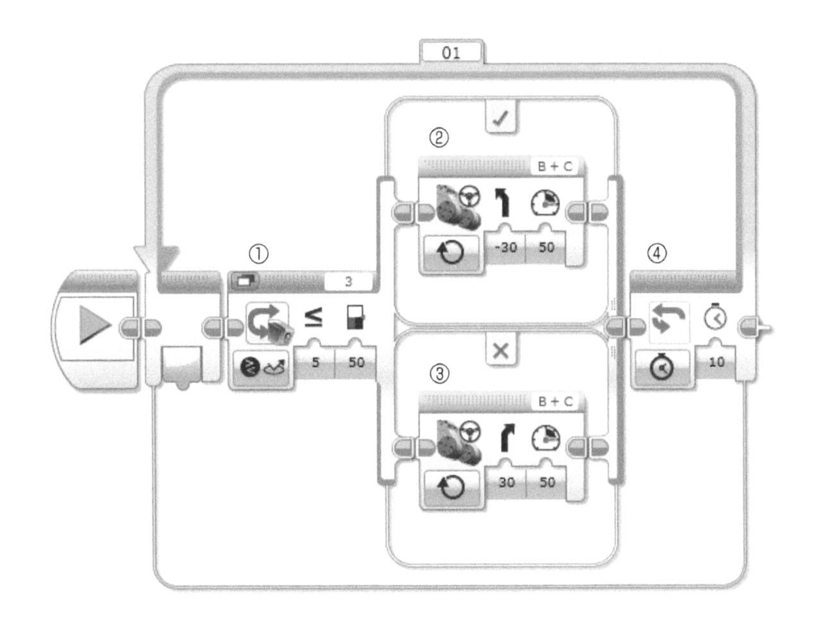

図 7.7　ON-OFF 制御によるライントレース例

それぞれのブロックでは以下の処理を行っています．

ブロック ①：スイッチブロックで，「モード：カラーセンサー・比較・反射光の強さ」「比較タイプ：5（以下）」「しきい値：50」に設定しています．比較結果が「反射光の強さが 50 以下（黒と判断）」であれば ② の処理を，「反射光の強さが 50 より大きい（白と判断）」であれば ③ の処理を行います．

ブロック ②：ステアリングブロックで，「モード：オン」「ステアリング：−30」「モーターパワー：50」に設定しています．左にステアリングを切り，ロボットを左方向に前進させています．

ブロック ③：ステアリングブロックで，「モード：オン」「ステアリング：30」「モーターパワー：50」に設定しています．右にステアリングを切り，ロボットを右方向に前進させています．

ブロック ④：ループブロックで，「モード：時間」「秒：10」に設定して，ブロック ①〜③ の処理を 10 秒間繰り返しています．

(2)　Python による記述

ON-OFF 制御によるライントレースを 10 秒間繰り返す処理を Python で書くと，プログラムリスト 7.6 のようになります．

▶| プログラムリスト 7.6 | ON-OFF 制御によるライントレースをする Python プログラム

```
 1 #!/usr/bin/env pybricks-micropython
 2 from common import *
 3 import time
 4
 5 left_motor = Motor(Port.B)
 6 right_motor = Motor(Port.C)
 7 wheel_diameter = 56
 8 axle_track = 118
 9 robot = DriveBase(left_motor, right_motor, wheel_diameter, axle_track)
10
11 color_sensor = ColorSensor(Port.S3)
12
13 t0 = time.time()
14
15 while time.time()-t0 < 10:
16     if color_sensor.reflection() <= 50 :
17         robot.drive(50, 30)
18     else:
19         robot.drive(50, -30)
```

このプログラムでは以下の処理を行っています．

3 行目：現在時刻を取得するための time クラスをインポートしています．

5〜9 行目：ロボットの DriveBase インスタンスを生成しています．

11 行目：カラーセンサーのインスタンスを生成しています．

13 行目：while 文による繰り返し処理に入る前の時刻を変数 t0 に保存しています．

15 行目：時刻 t0 から 10 秒未満であれば，16〜19 行目を繰り返すように設定しています．（ブロック ④）

16, 17 行目：カラーセンサーで測定した反射光の値 color_sensor.reflection() が 50 以下であるかを判断しています（ブロック ①）．50 以下であればロボットを移動速度 50 mm/s，旋回角速度 30 deg/s で前進させています．（ブロック ②）

18, 19 行目：カラーセンサーの値が 50 より大きい場合は，ロボットを移動速度 50 mm/s，旋回角速度 −30 deg/s で前進させています．（ブロック ③）

7.3.2 比例制御（P制御）によるライントレース

ON-OFF制御では2通りの動作しか命令できないので，ラインから大きく離れていても少ししか離れていなくても同じ動きしかできず，ラインに沿って滑らかに走ることができません．ラインのエッジに沿って走ることを目標にして，その目標からの偏差をステアリング量（制御量）に使えば滑らかにロボットを走らせることができます．

図7.8に示すように，目標値（50%）からの差（偏差）にある決まった値をかけて操作量（ステアリング量）を決定する方法を**比例制御**（**P制御**）といいます．この決まった値を，P制御では**ゲイン**と呼びます．ゲインを調整することで目標値へ収束する時間や動きの滑らかさが変わります．目標値をtarget，カラーセンサからの測定値をbright，ゲインをKP，ステアリング量をturnとおくと，以下のように表現できます．

$$\texttt{turn} = \mathrm{KP} \times (\texttt{target} - \texttt{bright})$$

白い床の上に黒いラインが引いてある環境で，ロボットが黒いラインの右側のエッジに沿って10秒間移動するプログラムを考えてみましょう．

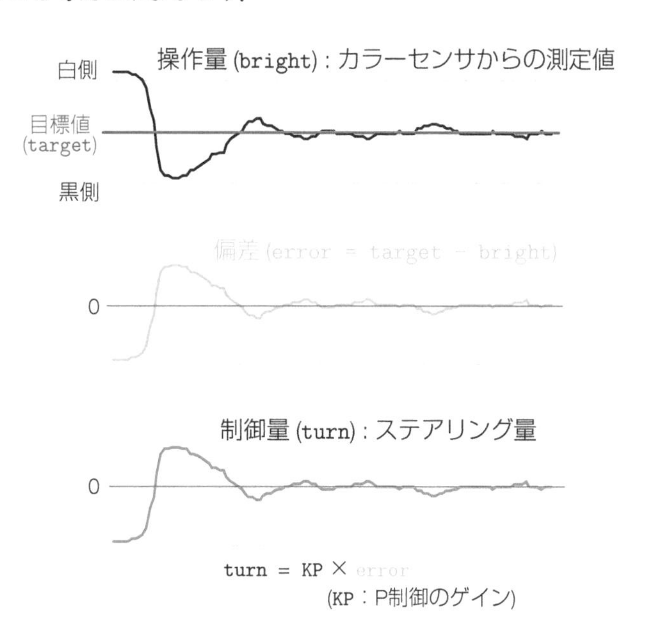

図7.8 P制御における操作量と制御量の変化の様子

(1) EV3-SW による記述

このアルゴリズムの EV3-SW のプログラム例は図 7.9 のようになります.

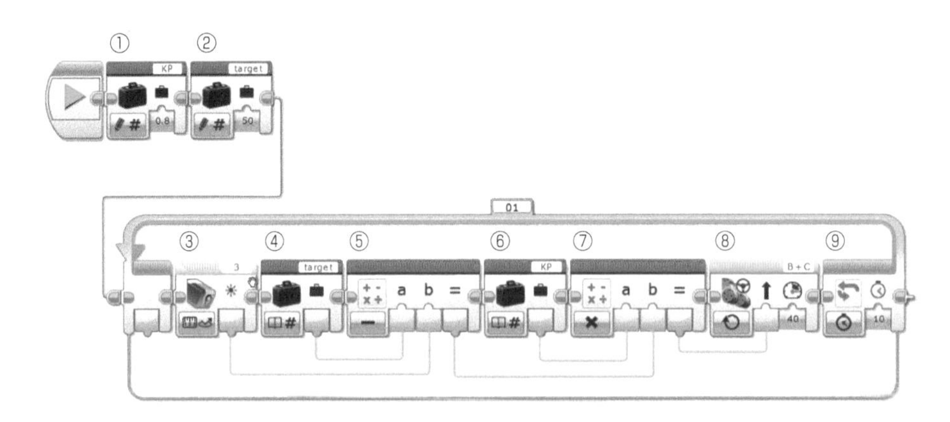

図 7.9 P 制御によるライントレースのプログラム例

それぞれのブロックでは以下の処理を行っています.

ブロック①：変数ブロックで,「モード：書き込み・数値」に設定して, ゲインを表す変数 KP の値を 0.8 にしています.

ブロック②：変数ブロックで,「モード：書き込み・数値」に設定して, 目標とする反射光の強さを表す変数 target の値を 50 にしています.

ブロック③：カラーセンサーブロックで,「モード：測定・反射光の強さ」に設定して, 測定された値をデータワイヤーでブロック⑤に出力しています.

ブロック④：変数ブロックで,「モード：読み込み・数値」に設定して, 変数 target の値をデータワイヤーでブロック⑤に出力しています.

ブロック⑤：数学ブロックで,「モード：引き算」に設定して, 変数 target の値から, ブロック③で測定された値を引いて, その結果をデータワイヤーでブロック⑦に出力しています. ここで目標値と測定値の偏差を計算しています.

ブロック⑥：変数ブロックで,「モード：読み込み・数値」に設定して, 変数 KP の値をデータワイヤーでブロック⑦に出力しています.

ブロック⑦：数学ブロックで,「モード：掛け算」に設定して, 偏差を表すブロック⑤の出力値にゲインを表す変数 KP の値をかけて P 制御における制御量を計算しデータワイヤーでブロック⑧に出力しています.

ブロック⑧：ステアリングブロックで,「モード：オン」「ステアリング：ブロック⑦からの出力値 (計算した制御量)」「モーターパワー：40」に設定しています.

ブロック⑨：ループブロックで,「モード：時間」「秒：10」を設定しています.

(2) Python による記述

この処理を Python で書くと，プログラムリスト 7.7 のようになります．

▶| プログラムリスト 7.7 | 比例制御（P 制御）によるライントレースをする Python プログラム

```
1  #!/usr/bin/env pybricks-micropython
2  from common import *
3  import time
4
5  left_motor = Motor(Port.B)
6  right_motor = Motor(Port.C)
7  wheel_diameter = 56
8  axle_track = 118
9  robot = DriveBase(left_motor, right_motor, wheel_diameter, axle_track)
10
11 color_sensor = ColorSensor(Port.S3)
12
13 KP = 2.0
14 target = 50
15
16 t0 = time.time()
17
18 while time.time() - t0 < 10:
19     bright = color_sensor.reflection()
20     turn = (target - bright) * KP
21     robot.drive(70, turn)
```

このプログラムでは以下の処理を行っています．

3 行目 ：現在時刻を取得するための time クラスをインポートしています．

5〜9 行目 ：ロボットの DriveBase インスタンスを生成しています．

11 行目 ：カラーセンサーのインスタンスを生成しています．

13, 14 行目 ：ゲインを表す変数 KP と目標値を表す変数 target に値を設定しています．（ブロック①②）

16 行目 ：while 文による繰り返し処理に入る前の時刻を変数 t0 に保存しています．

18 行目 ：時刻 t0 から 10 秒未満であれば，19〜21 行目を繰り返すように設定しています（ブロック⑨）

19 行目 ：カラーセンサーで取得した反射光の値 color_sensor.reflection() を変数 bright に保存しています．（ブロック③）

20 行目 ： 目標値との差にゲインをかけて，旋回する速度を計算し，制御量を表す変数 turn に保存しています．（ブロック ④～⑦）

21 行目 ： ロボット robot を計算した移動速度 70 mm/s，旋回角速度 turn deg/s で回転させています．（ブロック ⑧）

7.3.3 比例微分制御（PD 制御）によるライントレース

急なカーブがあるとき，ON-OFF 制御や P 制御ではうまくライントレースできないことがあります．P 制御では，ある時刻における「目標値との差（偏差）」を次の時刻の制御量の目安として使っていましたが，これでは変化が急な場合にはうまくいかない場合があります．そこで，この偏差が増加（または減少）しつつあるのかを調べて，その変化量も次の時刻の制御量として使うという方法が，**比例微分制御**（**PD 制御**）です．ここで追加された D は**微分制御**（**D 制御**）と呼ばれる制御方法です．具体的には，1 時刻前の偏差を覚えておいて，今の時刻の偏差と比較して偏差が増加（カーブがさらに急になっている）していれば制御量を大きくし，偏差が減少（カーブがさらに緩やかになっている）していれば制御量を小さくする，というイメージです．目標値を target，カラーセンサからの測定

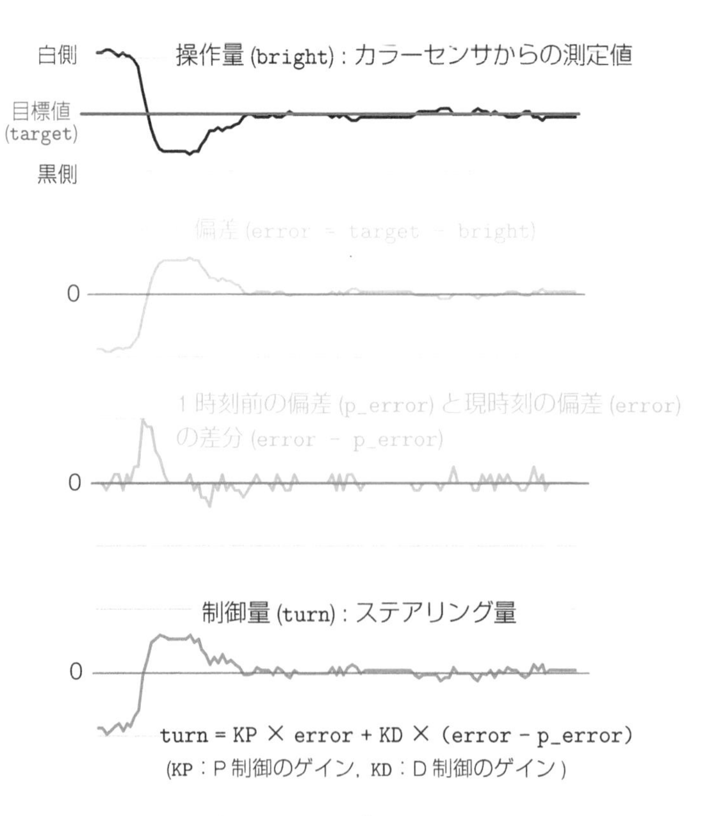

図 7.10 PD 制御における操作量と制御量の変化の様子

値を bright，今の時刻の偏差を error(= target - bright)，1 時刻前の偏差を p_error，P 制御におけるゲインを KP，D 制御におけるゲインを KD，ステアリング量を turn とおくと以下のように表現できます．

$$\mathtt{turn} = \mathtt{KP} \times \mathtt{error} + \mathtt{KD} \times (\mathtt{error} - \mathtt{p\_error})$$

図 7.10 は，PD 制御における操作量と制御量の変化の一例を示しています．

白い床の上に黒いラインが引いてある環境で，ロボットが黒いラインの右側のエッジに沿って移動するプログラムを考えてみましょう．カラーセンサーで測定された値が目標の値になるようにロボットのステアリング量を PD 制御することでエッジに沿って移動します．

(1) EV3-SW による記述

このアルゴリズムの EV3-SW のプログラム例は図 7.11 のようになります．

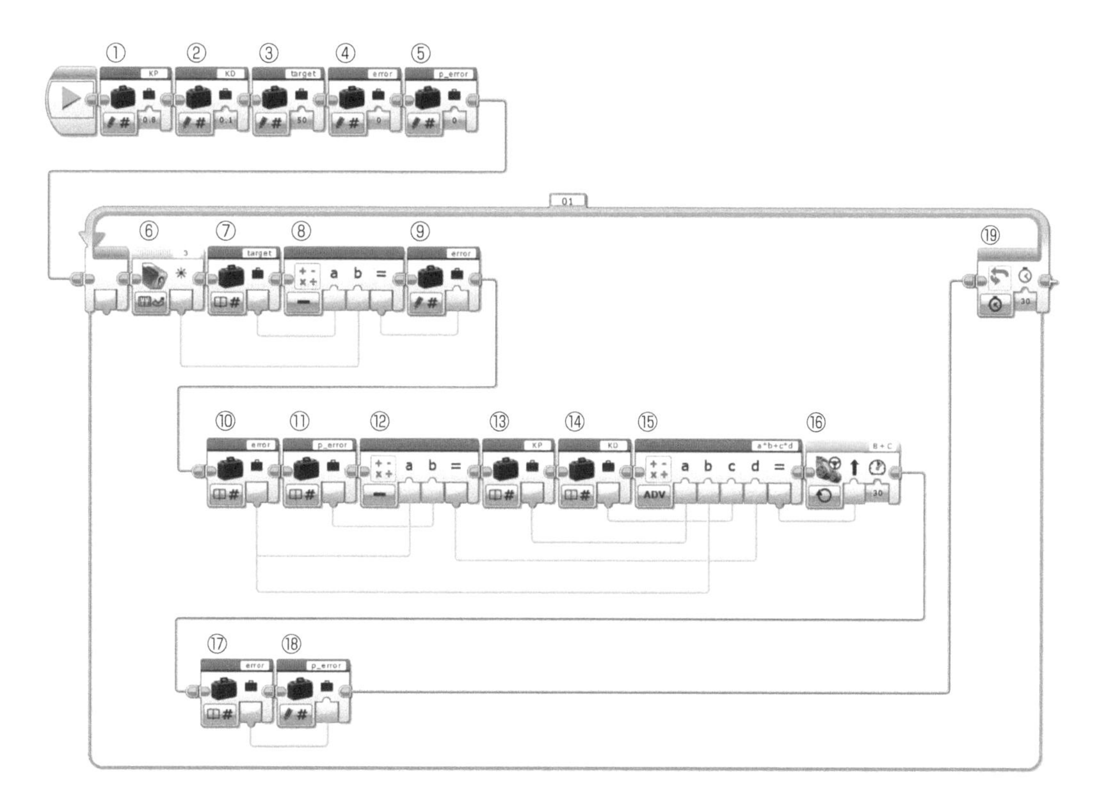

図 7.11　PD 制御によるライントレースのプログラム例

それぞれのブロックでは以下の処理を行っています．

ブロック ①：変数ブロックで，「モード：書き込み・数値」に設定して，P 制御におけるゲインを表す変数 KP の値を 0.8 にしています．

ブロック②：変数ブロックで，「モード：書き込み・数値」に設定して，D 制御におけるゲインを表す変数 KD の値を 0.1 にしています．

ブロック③：変数ブロックで，「モード：書き込み・数値」に設定して，目標とする反射光の強さを表す変数 target の値を 50 にしています．

ブロック④：変数ブロックで，「モード：書き込み・数値」に設定して，偏差を表す変数 error の値を 0 にしています．

ブロック⑤：変数ブロックで，「モード：書き込み・数値」に設定して，1 時刻前の偏差の値を表す変数 p_error の値を 0 にしています．

ブロック⑥：カラーセンサーブロックで，「モード：測定・反射光の強さ」に設定して，測定された値をデータワイヤーでブロック⑧に出力しています．

ブロック⑦：変数ブロックで，「モード：読み込み・数値」に設定して，変数 target の値をデータワイヤーでブロック⑧に出力しています．

ブロック⑧：数学ブロックで，「モード：引き算」に設定して，変数 target の値からブロック⑥で測定された値を引いて，その結果を偏差としてデータワイヤーでブロック⑨に出力しています．

ブロック⑨：変数ブロックで，「モード：書き込み・数値」に設定して，ブロック⑧からの出力値を変数 error の値に代入しています．

ブロック⑩：変数ブロックで，「モード：読み込み・数値」に設定して，変数 error の値をデータワイヤーでブロック⑫に出力しています．

ブロック⑪：変数ブロックで，「モード：読み込み・数値」に設定して，変数 p_error の値をデータワイヤーでブロック⑫に出力しています．

ブロック⑫：数学ブロックで，「モード：引き算」に設定して，変数 error の値から p_error の値を引いて，その結果をブロック⑮に出力しています．「現在時刻の偏差」と「1 時刻前の偏差」の差を計算しています．

ブロック⑬：変数ブロックで，「モード：読み込み・数値」に設定して，変数 KP の値をデータワイヤーでブロック⑮に出力しています．

ブロック⑭：変数ブロックで，「モード：読み込み・数値」に設定して，変数 KD の値をデータワイヤーでブロック⑮に出力しています．

ブロック⑮：数学ブロックで，「モード：拡張機能・a*b+c*d を計算する」に設定しています．その結果をブロック⑯に出力しています．現在時刻の偏差にゲイン KP をかけた値が「a*b」の部分，偏差の差にゲイン KD をかけた値が「c*d」の部分で計算されます．その結果が PD 制御における制御量（ステアリング量）になります．

ブロック⑯：ステアリングブロックで，「モード：オン」「モーターパワー：30」に設定しています．ステアリングの値はブロック⑮からの出力値を設定しています．

ブロック⑰：変数ブロックで，「モード：読み込み・数値」に設定して，変数 error の値をデータワイヤーでブロック⑱に出力しています．

ブロック ⑱ ： 変数ブロックで，「モード：書き込み・数値」に設定して，変数 p_error の値に変数 error の値を代入しています．

ブロック ⑲ ： ループブロックで，「モード：時間」「継続時間：30 秒」を設定しています．

(2) Python による記述

この処理を Python で書くと，プログラムリスト 7.8 のようになります．

▶| プログラムリスト 7.8 | PD 制御によるライントレースをする Python プログラム

```
1  #!/usr/bin/env pybricks-micropython
2  from common import *
3  import time
4
5  left_motor = Motor(Port.B)
6  right_motor = Motor(Port.C)
7  wheel_diameter = 56
8  axle_track = 118
9  robot = DriveBase(left_motor, right_motor, wheel_diameter, axle_track)
10
11 color_sensor = ColorSensor(Port.S3)
12
13 KP = 2.0
14 KD = 0.5
15 target = 50
16
17 p_error = 0
18 t0 = time.time()
19
20 while time.time() - t0 < 30:
21     bright = color_sensor.reflection()
22     error = target - bright
23     turn = error * KP + (error - p_error) * KD
24
25     robot.drive(70, turn)
26     p_error = error
```

このプログラムでは以下の処理を行っています．

3 行目 ： 現在時刻を取得するための time クラスをインポートしています．

5～9 行目 ： ロボットの DriveBase インスタンスを生成しています．

11 行目 ： カラーセンサーのインスタンスを生成しています．

13〜15 行目：ゲインを表す変数 KP，KD と目標値を表す変数 target に，それぞれ値を設定しています．（ブロック ①〜③）
17 行目：1 時刻前の偏差を保存するための変数 p_error を初期化しています．（ブロック ⑤）
18 行目：while 文による繰り返し処理に入る前の時刻を，変数 t0 に保存しています．
20 行目：時刻 t0 から 30 秒未満であれば，21〜26 行目を繰り返します．（ブロック ⑲）
21 行目：カラーセンサーで取得した反射光の値 color_sensor.reflection() を変数 bright に保存しています．
22 行目：現在時刻の目標値と測定値の偏差を，変数 error に保存しています．（ブロック ⑥〜⑨）
23 行目：偏差 error と，偏差の差分 error - p_error にそれぞれゲインをかけて，回転速度を計算し，制御量を表す変数 turn に保存しています．（ブロック ⑩〜⑮）
25 行目：ロボット robot を計算した移動速度 70 mm/s，旋回角速度 turn deg/s で回転させています．（ブロック ⑯）
26 行目：現在時刻の偏差 error を 1 時刻前の偏差 p_error として保存しています．（ブロック ⑰ ⑱）

7.4 線の検出

ロボットコンテストなどでは，自分がどこにいるのかを判断するために，床に引かれた線を使うことも多いと思います．例えば，「黒い線を何本超えたか」「分岐点にきたか」などに相当します．本節では，床上の線を認識して利用するプログラム例を説明します．

7.4.1 線の本数を数える

白い床の上に黒い線が数本引いてある状態で，ロボットが前進している間に，黒い線の上を何回通過したかを数えるプログラムを考えてみましょう．

図 7.12　黒い線の本数を数えて表示する

(1) EV3-SW による記述

線の本数を数えて表示する EV3-SW のプログラム例は図 7.13 のようになります．

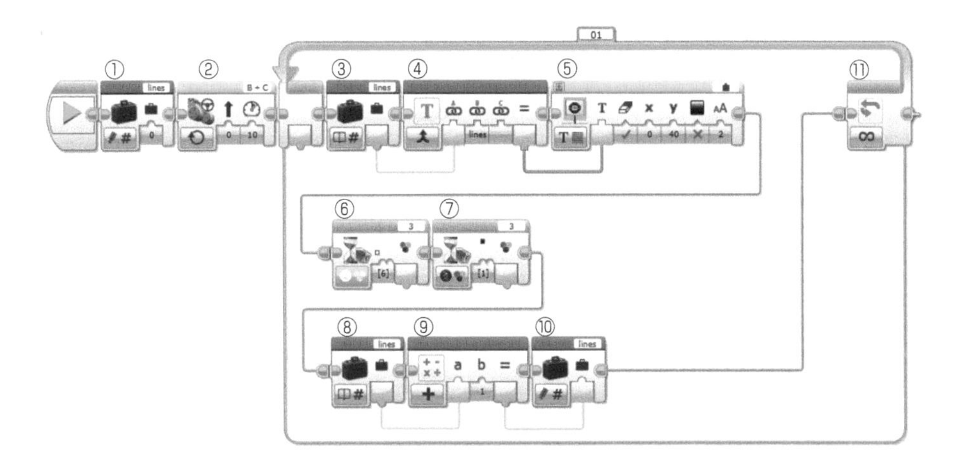

図 7.13　通過した線の本数を数えて表示するプログラム例

それぞれのブロックでは以下の処理を行っています．

ブロック①：変数ブロックで，「モード：書き込み・数値」に設定して，変数 `lines` の値の初期値を 0 にしています．

ブロック②：ステアリングブロックで，「ステアリング：0」「モーターパワー：10」に設定して，ロボットを前進させています．

ブロック③：変数ブロックで，「モード：読み込み・数値」に設定して，変数 `lines` の値をデータワイヤーでブロック④に出力しています．

ブロック④：テキストブロックで，「モード：結合」に設定して，変数 `lines` の値を文字列（テキスト）に変換して，「`lines`」というテキストと結合して，結合したテキストを出力しています．

ブロック⑤：表示ブロックで，「モード：テキスト・ピクセル」に設定して，ブロック④で作ったテキストを位置（0，40）に，フォントサイズ 2 で表示しています．

ブロック⑥：待機ブロックで，「モード：カラーセンサー・比較・色」に設定して，カラーセンサーで白色が測定されるまで待機しています．白い床の上を移動している間，ロボットは前進します．

ブロック⑦：待機ブロックで，「モード：カラーセンサー・比較・色」に設定して，カラーセンサーで黒色が測定されるまで待機しています．カラーセンサーで黒が測定されたら，次のブロックに進みます．

ブロック⑧：変数ブロックで，「モード：読み込み・数値」に設定して，変数 `lines` の値をデータワイヤーでブロック⑨に出力しています．

ブロック ⑨ ：数学ブロックで，「モード：足し算」に設定して，変数 lines の値に 1 を足しています.

ブロック ⑩ ：変数ブロックで，「モード：書き込み・数値」に設定して，ブロック ⑨ の出力の値を変数 lines の値に書き込んでいます.

ブロック ⑪ ：ループブロックで，「モード：無限」に設定して，ブロック ③～⑩ の処理を繰り返しています.

(2) Python による記述

この処理を Python で書くと，プログラムリスト 7.9 のようになります.

▶| プログラムリスト 7.9 | 線の本数を数える Python プログラム

```
 1 #!/usr/bin/env pybricks-micropython
 2 from common import *
 3 import time
 4
 5 ev3 = EV3Brick()
 6
 7 left_motor = Motor(Port.B)
 8 right_motor = Motor(Port.C)
 9 wheel_diameter = 56
10 axle_track = 118
11 robot = DriveBase(left_motor, right_motor, wheel_diameter, axle_track)
12
13 color_sensor = ColorSensor(Port.S3)
14
15 lines = 0
16 robot.drive(100, 0)
17
18 t0 = time.time()
19
20 while time.time()-t0 < 30:
21     output = str(lines) + 'lines'
22     ev3.screen.clear()
23     ev3.screen.draw_text(0, 40, output)
24     while True:
25         if color_sensor.color() == Color.BLACK:
26             break
27     while True:
28         if color_sensor.color() == Color.WHITE:
```

```
29            break
30
31      lines = lines + 1
32
33  robot.stop(Stop.BRAKE)
```

このプログラムでは以下の処理を行っています．

3 行目：現在時刻を取得するための time クラスをインポートしています．

7〜11 行目：ロボットの DriveBase インスタンスを生成しています．

13 行目：カラーセンサーのインスタンスを生成しています．

15 行目：数えた線の本数を保存するための変数 lines を初期化しています．（ブロック ⑤）

16 行目：ロボット robot を移動速度 100 mm/s，旋回角速度 0 deg/s で回転させています．（ブロック ⑯）

18 行目：while 文による繰り返し処理に入る前の時刻を，変数 t0 に保存しています．

20 行目：時刻 t0 から 30 秒未満であれば，21〜31 行目を繰り返すように設定しています．（ブロック ⑲）

21 行目：変数 lines の値を str() 関数を使って文字列（テキスト）に変換して，「lines」というテキストと結合して，結合したテキストを output という文字列に保存しています．

22 行目：ディスプレイの表示をすべて消去しています．

23 行目：ディスプレイの指定の場所 (0, 40) に，output を表示しています．

24〜26 行目：カラーセンサーが黒を検出するまで，ループし続けるように設定しています．黒を検出すると，26 行目の break によって，27 行目の処理に移ります．（ブロック ⑥）

27〜29 行目：カラーセンサーが白を検出するまで，ループし続けるように設定しています．白を検出すると，29 行目の break によって，31 行目の処理に移ります．（ブロック ⑦）

31 行目：変数 lines の値を +1 しています．（ブロック ⑧〜⑩）

33 行目：30 秒間動作後，ロボットをブレーキモードで止めています．

7.4.2 線の分岐を判定する

ライントレースをしながら，分岐を認識するためには，カラーセンサーが最低 2 個必要となります．ロボットの機体の前方左側のタッチセンサーを一時的に外して，同じ場所下向きにカラーセンサーを配置し，ポート 2 に接続します．ポート 3 に接続しているカラーセンサーは，これまで使っていた通りライントレース用として機能させます．ポート 2 に追加したカラーセンサー（トレースするライン幅以上の距離を離して設定しましょう）は，経路の分岐を検出するために使います．白い床の上に黒い線（途中で枝分かれがある）が引いてある状態で，ロボットの左側に取り付けられたカラーセンサーの色モードを使った ON-OFF 制御でライントレースしながら，その間，右側に取り付けられたカラーセンサーで枝分かれした黒い線を探し，枝分かれした黒い線が見つかると，いったん停止し，その後90 度回転して枝分かれした黒い線をまたぐ姿勢で停止するプログラムを考えてみましょう．

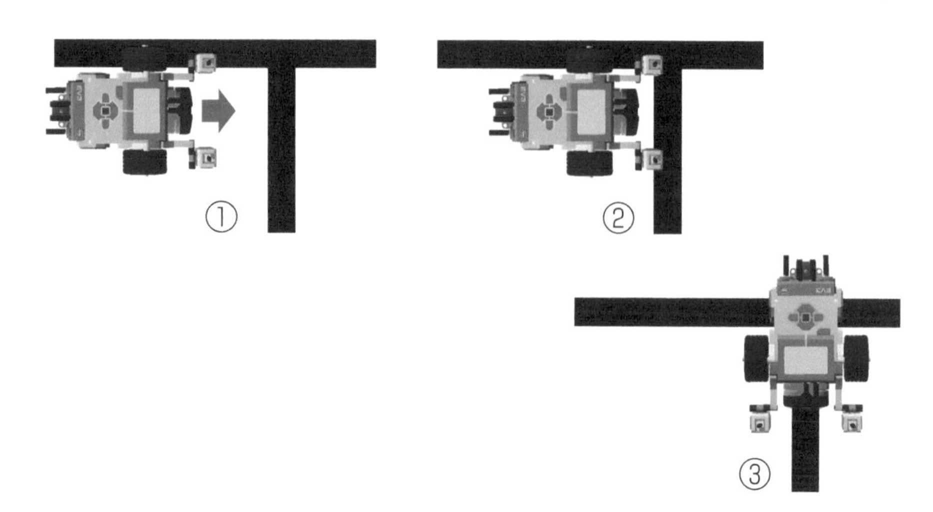

図 7.14　分岐を検出した後 90 度回転する

(1)　EV3-SW による記述

EV3-SW でのプログラム例は図 7.15 のようになります．

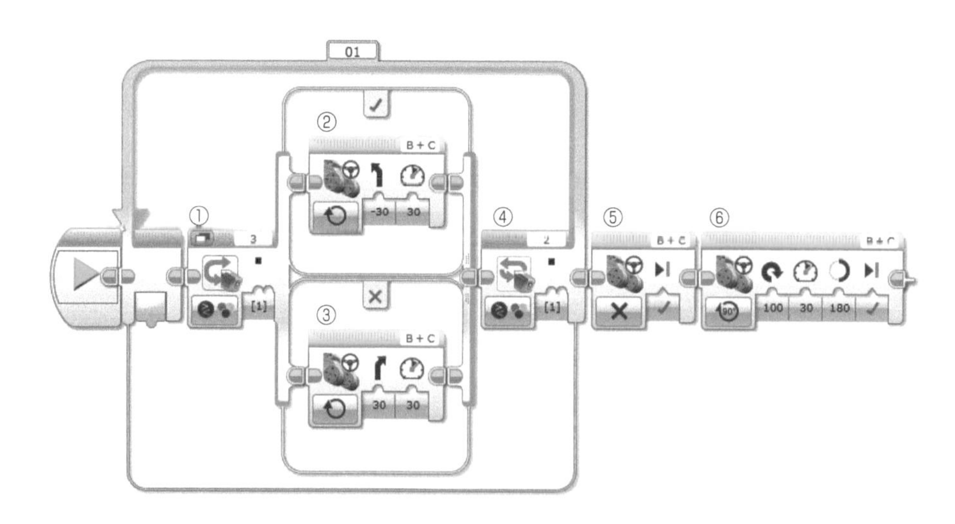

図 7.15　分岐の検出例

それぞれのブロックでは以下の処理を行っています．

ブロック ①：スイッチブロックで，「モード：カラーセンサー（入力ポート 3）・比較・色」「比較する色：黒」に設定しています．比較結果が真（黒を検出）のときはブロック ② の処理を，偽（黒以外を検出）のときはブロック ③ の処理を行うように設定しています．

ブロック ②：ステアリングブロックで，「モード：オン」「ステアリング：30」「モーターパワー：30」に設定しています．

ブロック ③：ステアリングブロックで，「モード：オン」「ステアリング：−30」「モーターパワー：30」に設定しています．ブロック ①～③ を繰り返すことで，ロボットの左側に取り付けられたカラーセンサー（入力ポート 3 に接続）を使った ON-OFF 制御でのライントレースをしています．

ブロック ④：ループブロックで，「モード：接続したカラーセンサー（入力ポート 2）・比較・色」「比較する色：黒」に設定し，ブロック ①～③ の処理を繰り返すように設定しています．ブロック ①～④ の処理によって，ロボットの左側に取り付けられたカラーセンサー（入力ポート 3 に接続）を使った ON-OFF 制御でのライントレースをしています．また，ロボットの右側のカラーセンサー（入力ポート 2 に接続）のセンサー値が「黒」を返すとブロック ④ の処理が終了します．

ブロック ⑤：ステアリングブロックで「モード：オフ」に設定して，ロボットを停止させています．

ブロック ⑥：ステアリングブロックで，「モード：角度」「ステアリング：100」「モーターパワー：30」「回転角度：180」に設定し，90 度回転して枝分かれした黒い線をまたぐ姿勢で停止させています．

(2) Python による記述

この処理を Python で書くと，プログラムリスト 7.10 のようになります．

▶| プログラムリスト 7.10 | 分岐を検出する Python プログラム

```
1  #!/usr/bin/env pybricks-micropython
2
3  from common import *
4
5  left_motor = Motor(Port.B)
6  right_motor = Motor(Port.C)
7  wheel_diameter = 56
8  axle_track = 118
9  robot = DriveBase(left_motor, right_motor, wheel_diameter, axle_track)
10
11 color_sensor_1 = ColorSensor(Port.S3)
12 color_sensor_2 = ColorSensor(Port.S2)
13
14 while True:
15     if color_sensor_2.color() == Color.BLACK:
```

```
16            break
17
18        if color_sensor_1.color() == Color.BLACK:
19            robot.drive(50, 30)
20        else:
21            robot.drive(50, -30)
22
23    robot.stop(Stop.BRAKE)
24    robot.turn(90)
```

このプログラムでは以下の処理を行っています．

5〜9 行目 ： ロボットの DriveBase インスタンスを生成しています．

11, 12 行目 ：2 つのカラーセンサーのインスタンスを生成しています．ライントレース用のカラーセンサーを color_sensor_1，分岐検出用のカラーセンサーを color_sensor_2 とします．

14 行目 ：15〜21 行目を無限に繰り返すように設定しています．

15, 16 行目 ： 分岐検出用カラーセンサー color_sensor_2 の値が，黒の場合は，16 行目の break で while 文による繰り返し処理を抜けて，23 行目に処理を進めています．黒でない場合は，18〜21 行目に処理を進めています．（ブロック ④ ）

18, 19 行目 ： ライントレース用カラーセンサー color_sensor_1 の値が黒であれば，ロボット robot を，移動速度 50 mm/s，旋回角速度 30 deg/s で回転させています．（ブロック ②）

20, 21 行目 ： ライントレース用カラーセンサー color_sensor_1 の値が黒でなければ，ロボット robot を，移動速度 50 mm/s，旋回角速度 −30 deg/s で回転させています．（ブロック ③）

23 行目 ： ロボット robot を停止させています．（ブロック ⑤）

24 行目 ： ロボット robot を右に 90 度回転させています．（ブロック ⑥）

7.4.3 マルチスレッドを使って線の分岐を判定する

7.4.3 節のプログラムを，「ライントレース処理」と「黒線検出処理」に分けて，それぞれを同時に行うことを考えてみましょう．

(1) EV3-SW による記述

EV3-SW でのプログラム例は図 7.16 のようになります．

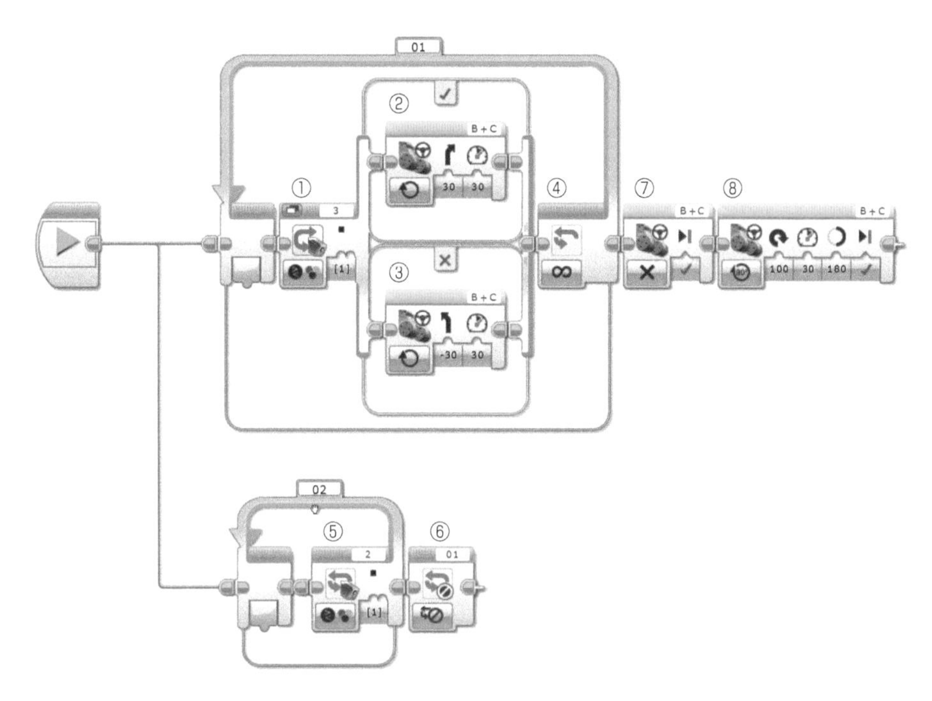

図 7.16　マルチスレッド処理を使った分岐の検出例

それぞれのブロックでは以下の処理を行っています．

ブロック①：スイッチブロックで，「入力ポート：3」「モード：カラーセンサー・比較・色」「比較する色：黒」に設定しています．

ブロック②：ステアリングブロックで，「モード：オン」「ステアリング：30」「モーターパワー：30」に設定しています．

ブロック③：ステアリングブロックで，「モード：オン」「ステアリング：−30」「モーターパワー：30」に設定しています．

ブロック④：ループブロックで，「ループ番号：01」「モード：無限」に設定して，ブロック①〜③の処理を繰り返しています．

ブロック⑤：ループブロックで，「ループ番号：02」「入力ポート：2」「モード：カラーセンサー・比較・色」「比較する色：黒」に設定し，入力ポート2に接続したカラーセンサーが黒を検出するまで，検出を繰り返しています．

ブロック⑥：ループ中断ブロックで，ブロック④で指定したループブロックを停止させています．

ブロック⑦：ステアリングブロックで，「モード：オフ」に設定して，ロボットを停止させています．

ブロック⑧：ステアリングブロックで，「モード：角度」「ステアリング：100」「モーターパワー：30」「回転角度：180」に設定し，90度回転して枝分かれした黒い線をまたぐ姿勢で停止させています．

(2) Python による記述

この処理を Python で書くと，プログラムリスト 7.11 のようになります．

▶| プログラムリスト 7.11 | マルチスレッド処理で分岐を検出する Python プログラム

```
 1 #!/usr/bin/env pybricks-micropython
 2
 3 from common import *
 4 import _thread
 5
 6 color_sensor_1 = ColorSensor(Port.S3)
 7 color_sensor_2 = ColorSensor(Port.S2)
 8
 9 flg = 0
10
11 def detect_line():
12     global flg
13     while True:
14         if color_sensor_2.color() == Color.BLACK:
15             flg = 1
16             break
17     return
18
19
20 left_motor = Motor(Port.B)
21 right_motor = Motor(Port.C)
22 wheel_diameter = 56
23 axle_track = 118
24 robot = DriveBase(left_motor, right_motor, wheel_diameter, axle_track)
25
26 _thread.start_new_thread(detect_line, ())
27
28 while flg == 0:
29     if color_sensor_1.color() == Color.BLACK:
30         robot.drive(50, 30)
31     else:
32         robot.drive(50, -30)
33
34 robot.stop(Stop.BRAKE)
35 robot.turn(90)
```

このプログラムでは以下の処理を行っています．

4 行目 ： スレッド処理に必要な_thread モジュールをインポートしています．

6, 7 行目 ： 2 つのカラーセンサーのインスタンスを生成しています．ライントレース用のカラーセンサーを color_sensor_1，分岐検出用のカラーセンサーを color_sensor_2 としています．

9 行目 ： 黒線を検出したことを知らせる変数 flg を初期化しています．

11〜17 行目 ： 黒線検出を行う関数を detect_line として定義しています．処理の内容を 12〜17 行目に記述しています．（ブロック ⑤）

12 行目 ： 変数 flg が**グローバル変数**（関数の中だけでなく，プログラム中すべてで有効となる変数）であることを宣言しています．

13〜16 行目 ： 分岐検出用カラーセンサー color_sensor_2 の値が，黒であるかを判断しています．黒の場合は，変数 flg に 1（黒線検出の合図）を代入した後に，16 行目の break で while 文による繰り返し処理を抜けて，17 行目に処理を進めています．（ブロック ⑥ の処理に相当しますが，この例ではグローバル変数を使ってループの終了を伝えることで実現しています．）

17 行目 ： 関数処理（黒線検出）を終了しています．

20〜24 行目 ： ロボットの DriveBase インスタンスを生成しています．

26 行目 ： 11〜17 行目で定義した関数を，_thread.start_new_thread の引数で渡すことでスレッドを開始させています．シーケンスワイヤーの分岐によって，ブロック ⑤ が同時に実行されることに対応します．

28 行目 ： flg が 0 の間，29〜32 行目（ON-OFF 制御によるライントレース）を繰り返しています．（ブロック ①〜④）

34 行目 ： ロボット robot を停止させています．（ブロック ⑦）

35 行目 ： ロボット robot を右に 90 度回転させています．（ブロック ⑧）

カラーセンサーのキャリブレーション

EV3 カラーセンサーをライトセンサーモード（反射光モードなど）で使用する場合は，キャリブレーションする必要があります．ここでキャリブレーションとは，実際に使う環境での「黒」と「白」をカラーセンサーに「教える」ことと考えてください．キャリブレーションすることで，白は「100％」，黒は「0％」としてセンサーが認識します．照明条件が変わった（ロボットを走らせる環境が変わった）ときには，キャリブレーションすることで正しいロボット動作が期待できます．

EV3-SW にはカラーセンサーのキャリブレーションをするブロックが用意されていますが，EV3MP には現在のところカラーセンサーをキャリブレーションする関数は用意されていないので，ここでは EV3-SW でキャリブレーションを行う方法を説明します．

カラーセンサーをキャリブレーションするプログラムを下図に示します．このプログラムでは，最初にカラーセンサーを「黒」の領域にかざして，「黒」のときのカラーセンサーの値を最小値に設定します．次に，カラーセンサーを「白」の領域にかざして，「白」のときのカラーセンサーの値を最大値に設定します．これによって，カラーセンサーの「モード：比較・色」において「黒」「白」だけでなく，他の色も正しく識別できるようになります．

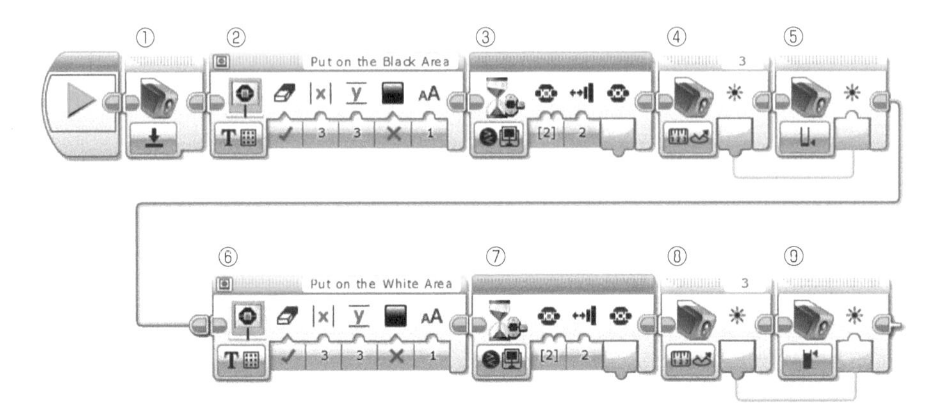

それぞれのブロックでは以下の処理を行っています．

ブロック①：カラーセンサーブロックで，「モード：調整・反射光の強さ・リセット」に設定しています．

ブロック②：表示ブロックで，「モード：テキスト・グリッド」「位置：(3,3)」「フォントサイズ：1」に設定し，黒の領域にカラーセンサーをかざすように促すメッセージとして「Put on the Black Area」をディスプレイに表示しています．

ブロック③：待機ブロックで，「モード：インテリジェントブロックボタン・比較・インテリジェントブロックボタン」に設定して，真ん中のボタンがバンプされるまで待機するように設定しています．

ブロック④：カラーセンサーブロックで，「モード：測定・反射光の強さ」に設定して，ブロック③でボタンが押されたときに測定した値をブロック⑤に出力しています．

ブロック⑤：カラーセンサーブロックで，「モード：調整・反射光の強さ・最小」に設定しています．ブロック④からの値を最小値として代入しています．

ブロック⑥：表示ブロックで，「モード：テキスト・グリッド」「位置：(3,3)」「フォントサイズ：1」に設定し，白の領域にカラーセンサーをかざすように促すメッセージとして液晶に「Put on the White Area」をディスプレイに表示しています．

ブロック⑦：待機ブロックで，「モード：インテリジェントブロックボタン・比較・インテリジェントブロックボタン」に設定して，真ん中のボタンがバンプされるまで待機するように設定しています．

ブロック ⑧ ： カラーセンサーブロックで，「モード：測定・反射光の強さ」に設定して，ブロック ⑦ でボタンが押されたときに測定した値をブロック ⑨ に出力しています．

ブロック ⑨ ： カラーセンサーブロックで，「モード：調整・反射光の強さ・最大」に設定しています．ブロック ⑧ からの値を最大値として代入しています．

7.4.4 線を使ってロボットの姿勢を整える

ロボットがまっすぐ進むようにプログラムを書いていても，実際にロボットを動かすと，モーターの個体差やタイヤの滑りなどで，だんだん斜めに進んでしまうことがあります．これがロボットプログラミングの難しさでもあり，工夫によってさまざまな解決方法を見出せる楽しい部分でもあります．本節では，フィールドに引かれた直線を使って，ロボットの姿勢を整える方法を考えます．

最初に，白い床の上に黒い線が1本引いてある状態で，カラーセンサーが床に向けて2つ取り付けられているロボットが，それぞれのカラーセンサーの下に黒い線がくるように姿勢を整えた後，ロボットが時計回りに90度回転して黒い線をまたぐ姿勢になって停止するプログラムを考えてみましょう．

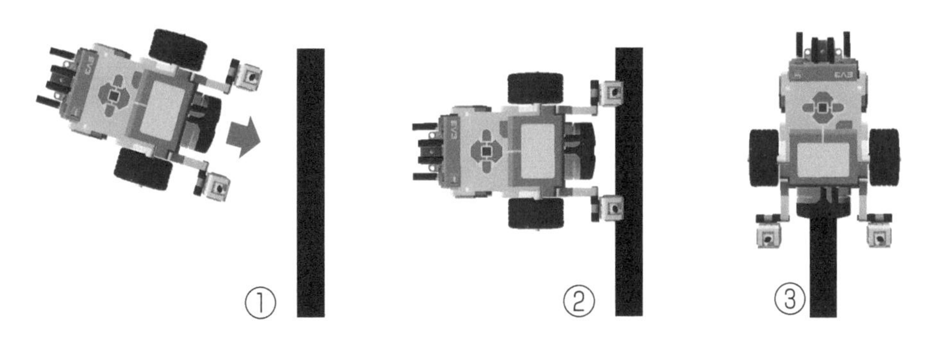

図 7.17　直線を使って姿勢を整えた後 90 度回転する

(1)　EV3-SW による記述

EV3-SW でのプログラム例は図 7.18 のようになります．

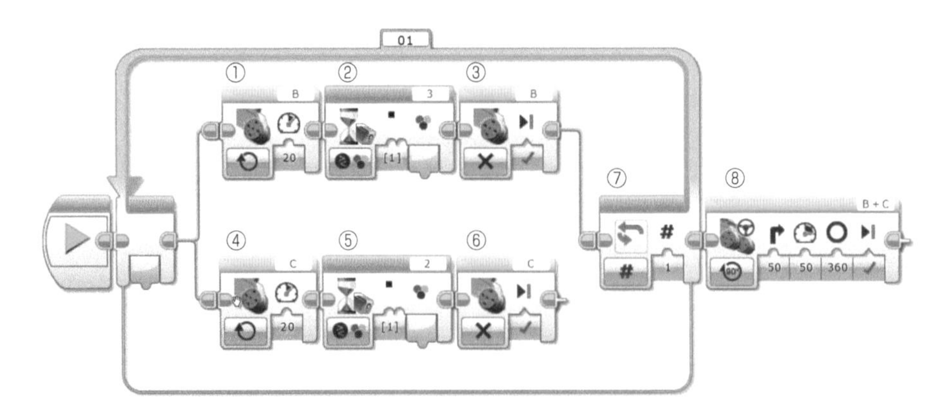

図 7.18　2 つのカラーセンサーを使って，黒の直線で姿勢を整えた後，90 度回転するプログラム例

それぞれのブロックでは以下の処理を行っています．

ブロック ①：Lモーターブロックで，「モード：オン」「モーターパワー：20」に設定し，モーターBを回転させています．

ブロック ②：待機ブロックで，「入力ポート：3」「モード：カラーセンサー・比較・色」「比較する色：黒」に設定し，入力ポート 3 に接続されたカラーセンサーが黒を検出するまで待機しています．

ブロック ③：Lモーターブロックで，「モード：オフ」に設定しモーター B を停止させています．

ブロック ④：Lモーターブロックで，「モード：オン」「モーターパワー：20」に設定し，モーターCを回転させています．

ブロック ⑤：待機ブロックで，「入力ポート：2」「モード：カラーセンサー・比較・色」「比較する色：黒」に設定し，入力ポート 2 に接続されたカラーセンサーが黒を検出するまで待機しています．

ブロック ⑥：Lモーターブロックで，「モード：オフ」に設定し，モーター C を停止させています．

ブロック ⑦：ループブロックで，「モード：カウント」「回数：1」に設定し，ブロック ③ と ⑥ の処理がともに終わるまで待機しています．終了条件が満たされたとき，2 つのセンサーは直線上に並んでいます．

ブロック ⑧：ステアリングブロックで，「モード：角度」「ステアリング：50」「モーターパワー：50」「回転角度：360」に設定し，ロボットを 90 度回転させた後，停止させています．

このプログラムではブロック ①～③ の処理と，ブロック ④～⑥ の処理を同時に実行しています．例えば，先にブロック ② で黒を検出しブロック ③ でポート B に接続したモーターを停止しても，ブロック ⑤ で黒が検出されなければ，ポート C に接続したモーターは回転したままで，黒が検出されるまでその状態が続きます．

(2) Python による記述

この処理を Python で書くと，プログラムリスト 7.12 のようになります．

▶| プログラムリスト 7.12 | 黒い線でロボットの姿勢を整える Python プログラム

```
 1 #!/usr/bin/env pybricks-micropython
 2 
 3 from common import *
 4 import _thread
 5 
 6 flg = 0
 7 
 8 def detect_line(m, cs, lk):
 9     global flg
10     m.run(360)
11     while True:
12         if cs.color() == Color.BLACK:
13             break
14     m.stop(Stop.BRAKE)
15     lk.acquire()
16     flg = flg + 1
17     lk.release()
18     return
19 
20 
21 left_motor = Motor(Port.B)
22 right_motor = Motor(Port.C)
23 
24 left_color_sensor = ColorSensor(Port.S2)
25 right_color_sensor = ColorSensor(Port.S3)
26 
27 lock = _thread.allocate_lock()
28 _thread.start_new_thread(detect_line, (left_motor, left_color_sensor, lock))
29 _thread.start_new_thread(detect_line, (right_motor, right_color_sensor, lock))
30 
31 while flg < 2:
32     pass
33 
34 wheel_diameter = 56
35 axle_track = 118
36 robot = DriveBase(left_motor, right_motor, wheel_diameter, axle_track)
```

```
37
38  robot.turn(90)
```

このプログラムでは以下の処理を行っています．

3 行目 ：スレッド処理に必要な_thread モジュールをインポートしています．

6 行目 ：黒線を検出したことを知らせる変数 flg を初期化しています．

8〜18 行目 ：黒線検出を行う関数を detect_line(m, cs, lk) として定義しています．処理の内容を 9〜18 行目に記述します．このプログラムでは，左右で同じ動作をさせたいので，関数は 1 つだけ定義して，引数でそれぞれのモーターとカラーセンサーを指定することでプログラムを簡単化しています．また，複数の関数で同じグローバル変数 flg に値の代入を行うことから，同時に書き込んだり読み出したり（**競合**）しないように保護するための鍵（以降，ロック）となるオブジェクト lk を用意しています．（ブロック ①〜③ と ④〜⑥ をまとめて書いています．）

10 行目 ：モーター m を回転角速度 360 mm/s で回転させています．（ブロック ①④）

11〜13 行目 ：分岐検出用カラーセンサー cs の値が，黒であるかを判断しています．黒の場合は，13 行目の break で while 文による繰り返し処理を抜けて，14 行目に処理を進めています．（ブロック ②⑤）

14 行目 ：モーター m を停止させています．（ブロック ③⑥）

15 行目 ：lk.acquire() で，現在のスレッドでロックを取得し，このスレッドで flg に安全に書き込みを行う準備をしています．

16 行目 ：変数 flg を 1 増やして，現在のスレッドが黒線を検出したことを知らせています．

17 行目 ：lk.release() でロックを解放し，他のスレッドがロックを取得できるようにしています．

18 行目 ：関数処理（黒線検出）を終了しています．

21, 22 行目 ：2 つの L モーターのインスタンスを生成しています．車体の左側の L モーターを left_motor，右側の L モーターを right_motor としています．

24, 25 行目 ：2 つのカラーセンサーのインスタンスを生成しています．車体の前方左側のカラーセンサーを left_color_sensor，前方右側のカラーセンサーを right_color_sensor としています．

27 行目 ：_thread.allocate_lock() 関数で，新しいロックのインスタンス lock を生成しています．

28, 29 行目 ：8〜18 行目で定義した関数を，_thread.start_new_thread() の引数で渡すことでスレッドを開始しています．シーケンスワイヤーの分岐によって，ブロック ①② が同時に実行されることに対応します．

31, 32 行目 ：flg が 2 よりも小さい間，何もせずに繰り返しています．32 行目の pass 文は，何もしないことを明示する命令です．flg が 2 になるとそれぞれのスレッドで黒線を検出したことになり，処理を 34 行目に移しています．（ブロック ⑦）

34〜36 行目：ロボットの DriveBase インスタンスを作成しています．

38 行目：ロボットを右に 90 度回転させています．（ブロック ⑧）

Chapter

8 Open Roberta Lab

Open Roberta Lab は EV3-SW のようにブロックを並べてプログラミングできるプログラミング環境で，見た目は Scratch に似ています．Open Roberta Lab はブラウザ上で動作するため，EV3-SW のように PC にインストールする必要はありません．またブラウザさえあれば使えますので，タブレット PC やスマートフォンなどでも使うことができます．Open Roberta Lab にはシミュレーターが用意されていますので，実機のロボットがなくてもコンピューターの中で仮想のロボットを動作させることができます．Open Roberta Lab で書いたプログラムは，実際の EV3 に転送して動作させることもできます．

8.1 Open Roberta Labとは

Open Roberta Lab（ORL）はクラウドベースのプログラミング環境です．EV3-SW のようにブロックを並べてプログラミングするビジュアルプログラミング言語なので，プログラミングの経験がまったくない初心者でも簡単にはじめることができます．クラウドベースのプログラミング環境なので，PC に専用のソフトウェアをインストールする必要はなく，ブラウザだけで実行できます．利用にあたってはユーザー登録なども必要ありませんので，すぐに使えます．そのため，PC だけでなくタブレット PC やスマートフォンなどのいろいろなデバイスで動作します．例えば，図 8.1 は iPhoneX で動作している様子で，PC とほぼ同じようにプログラミングできます．

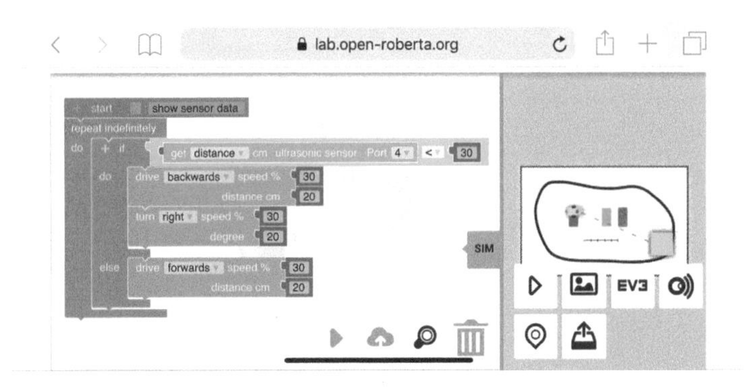

図 8.1　iPhone X の safari ブラウザ上で動作する ORL

ORL には強力な 2 次元シミュレーターが付属しています．また ORL から直接ロボットを動かすことも可能です．現在，ORL でサポートされている言語はカタルーニャ語，チェコ語，デンマーク語，オランダ語，英語，フィンランド語，フランス語，ドイツ語，イタリア語，ポーランド語，ポルトガル語，ロシア語，スペイン語，トルコ語です．残念ながら日本語はありませんので，本書では英語モードにして説明します．

8.2 画面の説明

PC のブラウザで，`https://lab.open-roberta.org/` に接続してみましょう．はじめに図 8.2(a) のように本体の種類を選択する画面が表示されますので，矢印をクリックして EV3 を探してクリックしてください．次に，図 8.2(b) のように OS を選択する画面が表示されますので，EV3dev をクリックしてください．すると，図 8.2(c) のようにプログラミングできるメイン画面になります．これで準備は完了です．

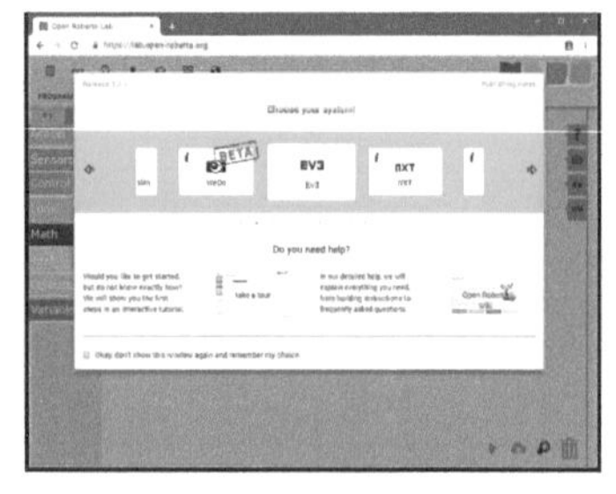

(a) 本体の種類の選択

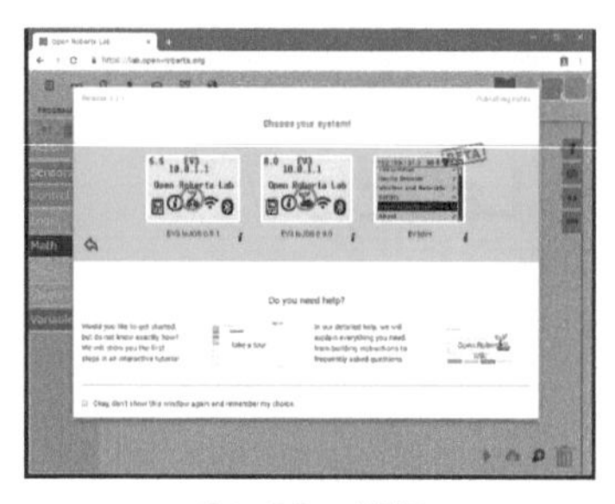

(b) OS の選択

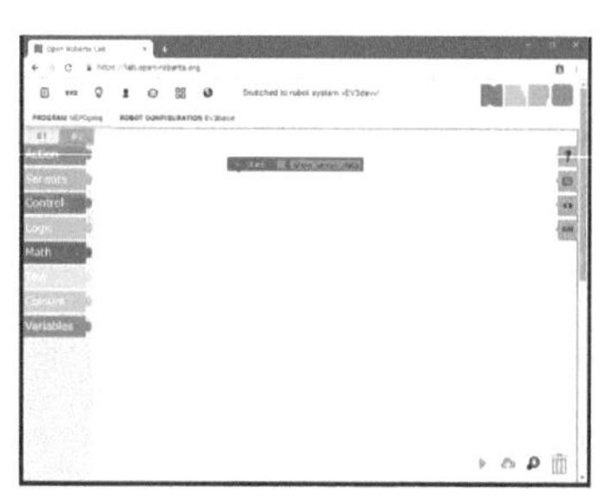

(c) 初期画面

図 8.2　Open Roberta Lab

メイン画面にはたくさんのボタンやメニューがありますが，それぞれの機能は図 8.3 のようになっています．

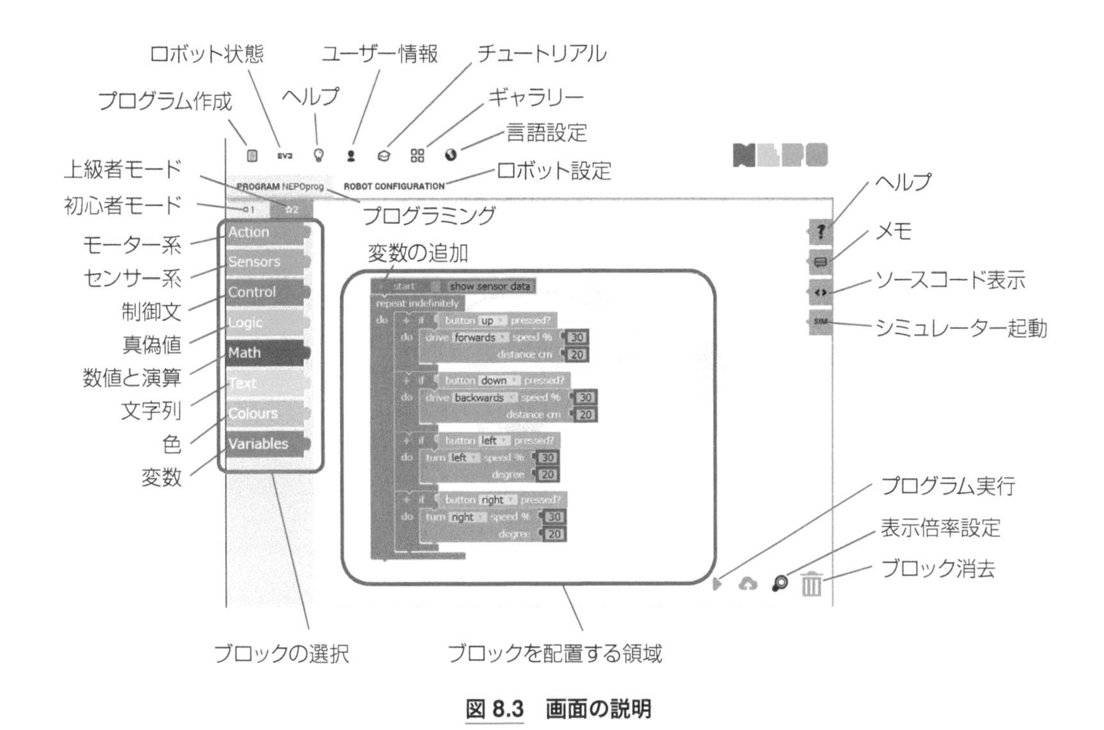

図 8.3 画面の説明

8.3 プログラミング

ORL では NEPO (New Easy Programming Online) というブロックを使ったプログラミング言語でプログラムを作成します．ここでは詳しくは説明しませんが，EV3-SW とよく似ているので，すぐに使えるようになると思います．

左メニューの一番上に「□ 1」「☆ 2」と書かれたボタンがありますが，「□ 1」をクリックすると初心者モード，「☆ 2」をクリックすると上級者モードになります．

初心者モードでは，図 8.4 (a)のように，

- Action: モーターの動作，LCD への表示，音，ステータスライトの点灯などのブロック
- Sensors: いろいろなセンサーを扱うためのブロック
- Control: 条件分岐や繰り返し実行するためのブロック
- Logic: 論理演算のためのブロック
- Math: 数値や計算のためのブロック
- Text: 文字列を扱うためのブロック
- Colours: 色を指定するためのブロック
- Variables: 変数を扱うためのブロック

のメニューがあります．

上級者モードでは，図 8.4 (b)のように，

- List: 配列を扱うためのブロック
- Functions: 関数を扱うためのブロック
- Messages: 通信を扱うためのブロック

のメニューがさらに現れ，より複雑で高度なプログラムが作成できるようになります．

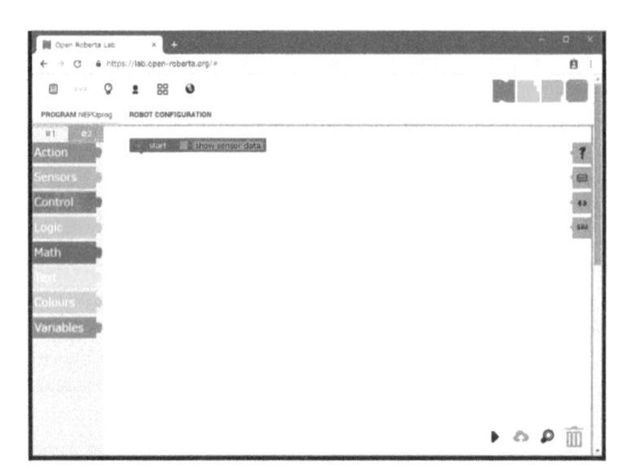

(a) 初心者モード

(b) 上級者モード

図 8.4　モードの切り替え

では，初心者モードで簡単なプログラムを書いてみましょう．超音波センサーの値を見て障害物を避けるようにロボットを移動させるプログラムや，ライントレースのプログラムはそれぞれ図 8.5，8.6 のようになります．

```
+ start   show sensor data
repeat indefinitely
do  + if  get distance cm ultrasonic sensor Port 4  <  30
      do    drive backwards speed % 30
                  distance cm 20
            turn right speed % 30
                  degree 20
      else  drive forwards speed % 30
                  distance cm 20
```

図 8.5　簡単な障害物回避のプログラム

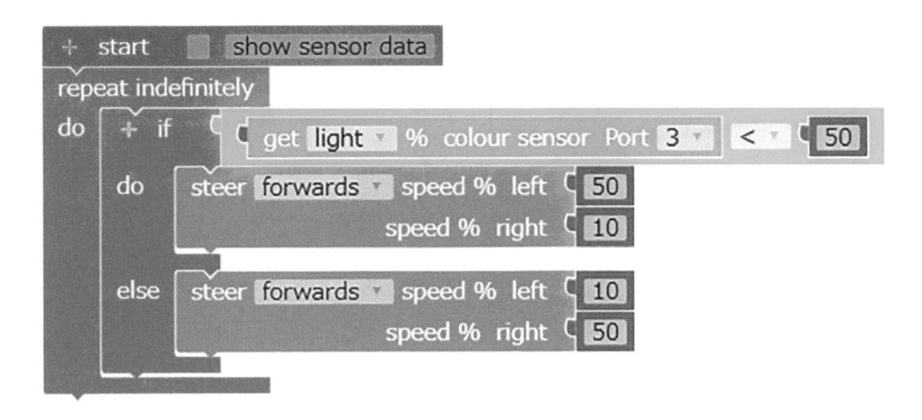

図 8.6　ライントレースのプログラム

8.4 保存と読み込み

プログラムを保存するには，メニュー> edit > export program を選択します．そうすると NEPOprog.xml という名前のファイルがダウンロードされますので，わかりやすい名前に変更しておきましょう．保存したプログラムを ORL に読み込むには，メニュー> edit > import program を選択し，保存した xml を指定すれば完了です．

8.5 シミュレーター

ロボットを思い通りに動かすためには，プログラムを書いて実際のロボットを動かして実験し，問題があればプログラムを修正する，という作業を繰り返します．しかし，実際にロボットを動かすと実験環境をまったく同じ状況にはできないため，ロボットの動作は毎回変化してしまいます．

そこで，実物のロボットを動かさず，コンピューターの中の仮想的なロボットを動かしてプログラムを確認する**シミュレーション**という方法がよく使われます．また，シミュレーションするための環境のことを**シミュレーター**と呼びます．

ORL には，Open Roberta Sim というシミュレーターが用意されています．このシミュレーターは 2 次元であり，ロボットは平面内でのみ動かすことができます．シミュレーターを使うには，SIM ボタンをクリックしましょう．そうすると右側がスライドしてシミュレーターが現れます．シミュレーターの下部には 6 つのボタンがあり，それぞれの機能は図 8.7(a) のようになっています．上部のマップの中にある黄色い四角がロボットです．このロボットには

- 車輪付きモーター：2 つ
- ステータスライト：1 つ

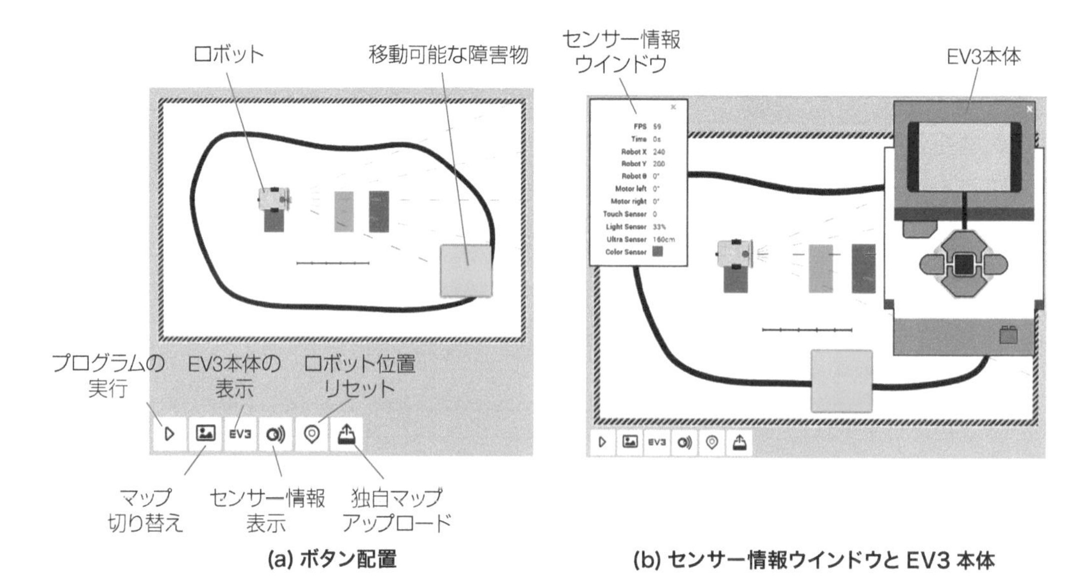

図 8.7　シミュレーター

- カラーセンサー：1つ
- 超音波センサー：1つ
- タッチセンサー：1つ

が取り付けられていて，配置は図 8.8 のようになっています．

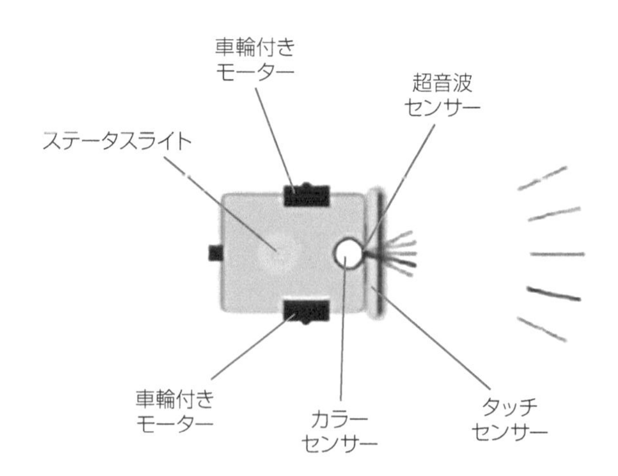

図 8.8　ロボット

▷ ボタンをクリックするとプログラムが開始して，画面上にある黄色のロボットが動き出します．またボタンの形は■に変化します．■ボタンをクリックするとプログラムは停止し，画面上のロボットはその位置で停止します．

センサー情報表示ボタンを押すと，図 8.7(b) のようなセンサー情報ウインドウが開きます．このウインドウには，

- FPS: シミュレーターの処理速度，frame per second の略
- Time: プログラムの実行時間
- Robot X, Y: ロボットの位置．左上が原点で，右向きが X 座標，下向きが Y 座標
- Robot θ: ロボットの姿勢．X 軸となす角．時計回りが正方向
- Motor left, right: 左右のモーターの回転量
- Touch Sensor: タッチセンサーの値
- Light Sensor: 光センサーの値
- Ultra Sensor: 超音波センサーの値
- Color Sensor: 色センサーの値

がリアルタイムに表示されています．プログラムを実行したり，ロボットをマウスで動かしてこれらの値がどんなふうに変化するのかを確認してみましょう．

図 8.9 のような 6 つのマップが用意されています．

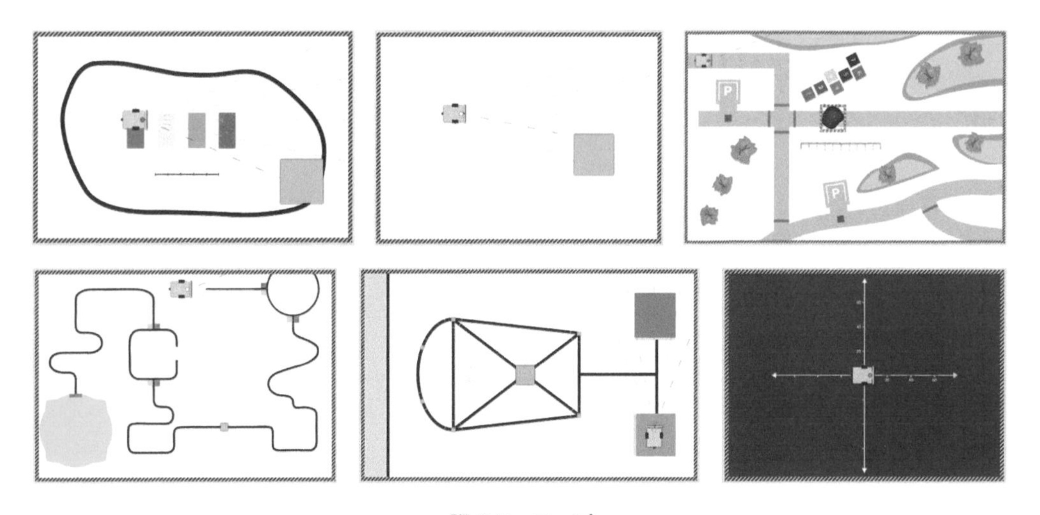

図 8.9　マップ

自作のマップを設定することも可能です．png, jpg, svg 形式の画像であれば読み込むことができます．png, jpg 形式の画像を作成する場合は，Windows に標準でインストールされているペイントなどを使えば良いでしょう．svg 形式の画像を作成する場合は，無料で使えるドロー系ソフトウェア inkscape (`https://inkscape.org/ja/`) がおすすめです．画像を保存するときには「プレーン SVG」を選択してください．

8.6 ロボットの設定

メイン画面の「ROBOT CONFIGURATION」をクリックして，ロボットの設定を見てみましょう（図 8.10）．この画面では，車輪の直径や左右の車輪間距離，センサーやモーターの接続ポートなどが設定できます．

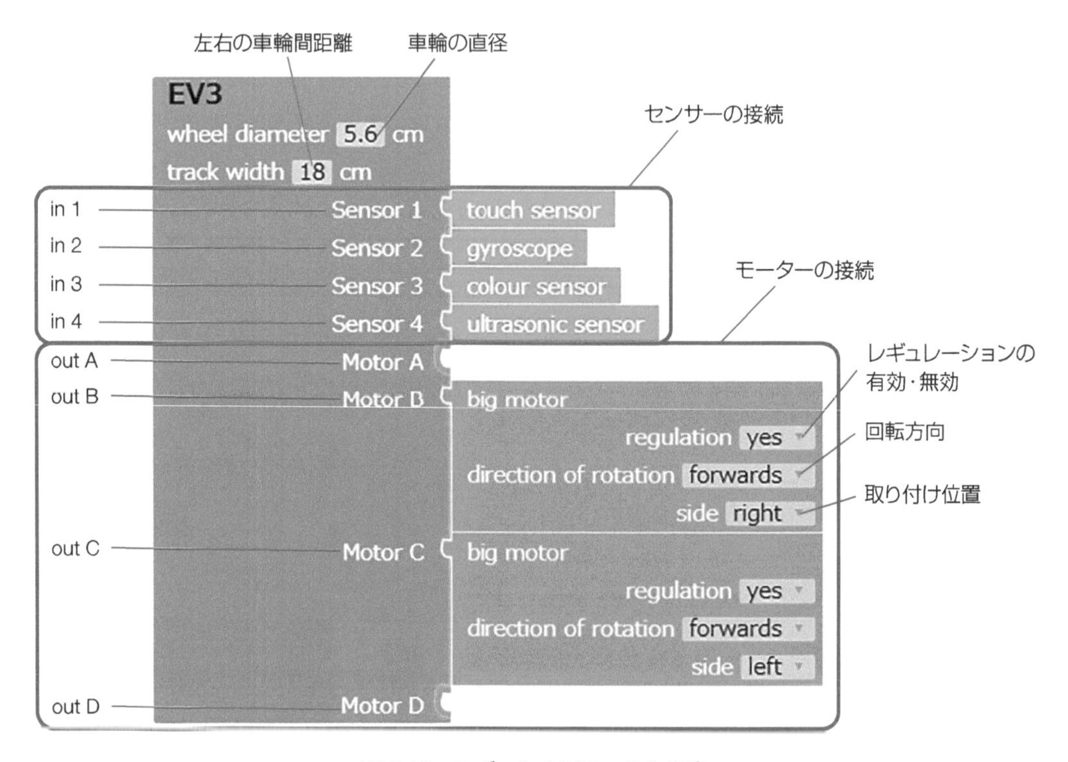

図 8.10　ロボットのデフォルト設定

デフォルトの状態では，車輪の直径が5.6 cm，左右の車輪間距離（正確には，左右の車輪の中心間距離）が18 cmになっています．また，4つのセンサーが接続されており，Sensor 1, 2, 3, 4にそれぞれタッチセンサー，ジャイロセンサー，カラーセンサー，超音波センサーがついています．また，2つのBigモーターがMotor B, Cにそれぞれ接続されています．

トレーニングモデルの場合，タッチセンサーがin 1，ジャイロセンサーがin 2，カラーセンサーがin 3，超音波センサーがin 4に接続されていて，左右の車輪にはそれぞれLモーターがout Bとout Cに接続されています．また直径5.6 cmの車輪を使っており，車輪間距離は11.8 cmなので，図8.11のような設定になります．

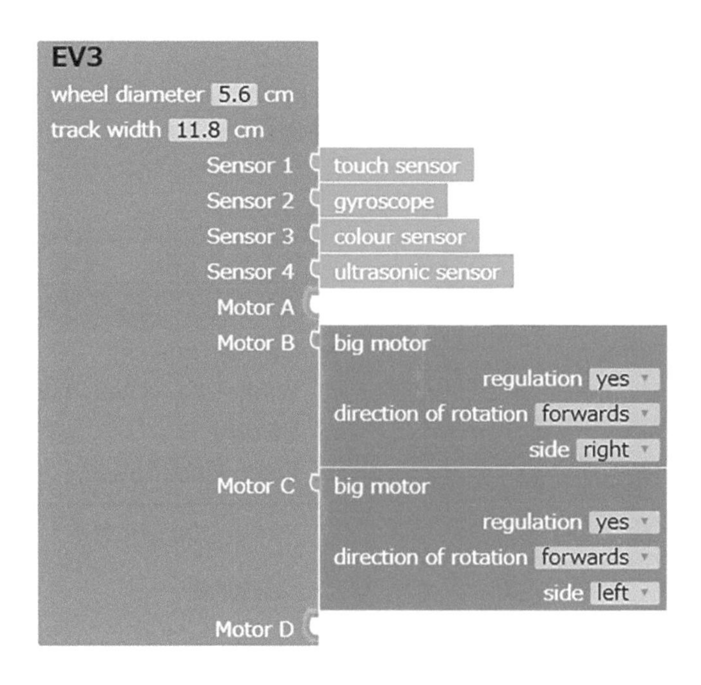

図8.11　トレーニングモデルに合わせた設定

8.7 Open Roberta LabからEV3を動かす

ORLからEV3に接続して，ロボットを動かしてみましょう．

8.7.1 EV3の設定

まずVS CodeからEV3にSSHで接続して，以下のコマンドを実行しましょう．コマンドを実行時にパスワードの入力を求められた場合には「`maker`」と入力してください．

```
$ sudo systemctl unmask openrobertalab.service
Removed /etc/systemd/system/openrobertalab.service.
$ sudo systemctl start openrobertalab.service
```

これで次回に起動したときからORLの機能が有効になり，外部からの接続を受けられるようになります．一度，再起動しましょう．

```
$ sudo reboot
```

再起動が完了してしばらくすると，図8.12のように今まではなかった目の形をしたアイコンが画面の右上に現れます．このアイコンはORLのサービスが起動していることを示しています．初期状態ではアイコンの目は閉じた状態になっています．

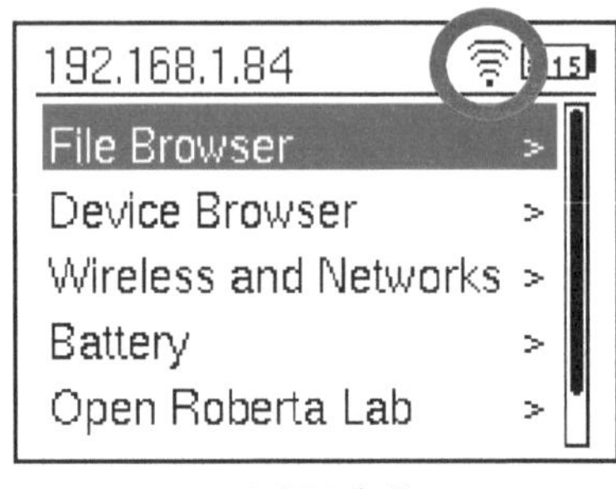

(a) ORL 無効

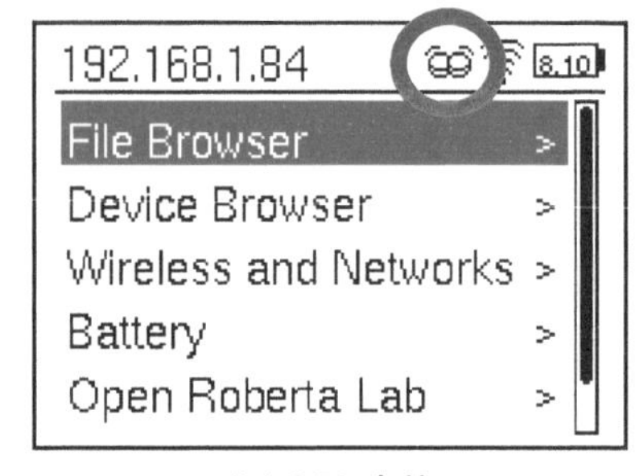

(b) ORL 有効

図8.12 ORLのサービス起動状態

元の状態に戻したい

ORLのサービスを停止して元の状態に戻すには，以下のコマンドを入力してください．

```
$ sudo systemctl stop openrobertalab.service
$ sudo systemctl mask openrobertalab.service
Created symlink /etc/systemd/system/openrobertalab.service
→ /dev/null.
$ sudo reboot
```

8.7.2 Open Roberta Lab から EV3 に接続してプログラム実行

まず先に，実機のロボットと ORL のロボット設定を合わせましょう．合わせておかないとプログラムは実行されず，ロボットは動作しません．ORL の Sensor 1, 2, 3, 4 は EV3 の in 1, 2, 3, 4 に，ORL の Motor A, B, C, D は EV3 の out A, B, C, D に相当します．

それでは，ORL から EV3 に接続して，ロボットにプログラムを送信して動かしてみましょう．

1. まず EV3 をネットワークに接続しましょう．接続方法は 2.4.2 節を見てください．
2. EV3 のメニューから Open Roberta Lab を開いて connect をクリックすると，図 8.13 のような英数字 8 桁のペアリングコードが表示されます．

図 8.13　ペアリングコード（毎回変化します）

3. 次に PC のブラウザで開いている ORL の，メニュー > EV3 > connect をクリックしましょう．図 8.14 のようなペアリングコードを入力する画面が現れます．

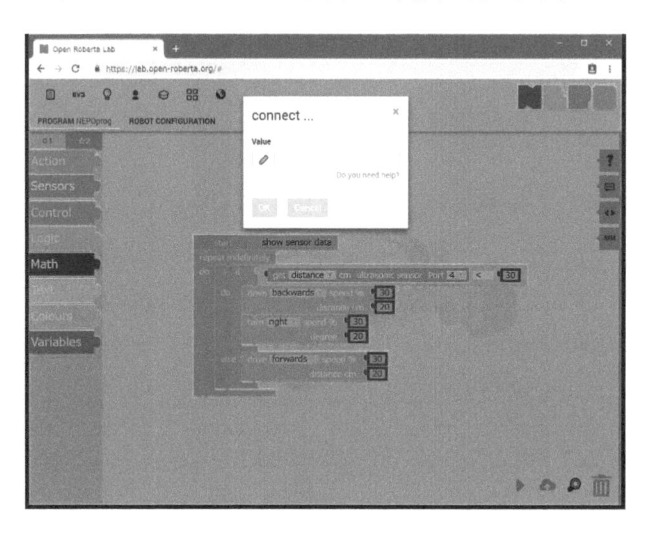

図 8.14　ペアリングコードの入力画面

4. この画面の Value の部分に，EV3 の画面に表示されているペアリングコードを入力して OK をクリックしましょう．

5. しばらくするとEV3から「ピロリ」と音が鳴り，図8.15のように画面右上の目のアイコンが目が開いた状態になります．また，ブラウザのロボット状態ボタンが黒から水色に，プログラム実行ボタンがグレーから黒に変化します．これで接続は完了です．

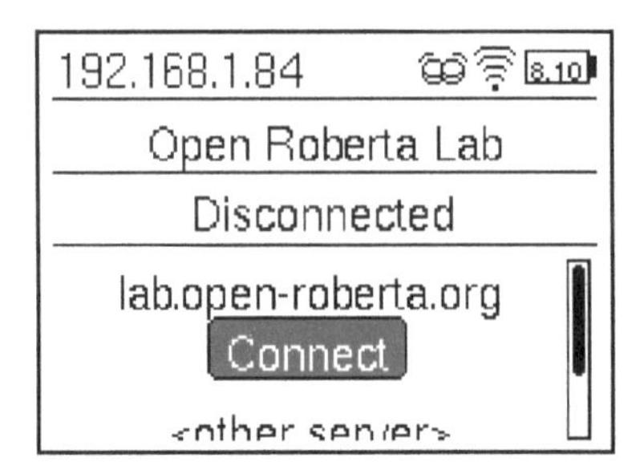

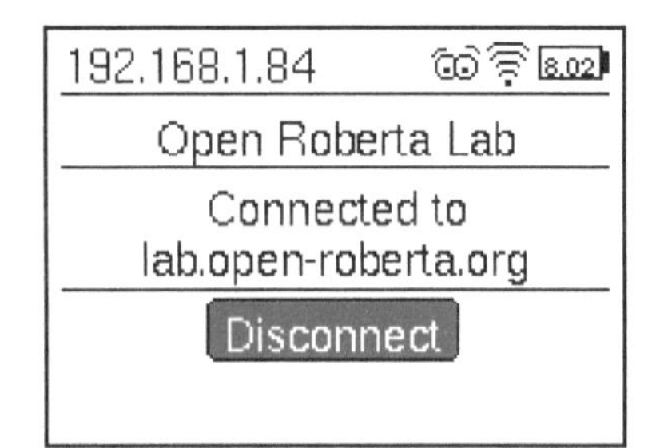

図8.15　ORLとEV3の接続

6. 図8.16のプログラムを書いて，プログラム実行ボタンを押してみましょう．プログラムがEV3に送信され，しばらくするとプログラムが実行されます．このプログラムは，ディスプレイにHelloと表示した後に，in 1に接続されたタッチセンサーが押されると，周波数300 Hzの音を1秒間鳴らして終了する，という動作をします．

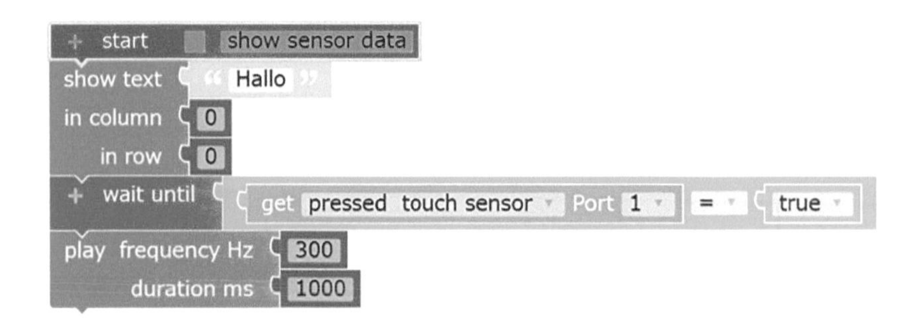

図8.16　動作テスト用プログラム

7. プログラム実行中はORLの実行ボタンが灰色になり，ロボット状態ボタンが赤で点滅します．プログラムが終了すると実行ボタンは黒色に，ロボット状態ボタンは水色に戻ります．プログラムを強制終了させたいときは，EV3の中央ボタンと下ボタンを同時に押しましょう．

強制再起動

もしORLからEV3を操作していて，何らかの問題でフリーズしたときには，強制的に再起動するしかありません．再起動するには，戻るボタンと中央ボタンを同時に5秒間ほど押し続けた後に離します．もしこれでもダメな場合には，バッテリーを外して電源を落としてください．

Appendix A リファレンス

これまでの章でEV3MPによるPythonプログラミングを実践しましたが，EV3MPにはもっとたくさんの機能が用意されています．本付録の「リファレンス」は，プログラミング言語の辞典のようなものです．ある単語を国語辞典で調べると詳細な意味が書かれていますが，プログラミング言語のリファレンスでは，その言語に用意されているさまざまなクラスの機能や仕様などが網羅的に書かれています．何か新しいことにチャレンジしたいときや複雑な処理をさせたい場合には，このリファレンスを活用してみてください．本付録は基本的にEV3MPの英語版リファレンスマニュアル[*1]の一部を日本語に訳したものです．

A.1 hubsモジュール

A.1.1 EV3Brick クラス

ボタン

buttons.pressed()

インテリジェントブロックのボタンが押されているかをチェックする．

戻り値 押されたボタンのリスト

戻り値の型 Button クラスのリスト

ステータスライト

light.on(color)

インテリジェントブロックのステータスライトを点灯する．

引数

- color (Color)　点灯するステータスライトの色．消灯するにはNoneまたは利用不能な色を指定．

[*1] https://pybricks.com/ev3-micropython/robotics.html

例

```
1 #!/usr/bin/env pybricks-micropython
2
3 from pybricks.hubs import EV3Brick
4 from pybricks.tools import wait
5 from pybricks.parameters import Color
6
7 # EV3の初期化
8 ev3 = EV3Brick()
9
10 # 赤く点灯する
11 ev3.light.on(Color.RED)
12
13 # 待機
14 wait(1000)
15
16 # 消灯する
17 ev3.light.off()
```

› `light.off()`

インテリジェントブロックのステータスライトを消灯する.

スピーカー

› `speaker.beep(frequency=500, duration=100)`

ビープ音を鳴らす.

引数

- `frequency`（単位：Hz） ビープ音の周波数. 100未満の数値を指定した場合は100として扱う.
- `duration`（単位：ms） 鳴らす時間. 0以下の数値を指定した場合はすぐに戻るが, 音は鳴り続ける.

› `speaker.play_notes(notes, tempo=120)`

指定した音名で連続的に音を鳴らす.

例えば, `['C4/4', 'C4/4', 'G4/4', 'G4/4']`のように指定する.

引数

・notes（iter）　再生する音名のリスト（下記参照）
・tempo（int）　4分音符を1拍とする1分間の拍数

音名のフォーマット

・最初の文字は音名を表し，A〜G，またはR（休符）で指定する．
・音名には#（シャープ）やb（フラット）を含めることもできる．B#/Cb，E#/Fbは使用できない．
・音名の後には，2〜8のオクターブ番号を付ける．例えばC4はミドルCとなる．オクターブはC音を境に次の番号に変わり，例えばB3はミドルCの下の音（C4）となる．
・オクターブの後に/と音の長さを示す数字が付ける．例えば/4は4分音符，/8は8分音符となる．
・この後に．を付けて付点音符にすることもできる．付点音符は，付点のない音符の1.5倍の長さになる．
・最後に_を付けるとタイまたはスラーとなる．これにより，この音符と次の音符の間がなくなる．

› speaker.play_file(file_name)

音楽ファイルを再生する．

引数

・file_name（文字列）　音楽ファイルへのパス．拡張子も含む．

› speaker.say(text)

与えたテキストで喋る．言語と声はset_speech_options()で変更できる．

引数

・text（文字列）　喋らせる文字列

› speaker.set_speech_options(language=None, voice=None, speed=None, pitch=None)

say()のための設定．それぞれのオプションにNoneを指定すると何も変更されない．不適切な値を指定した場合には，デフォルト値が使われる．

引数

・language（文字列）　テキストの言語．例えば，'en'（英語），'de'（ドイツ語）など[*2]．
・voice（文字列）　声．例えば，'f1'（女性1），'m3'（男性3）など．
・speed（int）　速度．1分間のワード数で指定．

[*2] 現時点で日本語はサポートされていない．

・pitch（int） ピッチ(0〜99). 数値が大きいほどピッチが高くなる.

› speaker.set_volume(volume, which='_all_')

スピーカーの音量を設定する.

引数

・volume（百分率：%） スピーカーの音量
・which（文字列） どちらの音量を設定するのかを指定. 'Beep'はbeep()とplay_notes()の音量. 'PCM' はplay_file()とsay()の音量. '_all_'はすべての音量.

スクリーン

› screen.clear()

ディスプレイの表示をすべてクリアする. 全ピクセルをColor.WHITEに設定する.

› screen.draw_text(x, y, text, text_color=Color.BLACK, background_color=None)

テキストを表示する. set_font()で指定された最新のフォント, もしくは未設定であればFont.DEFAULTが使われる.

引数

・x（int） 表示するテキストの左端のx座標
・y（int） 表示するテキストの上端のy座標
・text（文字列） 表示するテキスト
・text_color（Color） 表示するテキストの色
・background_color（Color） 表示するテキストの背景色. Noneを指定した場合は透明.

› screen.print(*args, sep=' ', end='\n')

テキストを表示する. 組み込みのprint()のように動作するが, EV3のディスプレイ上に表示される. 使用するフォントはset_font()で指定できる. 指定されていない場合はFont.DEFAULTが使われる. テキストの表示は常に黒文字で白背景となる.

組み込みのprint()と違い, 長いテキストは折り返して表示されず, 画面端で切れることになる. テキストが画面下端まで埋まった場合には1行分スクロールして一番下の行に表示される.

引数

・*（object） 表示したい0個以上のオブジェクト
・sep（文字列） 各オブジェクトを表すセパレーター
・end（文字列） 文字列の終端文字

例

```
1  #!/usr/bin/env pybricks-micropython
2  from pybricks.hubs import EV3Brick
3  from pybricks.tools import wait
4  from pybricks.media.ev3dev import Font
5
6  #フォントの読み込みに時間がかかるので，プログラムの始めに一度だけ読み込むのが
   よい
7  tiny_font = Font(size=6)
8  big_font = Font(size=24, bold=True)
9  chinese_font = Font(size=24, lang='zh-cn')
10
11 # EV3を初期化
12 ev3 = EV3Brick()
13
14 # helloを表示
15 ev3.screen.print('Hello!')
16
17 # helloを小さく表示
18 ev3.screen.set_font(tiny_font)
19 ev3.screen.print('hello')
20
21 # helloを大きく表示
22 ev3.screen.set_font(big_font)
23 ev3.screen.print('HELLO')
24
25 # 中国語で表示
26 ev3.screen.set_font(chinese_font)
27 ev3.screen.print('你好')
28
29 # 待機
30 wait(5000)
```

› screen.set_font(font)

draw_text() と print() でのフォントを指定する．

引数

・font（Font）　使用するフォント

› screen.load_image(source)

ディスプレイを消去して，ディスプレイの中央に source を表示する．

引数

・source（Image または文字列）　表示する画像．文字列の場合，そのパスにある画像ファイルが読み込まれる．

例

```
1 #!/usr/bin/env pybricks-micropython
2 from pybricks.hubs import EV3Brick
3 from pybricks.tools import wait
4 from pybricks.media.ev3dev import Image, ImageFile
5
6 # SD カードからの読み込みは時間がかかるので，プログラムの始めに一度だけ読み
  込むのがよい
7 ev3_img = Image(ImageFile.EV3_ICON)
8
9 # EV3 を初期化
10 ev3 = EV3Brick()
11
12 # 画像を表示
13 ev3.screen.load_image(ev3_img)
14
15 # 待機
16 wait(5000)
```

› screen.draw_image(x, y, source, transparent=None)

ディスプレイに source を表示する．

引数

・x（int）　表示する画像の左端の x 座標
・y（int）　表示する画像の上端の y 座標
・source（Image または文字列）　表示する画像．文字列の場合，そのパスにある画像ファ

イルが読み込まれる．

・transparent（Color） 透過色を指定．None の場合，透過なし．

› screen.draw_pixel(x, y, color=Color.BLACK)

ディスプレイに 1 ドット描画する．

引数

・x（int） 描画するドットの x 座標

・y（int） 描画するドットの y 座標

・color（Color） 描画するドットの色

› screen.draw_line(x1, y1, x2, y2, width=1, color=Color.BLACK)

ディスプレイに線を描画する．

引数

・x1（int） 描画する線の始点の x 座標

・y1（int） 描画する線の始点の y 座標

・x2（int） 描画する線の終点の x 座標

・y2（int） 描画する線の終点の y 座標

・width（int） 描画する線の太さ

・color（Color） 描画する線の色

例

```
1  #!/usr/bin/env pybricks-micropython
2
3  from pybricks.hubs import EV3Brick
4  from pybricks.tools import wait
5
6  # EV3 を初期化
7  ev3 = EV3Brick()
8
9  # 四角を描画
10 ev3.screen.draw_box(10, 10, 40, 40)
11
12 # 塗りつぶした四角を描画
13 ev3.screen.draw_box(20, 20, 30, 30, fill=True)
14
```

```
15 # 角の丸い四角を描画
16 ev3.screen.draw_box(50, 10, 80, 40, 5)
17
18 # 円を描画
19 ev3.screen.draw_circle(25, 75, 20)
20
21 # 線を使って三角を描画
22 x1, y1 = 65, 55
23 x2, y2 = 50, 95
24 x3, y3 = 80, 95
25 ev3.screen.draw_line(x1, y1, x2, y2)
26 ev3.screen.draw_line(x2, y2, x3, y3)
27 ev3.screen.draw_line(x3, y3, x1, y1)
28
29 # 待機
30 wait(5000)
```

❯ `screen.draw_box(x1, y1, x2, y2, r=0, fill=False, color=Color.BLACK)`

ディスプレイに四角を描画する．

引数

- x1 (int)　描画する四角の左端の x 座標
- y1 (int)　描画する四角の上端の y 座標
- x2 (int)　描画する四角の右端の x 座標
- y2 (int)　描画する四角の下端の y 座標
- r (int)　描画する四角の角の半径
- fill (bool)　True の場合，指定した色で塗りつぶす．それ以外では外周のみ描画する．
- color (Color)　描画する四角の色

❯ `screen.draw_circle(x, y, r, fill=False, color=Color.BLACK)`

ディスプレイに円を描画する．

引数

- x (int)　描画する円の中心の x 座標
- y (int)　描画する円の中心の y 座標
- r (int)　描画する円の半径

・fill（bool）　True の場合，指定した色で塗りつぶす．それ以外では外周のみ描画する．

・color（Color）　描画する円の色

› screen.width

ディスプレイの幅をピクセル単位で取得する．

› screen.height

ディスプレイの高さをピクセル単位で取得する．

› screen.save(filename)

ディスプレイの表示を png ファイルで保存する．

引数

・filename（文字列）　ファイル保存先のパス．

例外

・TypeError　filename が文字列でない．

・OSErro　ファイルの保存に問題が生じた．

バッテリー

› battery.voltage()

バッテリーの電圧を取得する．

戻り値　バッテリーの電圧

戻り値の型　電圧（mV）

› battery.current()

バッテリーから供給されている電流を取得する．

戻り値　電流

戻り値の型　電流（mA）

A.2 ev3devicesモジュール

A.2.1 Motor クラス

› Motor(port, positive_direction=Direction.CLOCKWISE, gears=None)

回転角度センサーが内蔵されたモーターを制御するためのクラス．

引数

・port（Port）　モーターが接続されているポート
・direction（Direction）　正の回転速度や回転角度を指定した時の回転方向
・gears（リスト）　モーターと接続されたギヤのリスト．例えば，[12, 36] と指定すると歯数 12 と 36 のギヤで駆動することを意味する．複数のギヤによる駆動は，[[12, 36], [20, 16, 40]] のようにリストのリストを使用する．ギヤによる駆動を設定したときには，ギヤ比を考慮して自動的にすべてのモーターコマンドと設定が調整される．ギヤの数にかかわらず，モーターの回転方向は維持される．

計測する

speed()

モーターの回転角速度を取得する．

戻り値　モーターの回転角速度
戻り値の型　回転角速度：deg/s

angle()

モーターの回転角度を取得する．

戻り値　モーターの回転角度
戻り値の型　回転角度：deg

reset_angle(angle)

モーターの累積回転角度を指定した値にする．

引数

・angle（回転角度：deg）　リセットして設定する回転角度

停止する

stop()

モーターを自由に回転させて停止する．モーターは摩擦によって徐々に減速する．

brake()

ブレーキをかけてモーターを停止する．モーターは摩擦と逆起電力によって停止する．

hold()

モーターを停止し，現在の回転角度を保持する．

動かす

run(speed)

モーターを指定した回転角速度で動かし続ける．モーターを指定した回転角速度まで加速し，次の命令を与えるまでその回転角速度で動かし続ける．

引数

・speed（回転角速度：deg/s）　モーターの回転角速度

› run_time(speed, time, then=Stop.HOLD, wait=True)

モーターを指定した回転角速度で指定した時間だけ動かす．モーターを指定した回転角速度まで加速し，その回転角速度で動かし続けた後，減速する．time で指定した値は，動作開始から終了までの時間となる．

引数

・speed（回転角速度：deg/s）　モーターの回転角速度
・time（時間：ms）　動作させる時間
・then（Stop）　停止方法
・wait（bool）　動作が完了するまでこれ以降のプログラムを実行しない．

› run_angle(speed, rotation_angle, then=Stop.HOLD, wait=True)

モーターを指定した回転角速度で指定した回転角度だけ動かす．

引数

・speed（回転角速度：deg/s）　モーターの回転角速度
・rotation_angle（回転角度：deg）　モーターの回転角度
・then（Stop）　停止方法
・wait（bool）　動作が完了するまでこれ以降のプログラムを実行しない．

› run_target(speed, target_angle, then=Stop.HOLD, wait=True)

モーターを指定した回転角速度で指定した目標回転角度まで動かす．speed の正負に関係なく，目標回転角度に応じて回転方向が自動的に選択される．

引数

・speed（回転角速度：deg/s）　モーターの回転角速度
・target_angle（回転角度：deg）　モーターの目標回転角度
・then（Stop）　停止方法
・wait（bool）　動作が完了するまでこれ以降のプログラムを実行しない．

› run_until_stalled(speed, then=Stop.COAST, duty_limit=None)

モーターを指定した回転角速度でストールするまで動かし続ける．

引数

・speed（回転角速度：deg/s）　モーターの回転角速度

- then（Stop）　停止方法
- duty_limit（百分率：%）　この命令におけるトルクの最大値．これはギヤやレバーなどの機構にモーターの全トルクをかけないようにするために有効．

戻り値　モーターがストールしたときの回転角度

戻り値の型　回転角度：deg

› dc(duty)

モーターを指定したデューティー比で動かす（"power"とも呼ばれる）．この命令を使うことで，単純な DC モーターのように扱うことができる．

引数

- duty（百分率：%）　デューティー比（−100〜100）

高度な制御

› track_target(target_angle)

時間変化する目標回転角度に追従する．この命令は run_target() に似ているが，滑らかな加速はせず，目標回転角度に到達するように可能な限り高速に動作する．この命令は，モーターの目標回転角度が連続的に変化するような状況での利用に適している．

引数

- target_angle（回転角度：deg）　モーターの目標回転角度

› control

モーターは PID 制御により指定した回転角速度や回転角度を正確に追従する．制御方法はこのパラメータで調整可能である．詳細は Control クラスを参照．

A.2.2 TouchSensor クラス

TouchSensor(port)

引数

- port（Port）　センサーが接続されているポート

› pressed()

タッチセンサーが押されているかをチェックする．

戻り値　タッチセンサーが押されている場合は True，そうでない場合は False

戻り値の型　bool

A.2.3 ColorSensor クラス

ColorSensor(port)

引数

・port（Port）　センサーが接続されているポート

● color()

表面の色を測定する．

戻り値 Color.BLACK, Color.BLUE, Color.GREEN, Color.YELLOW, Color.RED, Color.WHITE, Color.BROWN，もしくは None

戻り値の型 色，もしくは色が検出されない場合は None

› ambient()

環境光の強度を測定する．

戻り値 環境光の強度，0（暗）〜100（明）の範囲の値

戻り値の型 百分率：%

› reflection()

赤色の光の反射量を測定する．

戻り値 反射量，0（反射なし）〜100（強い反射）の範囲の値

戻り値の型 百分率：%

› rgb()

赤，緑，青色の光の反射量を測定する．

戻り値 各色の反射量，0.0（反射なし）〜100.0（強い反射）の範囲の値

戻り値の型 3 つの百分率のタプル

A.2.4 InfraredSensor クラス

InfraredSensor(port)

引数

・port（Port）　センサーが接続されているポート

› distance()

赤外線光によりセンサーと対象物間の相対距離を測定する．

戻り値 0（近い）〜100（遠い）で表される相対距離

戻り値の型 相対距離：%

› beacon(channel)

リモコンと赤外線センサー間の相対距離と角度を測定する．

引数

・channel（整数） リモコンのチャンネル番号

戻り値 リモコンと赤外線センサーとの相対距離（0〜100）とおおよその角度（−75〜70 度）のタプル

戻り値の型 (相対距離：%, 角度：deg) または リモコンが検出されなかった場合は (None, None)

› buttons(channel)

リモコンのボタンが押されたかを確認する．

引数

・channel（整数）リモコンのチャンネル番号

戻り値 指定したチャンネルのリモコンの押されたボタンのリスト

戻り値の型 ボタンのリスト

A.2.5 UltrasonicSensor クラス

UltrasonicSensor(port)

引数

・port（Port） センサーが接続されているポート

› distance(silent=False)

センサーと対象物間の距離を超音波で測定する．

引数

・silent（bool） True を設定した場合，測定後に超音波センサーはオフになる．これにより他の超音波センサーとの干渉を避けることができるが，頻繁に行うとセンサーがフリーズする．フリーズした場合は，センサーのコネクターを抜き差しすれば復活する．

戻り値 距離

戻り値の型 距離：mm

› presence()

超音波を検出することで他の超音波センサーの存在を確認する．他の超音波センサーがサイレントモードで動作している場合は，距離測定中の超音波センサーのみ存在の確認が可能となる．

戻り値 超音波センサーの存在が確認された場合は True，そうでない場合は False

戻り値の型 bool

A.2.6 GyroscopicSensor クラス

GyroSensor(port, direction=Direction.CLOCKWISE)

引数

・port (Port)　センサーが接続されているポート

・direction (Direction)　センサー上部の赤い点から見た正の回転方向（デフォルト値：Direction.CLOCKWISE）

› speed()

センサーの回転角速度を取得する．

戻り値 センサーの回転角速度

戻り値の型 回転角速度：deg/s

› angle()

センサーの累積回転角度を取得する．

戻り値 回転角度

戻り値の型 回転角度：deg

angle() を使用すると，同じプログラムで speed() は使用不能となる．もし使用した場合，回転角速度を取得するたびに回転角度が 0 にリセットされる．

› reset_angle(angle)

センサーの回転角度を指定した値に設定する．

引数

・angle (回転角度: deg)　指定する回転角度

A.3 parametersモジュール

A.3.1 Port クラス

EV3 Brick のポート

› モーター用ポート：A B C D

› センサー用ポート：S1 S2 S3 S4

A.3.2 Direction クラス

正の速度を与えたときの回転方向：時計回り，または反時計回り

- CLOCKWISE：正の速度を与えたとき，時計回りにモーターが回転する．
- COUNTERCLOCKWISE：正の速度を与えたとき，反時計回りにモーターが回転する．すべてのモーターにおいて，軸から見た場合の回転方向を意味している．

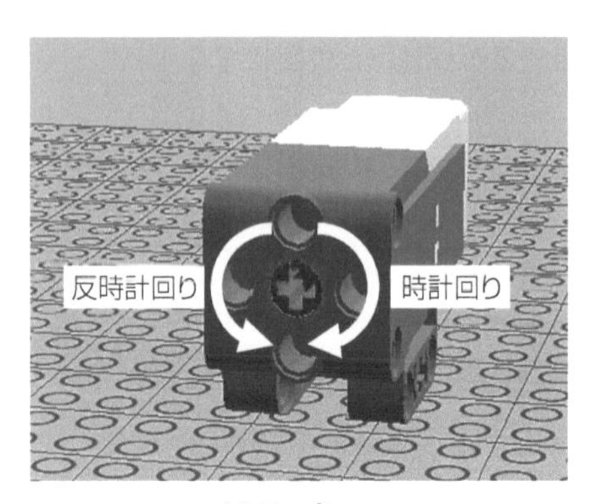

Mモーター

Lモーター

パラメーター	正の速度	負の速度
Direction.CLOCKWISE	時計回り	反時計回り
Direction.COUNTERCLOCKWISE	反時計回り	時計回り

A.3.3 Stop クラス

モーター停止後の動作（惰性，ブレーキ，ホールド）を指定する．

- COAST：モーターが自由に回転可能な状態とする．
- BRAKE：受動的に小さな外力の抵抗を与える．
- HOLD：目標回転角度を維持するようにモーターを制御し続ける．これはエンコーダー付きのモーターでのみ利用可能．

以下の表は，それぞれの停止方法がどのような追加の抵抗を加えるかを示している．例での m は Motor，d は DriveBase を表す．また速度 0 での走行と停止方法を比較している．

停止方法	摩擦	逆起電力	速度0を維持	目標回転角度を維持	例
Coast	○				m.stop() m.run_target(500, 90, Stop.COAST)
Brake	○	○			m.brake() m.run_target(500, 90, Stop.BRAKE)
	○	○	○		m.run(0) d.drive(0, 0)
Hold	○	○	○	○	m.hold() m.run_target(500, 90, Stop.HOLD) d.straight(0) d.straight(100)

A.3.4 Color クラス

ライトの色や表面の色

BLACK BLUE GREEN YELLOW RED WHITE BROWN ORANGE PURPLE

A.3.5 Button クラス

EV3 本体やリモコンのボタン

LEFT DOWN DOWN RIGHT DOWN LEFT CENTER RIGHT LEFT UP UP BEACON RIGHT UP

LEFT_UP	UP/BEACON	RIGHT_UP
LEFT	CENTER	RIGHT
LEFT_DOWN	DOWN	RIGHT_DOWN

A.4 toolsモジュール

時間の測定やデータロギングのためのツール.

› `wait(time)`

指定した時間だけプログラムを停止する.

引数

・time（時間：ms）　停止させる時間

A.4.1 StopWatch クラス

時間間隔を測定する.

› time()

ストップウォッチの時間を取得する.

戻り値 経過時間

戻り値の型 時間：ms

› pause()

ストップウォッチを一時停止する.

› resume()

ストップウォッチを再開する.

› reset()

ストップウォッチの時間を 0 にリセットするが，ストップウォッチの動きには影響を与えない．つまり，ストップウォッチが一時停止状態であれば，一時停止を継続する（ただし時間は 0 となる)．ストップウォッチが動作中であれば，動作を継続する（ただし 0 から再開する).

A.5 roboticsモジュール

A.5.1 DriveBase クラス

› DriveBase(left_motor, right_motor, wheel_diameter, axle_track)

2 輪タイプの移動ロボットや，追加で補助輪やキャスターを備えた移動ロボットを制御するためのクラス．ロボットの寸法を指定することで，移動距離と旋回角度を指定した動作が可能になる．正の移動距離を指定すれば前進，負の移動距離を指定すれば後退する．正の旋回角度を指定すれば右へ，負の旋回角度を指定すれば左へ曲がる．つまり，ロボットを上から見たとき，正は時計回り，負は反時計回りに移動する.

引数

- left_motor（Port） 左の車輪を動かすモーター
- right_motor（Port） 右の車輪を動かすモーター
- wheel_diameter（距離：mm） 車輪の直径
- axle_track（距離：mm） 2 つの車輪の中点間の距離

⊙移動距離や旋回角度を指定して動かす

以下の命令を使うことで，移動距離や旋回角度を指定した動作が可能になる．移動距離はモーターに内蔵された回転角度計を使って測定されている．そのため移動中にタイヤが滑った場合には，指定した移動距離や旋回角度にならないので注意すること．

› `straight(distance)`

指定した移動距離になるまで前進して停止する．

引数

- `distance`（距離：mm）　移動距離

› `turn(angle)`

指定した旋回角度になるまでその場で旋回して停止する．

引数

- `angle`（角度：deg）　旋回角度

› `settings(straight_speed, straight_acceleration, turn_rate, turn_acceleration)`

`straight()` と `turn()` での移動速度と旋回角速度を設定する．引数を与えずに実行した場合には，現在値をタプルで返す．この命令はロボットが停止している時のみ実行可能なので，移動開始前や `stop()` の後で実行するとよい．

引数

- `straight_speed`（速度：mm/s）　`straight()` での移動速度
- `straight_acceleration`（加速度：mm/s/s）　`straight()` での移動加速度
- `turn_rate`（旋回角速度：deg/s）　`turn()` での旋回角速度
- `turn_acceleration`（旋回角加速度：deg/s/s）　`turn()` での旋回角加速度

⊙動かす

`drive()` を使うことで，指定した移動速度と旋回角速度で動かし続けることが可能になる．`stop()` を実行するか，`drive()` を再度実行するまで動き続ける．例えば，センサーに何か変化があるまで移動し，旋回するといった動作が可能になる．

› `drive(drive_speed, turn_rate)`

指定した移動速度と旋回角速度で動かす．それぞれの値はロボットの車輪の中点における数値である．

引数

- `drive_speed`（速度：mm/s）　ロボットの移動速度
- `turn_rate`（旋回角速度：deg/s）　ロボットの旋回角速度

› stop()

モーターを自由に回転させて停止する．

計測する

› distance()

移動距離を取得する．

戻り値 最後にリセットされた時からの累積移動距離

戻り値の型 距離：mm

› angle()

旋回角度を取得する．

戻り値 最後にリセットされた時からの累積旋回角度

戻り値の型 角度：deg

› state()

ロボットの状態を取得する．

戻り値 移動距離，移動速度，旋回角度，旋回角速度

戻り値の型 （移動距離：mm, 移動速度：mm/s, 旋回角度：deg, 旋回角速度：deg/s）

› reset()

移動距離と旋回角度を 0 にリセットする．

ロボットの寸法の測定と検証

最初に，定規を使って車輪の直径と車軸の長さを測定する．車輪の接地点は厳密にはわからないので，各車輪の中央間の長さを `axle_track` と書くことにする．実際には，ロボットの自重によって車輪は少し圧縮される．そこで，`my_robot.straight(1000)` を実行してロボットを 1000 mm 走らせ，実際の移動距離を測定した後，以下のように補正するとよい．

- 1000 mm より長く移動した場合は，`wheel_diameter` の値を少し減らす．
- 1000 mm より短く移動した場合は，`wheel_diameter` の値を少し増やす．

また，モーターのシャフトと車軸もロボットの負荷により少し曲がるため，車輪の接地点がロボットの中間点に近づくことになる．そこで，`my_robot.turn(360)` を実行してロボットを 360 度回転させ，同じ場所に戻るかを確認するとよい．

- 元の場所まで戻らない場合，`axle_track` の値を少し増やす．
- 元の場所を超える場合，`axle_track` の値を少し減らす．

これらの調整を行う際は，上記のように必ず先に `wheel_diameter` を調整する．調整が終わっ

たら，必ず旋回と直進の両方をテストする．

DriveBase のモーターを個別に動作させる

`left_motor` と `right_motor` の 2 つの Motor オブジェクトを使って DriveBase オブジェクトを作った場合，DriveBase がアクティブな間はこれらのモーターを個別に動作させることはできない状態となる．DriveBase は動作中以外に，`straight()` や `turn()` 実行後に車輪を固定しているときも同様である．DriveBase を停止するには `stop()` を実行する．

高度な設定

`settings()` は，直進や旋回時のデフォルトの移動速度や旋回加速度など，よく使われる値を設定するために使用する．より高度な設定を行うには以下を使用する．この設定変更はロボットが停止している時にのみ可能である．

› `distance_control`
　ロボットの移動距離と移動速度のための PID 制御の設定を変更．詳細は Control クラスを参照．

› `heading_control`
　ロボットの旋回角度と旋回角速度のための PID 制御の設定を変更．詳細は Control クラスを参照．

A.6 モーターの高度な制御について

Motor クラスは PID 制御によって指定した目標回転角度に正確に追従させる．同様に，DriveBase クラスでは，2 つのコントローラーで旋回角度と移動距離を制御する．コントローラーの設定は以下の Control クラスのインスタンス変数で変更できる．

- Motor.control
- DriveBase.heading_control
- DriveBase.distance_control

コントローラーが停止している間にのみ設定変更が可能である．例えば，プログラム開始時や，`stop()` を実行して Motor や DriveBase を停止してから設定を変更する．

A.6.1 Control クラス

PID コントローラーとその設定のためのクラス．

› `scale`
　制御される整数型の変数と物理的な出力との間のスケーリング係数．例えば，単一のモーターの場合，一度だけ回転したときのエンコーダーのパルス数である．

状態を確認する

done()

実行中のコマンドや動作が完了したかをチェックする．

戻り値 コマンドの実行が完了したとき True，そうでなければ False

戻り値の型 bool

stalled()

ストールしているかをチェックする．最大のパワーでモーターを動作させても目標速度や位置に到達しない場合，コントローラーはストールする．

戻り値 コントローラーがストールしているとき True，そうでなければ False

戻り値の型 bool

設定する

limits(speed, acceleration, actuation)

最大速度，最大加速度，最大動作率を設定する．引数がない場合は現在値を返す．

引数

- speed（回転角速度：deg/s または 移動速度：mm/s）　最大速度．すべての速度コマンドにおいてこの値が上限となる．
- acceleration（回転角加速度：deg/s/s または 移動加速度：mm/s/s）　最大加速度
- actuation（百分率：%）　絶対最大値に対する最大動作量の割合

pid(kp, ki, kd, integral_range, integral_rate, feed_forward)

位置制御や速度制御の PID 制御パラメータを取得または設定する．引数がない場合は現在値を返す．

引数

- kp（int）　比例位置（または積分速度）制御定数
- ki（int）　積分位置制御定数
- kd（int）　微分位置（または比例速度）制御定数
- integral_range（回転角度：deg または 移動距離：mm）　積分制御の誤差を積算する目標回転角度や目標移動距離からの範囲
- integral_rate（回転角速度：deg/s または 移動速度：mm/s）　誤差積算量の最大率
- feed_forward（百分率：%）　PID のフィードバック信号に，速度指令の方向にフィードフォワード信号を付加する．絶対最大デューティ比に対する百分率で指定する．

❯ target_tolerances(speed, position)

動作完了の許容域を取得または設定する．引数がない場合は現在値を返す．

引数

- speed（回転角速度：deg/s または 移動速度：mm/s）　動作完了と判定されるゼロ速度からの許容量
- position（回転角度：deg または 移動距離：mm）　動作完了と判定される目標値からの許容量

❯ stall_tolerances(speed, time)

ストールの許容域を取得または設定する．引数がない場合は現在値を返す．

引数

- speed（回転角速度：deg/s または 移動速度：mm/s）　最大パワーでモーターを動作させても，この値に到達しない場合，ストールと判定する．
- time（時間：ms）　speed で設定した値に time 時間内に到達しない場合，ストールと判定する．

索　引

著者紹介

上田悦子（うえだえつこ）　博士（工学）

2003年　奈良先端科学技術大学院大学情報科学研究科情報システム学専攻博士後期課程修了
現　在　鹿児島工業高等専門学校 校長
著　書　『OpenCVプログラミングブック』毎日コミュニケーションズ (2007)
『OpenCV による画像処理入門　改訂第 2 版』講談社 (2017)
『OpenCV によるコンピュータビジョン・機械学習入門』講談社 (2017) など

小枝正直（こえだまさなお）　博士（工学）

2005年　奈良先端科学技術大学院大学情報科学研究科情報システム学専攻博士後期課程修了
現　在　岡山県立大学情報工学部 准教授
著　書　『OpenCV3 プログラミングブック』マイナビ (2015)
『OpenCV による画像処理入門　改訂第 2 版』講談社 (2017)
『OpenCV によるコンピュータビジョン・機械学習入門』講談社 (2017) など

中村恭之（なかむらたかゆき）　博士（工学）

1996年　大阪大学大学院工学研究科電子制御機械工学専攻博士後期課程修了
現　在　和歌山大学システム工学部 教授
著　書　『中型ロボットの基礎技術』共立出版 (2005)
『OpenCV による画像処理入門　改訂第 2 版』講談社 (2017)
『OpenCV によるコンピュータビジョン・機械学習入門』講談社 (2017) など

NDC548.3　234p　24cm

これからのロボットプログラミング入門（にゅうもん）　第2版（だいはん）
Python（パイソン）で動（うご）かすMINDSTORMS（マインドストーム） EV3（イーヴィスリー）

2022年3月28日　第1刷発行
2024年2月2日　第2刷発行

著　者　上田悦子（うえだえつこ）・小枝正直（こえだまさなお）・中村恭之（なかむらたかゆき）
発行者　森田浩章
発行所　株式会社　講談社
〒112-8001　東京都文京区音羽 2-12-21
販　売　(03)5395-4415
業　務　(03)5395-3615

KODANSHA

編　集　株式会社　講談社サイエンティフィク
代表　堀越俊一
〒162-0825　東京都新宿区神楽坂 2-14　ノービィビル
編集　(03)3235-3701
本文データ制作　藤原印刷株式会社
印刷・製本　株式会社ＫＰＳプロダクツ

落丁本・乱丁本は，購入書店名を明記のうえ，講談社業務宛にお送りください．送料小社負担にてお取替えします．なお，この本の内容についてのお問い合わせは，講談社サイエンティフィク宛にお願いいたします．定価はカバーに表示してあります．

Printed in Japan

ISBN 978-4-06-527819-2